ÉLÉMENTS
D'ARITHM

A L'USAGE DES CANDIDATS

AU BACCALAURÉAT ÈS SCIENCES,
A L'ÉCOLE SPÉCIALE MILITAIRE DE SAINT-CYR, A L'ÉCOLE
FORESTIÈRE ET A L'ÉCOLE NAVALE;

Par J.-A. SERRET,

Membre de l'Institut.

Troisième édition,

REVUE ET AUGMENTÉE DE LA TABLE DES LOGARITHMES DES NOMBRES
DE 1 A 10 000, CALCULÉS AVEC CINQ DÉCIMALES.

L'introduction de cet Ouvrage dans les Écoles publiques est autorisée
par décision du Ministre de l'Instruction publique et des Cultes
en date du 22 août 1859.

PARIS,

MALLET-BACHELIER, IMPRIMEUR-LIBRAIRE
DU BUREAU DES LONGITUDES, DE L'ÉCOLE IMPÉRIALE POLYTECHNIQUE,
Quai des Augustins, 55.

—

1861

ÉLÉMENTS

D'ARITHMÉTIQUE.

OUVRAGES DE M. J.-A. SERRET.

COURS D'ALGÈBRE SUPÉRIEURE, professé à la Faculté des Sciences de Paris. 2e édition, revue et augmentée; in-8º, avec planche; 1854.. 10 fr.

TRAITÉ DE TRIGONOMÉTRIE. 2e édition, revue et augmentée; in-8º, avec planche; 1857................................... 4 fr.

ÉLÉMENTS D'ARITHMÉTIQUE, à l'usage des candidats au Baccalauréat ès Sciences, à l'École spéciale militaire de Saint-Cyr, à l'École Forestière et à l'École Navale, conformes aux *Programmes de l'enseignement scientifique des Lycées*. 3e édition, revue et augmentée de la Table des Logarithmes des nombres de 1 à 10 000, calculés avec cinq décimales; in-8º, 1861..... 4 fr.

PARIS.— IMPRIMERIE DE MALLET-BACHELIER,
rue de Seine-Saint-Germain, 10, près l'Institut.

AVERTISSEMENT.

Ces *Éléments d'Arithmétique* ont été rédigés conformément aux Programmes arrêtés par le Ministre de l'Instruction publique, le 7 septembre 1852; ils sont surtout destinés aux Élèves des Lycées et des établissements d'Instruction secondaire. L'introduction de cet Ouvrage dans les Écoles publiques a été autorisée par une décision ministérielle en date du 22 août 1859.

La troisième édition que nous publions aujourd'hui a été revue avec soin, et l'on y a ajouté la Table des Logarithmes des nombres de 1 à 10 000, calculés avec cinq décimales.

TABLE DES MATIÈRES.

EXTRAIT DE L'INSTRUCTION GÉNÉRALE

sur

L'EXÉCUTION DU PLAN D'ÉTUDES DES LYCÉES IMPÉRIAUX,

La connaissance de l'arithmétique est indispensable à tout homme mêlé aux affaires. Le commerçant, l'industriel, l'ingénieur, l'ouvrier, ont besoin de savoir calculer avec rapidité et exactitude. Ce caractère usuel de l'arithmétique indique assez que ses méthodes doivent avoir une grande simplicité, et que son enseignement doit être dégagé avec le plus grand soin de toute complication inutile. Lorsqu'on se pénètre de l'esprit des méthodes suivies en arithmétique, on reconnaît qu'elles découlent toutes des principes mêmes de la numération, de quelques définitions précises et de certaines idées de rapport entre les grandeurs, que tous les esprits perçoivent avec facilité, qu'ils possédaient même déjà avant que le professeur les leur fît reconnaître et leur apprît à les classer suivant un ordre méthodique et fructueux. C'est de cette simplicité de l'arithmétique que le professeur doit avant tout acquérir la conscience, afin que, tirant parti de toutes les notions naturelles et de leurs conséquences les plus simples, il imprime aux études de ses élèves un mouvement facile et rapide, propre à prévenir le découragement.

La véritable logique scientifique consiste dans l'étude rigoureuse de la géométrie. L'arithmétique est plutôt un instrument dont il importe assurément de bien connaître la théorie, mais dont il faut avant tout posséder à fond la pratique.

L'enseignement de l'arithmétique aura donc pour but principal de donner aux élèves la connaissance et la pratique du calcul, afin qu'ils puissent, dans la suite de leurs études, en faire couramment usage. La théorie des opérations leur sera exposée avec clarté et précision, non-seulement pour qu'ils comprennent le mécanisme de ces opérations, mais encore parce que, dans presque toutes les questions, la mise en œuvre des méthodes demande une grande attention et une certaine habitude de discussion, si l'on veut arriver avec certitude au résultat. On écartera, en outre, les théories inutiles, pour ne pas détourner l'attention de l'élève des objets essentiels.

Le professeur doit mettre entre les mains de ses élèves un Traité d'Arithmétique; le succès de tout enseignement mathématique exige absolument l'emploi d'un livre. Que ce traité soit succinct, borné aux matières du programme, qu'en aucun cas il ne dépasse deux cents pages.

Le professeur doit s'interdire l'usage des exemples abstraits, et celui des problèmes dans lesquels les données, prises au hasard, n'ont aucun rapport avec la réalité. Ces problèmes, qu'on peut poser en nombre indéfini, et sans étude préalable, n'ont d'autre avantage que de permettre d'aborder la classe sans préparation. Que les exercices et les exemples proposés aux élèves portent toujours, et dès les premières leçons, sur des objets qui se rencontrent dans les arts, dans l'industrie, dans la nature, dans le système du monde, dans la physique. On y trouvera de nombreux avantages. Le sens précis des solutions sera mieux saisi : en outre, les élèves acquerront, sur le monde qui les entoure, des données précises dont la connaissance leur sera utile. Leur attention, enfin, étant sans cesse excitée et soutenue, il leur deviendra moins pénible de se livrer à des calculs numériques dont le résultat sera propre à piquer la curiosité.

Mais à quoi servirait d'être parvenu à un résultat numérique, si l'on ne pouvait répondre de son exactitude? Une des conditions essentielles de l'enseignement du calcul consiste à montrer aux élèves comment tout résultat, déduit d'une suite d'opérations arithmétiques, peut être contrôlé, et à les mettre en état de s'apercevoir de leurs erreurs, de les rectifier, et de n'apporter, en définitive, que des résultats exacts.

La précision qu'acquerront ainsi les rédactions rendra plus facile au professeur la tâche de la correction. Celui-ci doit, en effet, choisir avec soin les théories, les exercices, les applications, dont il croit utile de faire faire une rédaction par ses élèves; il doit ensuite examiner le travail de chacun d'eux, lui signaler, par des annotations placées à la marge, les erreurs commises, et rendre les rédactions ainsi corrigées.

Le livre placé entre les mains de l'élève a pour but, non-seulement de l'aider à retrouver, hors de la classe, le sens précis des énoncés et des explications, mais encore de le dispenser de l'obligation de faire des rédactions complètes sur les leçons qu'il reçoit, des traités *ex professo* sur la matière de chaque cours. Ces rédactions sur l'ensemble des leçons sont un abus, qu'on n'a pas supprimé dans l'enseignement historique pour le voir reparaître sur une plus large échelle dans l'enseignement scientifique. En surchargeant ainsi les élèves d'un excès de travail, en leur enlevant tout loisir, et en s'exposant à altérer leur santé, on n'arriverait pas même à former leur style, puisqu'on ne ferait que leur donner l'habitude d'une rédaction facile, mais négligée. Mieux vaut leur demander, de temps à autre, sur quelques parties des cours, des rédactions soignées, dans lesquelles la précision du langage scientifique et les règles de la grammaire soient sévèrement observées.

Après ces observations générales, qui s'appliquent en partie à l'ensemble des cours de mathématiques, il est bon d'arrêter l'attention de MM. les Professeurs sur quelques points particuliers du cours d'arithmétique.

En commençant le programme du cours par ces mots « numération *décimale*, » on a voulu éviter les questions sur la numération *duodécimale*, qu'on rencontre dans plusieurs ouvrages; il est plus utile d'exercer les élèves sur le système usuel, qui ne leur devient pas toujours aisément familier, que sur un système qu'ils n'auront jamais à appliquer.

La seule vérification pratique de l'addition et de la multiplication est de recommencer ces opérations dans un autre ordre.

Si la division des nombres entiers est, en arithmétique, la première question qui soit, bien à tort sans doute, réputée d'une sérieuse difficulté, cela tient à une inutile complication des méthodes. Sans imposer aux professeurs tel ou tel mode de démonstration, on leur recommande une plus grande simplicité; ils doivent faire en sorte que la démonstration procède suivant la même marche que la règle pratique; ils trouveront aisément plusieurs manières d'y parvenir, telles que la suivante :

Supposons qu'on ait à chercher combien de fois le nombre 64763 contient le nombre 18. On sait qu'on arriverait au résultat en retranchant 18 de 64763 successivement autant de fois qu'il serait possible de le faire. L'opération serait ainsi fort longue; on parviendra à l'abréger en commençant par retrancher de 64763, non plus 18, mais bien 18000. Autant de fois la soustraction pourra être effectuée, autant d'unités de mille on devra poser au quotient. Or, il est clair qu'on est ainsi conduit, pour trouver le chiffre des mille du quotient, à diviser le nombre 64 des mille du dividende par le diviseur 18. Ce point étant établi, tout le reste de l'opération se présente avec la même simplicité, et s'explique par le même raisonnement.

La théorie du plus grand commun diviseur n'a nullement besoin d'être donnée avec tous les détails dont on l'entourait et qui ne sont d'aucun usage dans la pratique. Le programme du cours porte expressément qu'on se bornera à la considération du plus grand commun diviseur de *deux* nombres. C'est qu'effectivement cette recherche n'a été maintenue que dans le but de faciliter la démonstration de la proposition suivante : « Tout nombre qui divise un produit de deux facteurs et qui est premier avec l'un des facteurs, divise l'autre. »

C'est surtout à la pratique du calcul des nombres décimaux qu'il est indispensable d'exercer les élèves, puisque, la plupart du temps, ils auront à opérer sur de tels nombres. Il est rare que les données d'une question soient des nombres entiers ; ce sont habituellement des nombres décimaux qui ne sont même pas connus rigoureusement, mais seulement avec une approximation décimale donnée ; et l'on a pour but d'en déduire d'autres nombres décimaux, exacts eux-mêmes, jusqu'à une certaine approximation fixée par les conditions du problème.

Considérons, comme exemple, la multiplication. On ne donne souvent d'autre précepte que de multiplier les deux facteurs l'un par l'autre, sans tenir compte de la virgule, sauf à séparer sur la droite du produit autant de chiffres décimaux qu'il y en a dans les deux facteurs. La règle ainsi énoncée est méthodique, simple et facile en apparence ; mais, au fond, elle est, dans la pratique, d'une longueur rebutante ; souvent elle est inapplicable.

Admettons qu'on ait à multiplier l'un par l'autre deux nombres ayant chacun six décimales, et qu'on veuille connaître également le produit jusqu'à la sixième décimale ; la règle précédente en donnera douze, dont les six dernières, étant inutiles, auront fait perdre par leur calcul un temps précieux. De plus, lorsqu'un facteur d'un produit est connu avec six décimales, c'est qu'on s'est arrêté dans sa détermination à cette approximation, en négligeant les décimales suivantes : plusieurs des décimales situées à la droite du produit calculé ne seront donc pas celles qui appartiendraient au produit rigoureux. A quoi sert-il d'avoir pris la peine de les déterminer ?

Remarquez enfin que si les facteurs du produit sont incommensurables, et si l'on doit les convertir en décimales avant d'effectuer la multiplication, on ne saurait point jusqu'où doit être poussée l'approximation des facteurs, avant d'appliquer la règle précédente. Il sera donc nécessaire d'enseigner aux élèves les méthodes abrégées par lesquelles on arrive simultanément à poser moins de chiffres et à fixer l'approximation réelle du résultat auquel on est parvenu.

Depuis qu'on a reconnu la nécessité de l'introduction des méthodes d'approximation dans l'enseignement, plusieurs ouvrages, traités ou brochures, ont été publiés au sujet de ces méthodes. Malheureusement, la question a été trop souvent prise à un point de vue tel, que loin de simplifier la marche des calculs, on l'a compliquée. Plusieurs auteurs, envisageant le problème sous le rapport d'une entière rigueur, ont prétendu tenir compte non-seulement de la première puissance des erreurs, mais de leurs carrés et de leurs produits : ne prenant pas garde qu'à la condition proposée d'obtenir le résultat cherché à une certaine approximation donnée, ils ajoutaient implicitement cette autre condition d'estimer l'erreur elle-même avec autant de chiffres que le résultat principal.

Le premier principe des approximations numériques est de ne tenir compte que des premières puissances des erreurs. Ce qui permet d'énoncer cette proposition fondamentale, que dans un produit de plusieurs facteurs l'erreur relative du produit est égale à la somme des erreurs relatives des facteurs : d'où l'on déduit immédiatement que l'erreur relative d'un quotient est égale à la différence des erreurs relatives des facteurs; que l'erreur relative du carré d'un nombre est double de l'erreur relative de ce nombre; que l'erreur relative de la racine carrée d'un nombre est la moitié de l'erreur relative du carré.

Ces propositions permettent toujours d'estimer avec facilité le degré d'exactitude avec lequel il faut calculer des nombres, engagés dans une suite d'opérations numériques et qu'on ne peut obtenir que par approximation, si l'on veut que le résultat définitif ait une exactitude demandée. Lorsqu'un certain nombre d'erreurs doivent être ainsi commises avant d'arriver au résultat, il faut se garder d'enseigner aux élèves qu'on en doit discuter la valeur, le signe, afin d'être autorisé à commettre la plus grande erreur possible, dans chaque facteur, sans que cependant le résultat final soit entaché d'une erreur plus considérable que celle qu'on veut tolérer; on les jetterait ainsi dans une route pénible, la plupart du temps impraticable et propre à rebuter les plus intrépides. Il est beaucoup plus simple, si dix erreurs doivent être successivement commises avant d'arriver à un résultat, de pousser les approximations jusqu'à une unité décimale plus élevée d'un ou de deux rangs, et d'éviter toute discussion en rendant ainsi la somme des erreurs certainement négligeable.

Les fractions décimales périodiques n'ont guère d'applications. Si l'on a moins conservé la recherche de la fraction ordinaire génératrice d'une fraction décimale périodique, simple ou mixte, il est entendu qu'en dehors de ces deux questions élémentaires, il n'en doit être traité aucune autre.

On se bornera à l'égard de la racine cubique à une indication sommaire de la marche à suivre. Le seul but qu'on puisse se proposer ici est de donner aux élèves une idée de la généralisation des méthodes d'extraction des racines. L'extraction directe de la racine cubique n'est pas une opération pratique : c'est par les logarithmes que cette extraction doit en réalité être effectuée.

Lorsqu'il n'entre dans une question que des quantités qui varient dans le même rapport ou dans un rapport inverse, on la résout par une méthode très-simple connue sous le nom de *réduction à l'unité*. L'ensemble des raisonnements par lesquels on arrive ainsi et pour la première fois à la solution d'un problème, ne doit pas être repris sans cesse, et en son entier, à l'occasion de toutes les questions du même genre ; mais on posera une règle pratique et simple pour résoudre ces questions, en faisant remarquer que le résultat se compose toujours d'une quantité qui, parmi les données, est de la nature de celle qu'on cherche, et multipliée successivement par une suite de rapports abstraits entre d'autres quantités qui sont aussi, deux à deux, de même nature.

La solution de toutes les questions pouvant être présentée par la marche précédente d'une manière simple, rapide et claire, et l'emploi ultérieur des proportions n'ajoutant rien de nouveau aux notions acquises, l'enseignement des proportions est supprimé. Le professeur n'en fera désormais aucune mention. La terminologie que les proportions entraînaient avec elles doit également disparaître, et c'est pour ne laisser aucun doute à cet égard qu'une proposition d'arithmétique nécessaire en géométrie, qu'on démontrait et qu'on énonçait habituellement en se conformant à l'algorithme et au langage des proportions, a été énoncée dans le programme comme elle doit l'être désormais, savoir que, « dans une suite de rapports égaux, la somme des » numérateurs et celle des dénominateurs forment un rapport égal aux » premiers. »

Il est peut-être nécessaire d'ajouter que cette proposition n'a point été placée dans le programme d'arithmétique afin qu'on en fît usage pour la solution de la question énoncée à la 32e leçon, savoir le partage d'une somme en parties proportionnelles à des nombres donnés. Si l'on veut partager 1000 en trois parties proportionnelles à 3, 2 et 5, on aperçoit immédiatement qu'il faut le diviser en $3 + 2 + 5 = 10$ parties égales, puis prendre successivement 3, 2 et 5 de ces parties. Cette explication n'a pas besoin d'autre commentaire, et on l'étend immédiatement au cas où les nombres donnés seraient fractionnaires.

L'emploi des Tables de logarithmes, pour l'abréviation des calculs, est placé à la fin du cours d'arithmétique et vers le milieu de l'année de troisième, dans un double but. L'expérience a montré que la théorie de ces opérations n'est saisie qu'avec difficulté par de jeunes intelligences, et que l'embarras qu'elles éprouvent s'accroît lorsqu'il faut à la fois graver dans son esprit la marche des opérations, leur sens et leur portée. On remédie à cet inconvénient en commençant à faire acquérir aux élèves, sans démonstration, la pratique du calcul par logarithmes; en n'exposant la théorie elle-même, qui du reste a été renvoyée en seconde année, que lorsque les opérations sont devenues familières. Il est donc essentiel que le professeur, après avoir expliqué, dans le cours de troisième, l'usage pratique des logarithmes, ait soin d'en prescrire fréquemment l'emploi dans l'exécution des calculs réclamés pour la résolution complète des questions. C'est le seul moyen d'en faciliter l'usage aux élèves : en outre, en simplifiant les calculs, on économisera le temps qu'on peut y consacrer.

Est-il besoin de dire qu'il ne doit point être fait mention des quantités négatives proprement dites? On peut toujours ramener les caractéristiques des logarithmes employés dans un calcul à des nombres positifs, sauf à diviser le résultat final par une puissance convenable de 10, et c'est ainsi que le calcul des fractions, au moyen des logarithmes, doit être présenté. Si l'on veut, de plus, que le logarithme écrit fasse connaître la place de la virgule, rien n'est plus facile; on enseignera que de même que la caractéristique 2 indique que le nombre a trois chiffres significatifs avant la virgule, de même on est convenu que la caractéristique $\bar{2}$ indique que le premier chiffre significatif vient deux rangs après la virgule. Ce doit être pour les élèves une convention, rien de plus. On aura d'autant plus raison d'agir ainsi, que, même dans la classe de seconde, lorsqu'on en viendra à l'enseignement de la théorie des logarithmes, on devra se garder de parler aux élèves de logarithmes entièrement négatifs, qui ne sont jamais d'aucun usage, mais introduire les caractéristiques négatives comme une conséquence de la convention qui sert à fixer le rang de la virgule.

On placera entre les mains des élèves les Tables de Lalande à *cinq* décimales. Les Tables à sept décimales, faussement attribuées à Lalande, doivent être rejetées d'une manière absolue. L'emploi des Tables de logarithmes a pour but de simplifier les calculs, et c'est ce qui serait loin d'avoir lieu au moyen des Tables auxquelles on conserverait la disposition adoptée par Lalande, et qu'on étendrait cependant à sept décimales, comme cet illustre astronome s'est gardé de le faire. Admettons qu'on veuille, par ces Tables à sept décimales, exécuter le produit de deux nombres décimaux ayant chacun sept chiffres significatifs, et obtenir le résultat lui-même avec sept chiffres significatifs, exactitude que l'emploi de ces Tables doit avoir pour but d'atteindre, sans quoi l'introduction de la septième décimale n'aurait point de sens. Si l'on pratique l'opération de deux manières, par la voie ordinaire et abrégée d'abord, par les Tables logarithmiques ensuite, on reconnaît que la seconde marche est beaucoup plus longue

que la première et exige deux ou trois fois plus de chiffres. La première condition d'une Table de logarithmes est qu'on puisse y prendre
à vue les parties proportionnelles, et c'est ce qui est possible dans les
Tables de Lalande à cinq décimales ; on n'obtient ainsi, il est vrai,
des nombres exacts que jusqu'au *quarante-millième* de leur valeur,
mais c'est une exactitude suffisante dans la pratique habituelle. Les
angles eux-mêmes peuvent être obtenus, au moyen des Tables trigo-
nométriques à cinq décimales, avec une exactitude de 3″ à 4″ sexa-
gésimales, ce qui suffit dans l'enseignement.

La règle à calcul donne un moyen rapide d'exécuter une foule de
calculs pour lesquels on n'a pas besoin d'une grande exactitude. On
en doit rendre l'usage familier aux élèves, en ce qui concerne la
multiplication et la division, comme le prescrit le Programme. On
se contentera donc de mettre entre les mains des élèves des règles
d'un prix modéré, sur lesquelles soient tracées les seules divisions
nécessaires pour l'objet qu'on se propose.

Nous terminerons ces observations par une remarque générale :
l'arithmétique doit être entièrement enseignée sur les nombres chiffrés.
Il ne doit être fait aucun emploi des lettres dans les démonstrations ;
l'usage des lettres sera réservé pour l'algèbre, dont il sera donné
quelques notions à la fin du cours d'arithmétique en troisième, et qui
sera spécialement enseignée en seconde.

PROGRAMME D'ARITHMÉTIQUE

DU

BACCALAURÉAT ÈS SCIENCES,

DE L'ÉCOLE SPÉCIALE MILITAIRE DE SAINT-CYR, DE L'ÉCOLE FORESTIÈRE
ET DE L'ÉCOLE NAVALE.

Numération *décimale*. (*Chapitre Ier.*)

Addition et soustraction des nombres entiers. (*Chapitre II.*)

Multiplication des nombres entiers. — Le produit de plusieurs nombres entiers ne change pas quand on intervertit l'ordre des facteurs. — Pour multiplier un nombre par un produit de plusieurs facteurs, il suffit de multiplier successivement par les facteurs de ce produit. (*Chapitre III.*)

Division des nombres entiers. — Pour diviser un nombre par un produit de plusieurs facteurs, il suffit de diviser successivement par les facteurs de ce produit. (*Chapitre IV.*)

Restes de la division d'un nombre entier par 2, 3, 5, 9. — Caractères de divisibilité par chacun de ces nombres. (*Chapitre V.*)

Définition des nombres premiers et des nombres premiers entre eux. — Trouver le plus grand commun diviseur de *deux* nombres. — Tout nombre qui divise un produit de deux facteurs et qui est premier avec l'un des facteurs, divise l'autre.

Décomposition d'un nombre en ses facteurs premiers. — En déduire le plus petit nombre divisible par des nombres donnés. (*Chapitre VI.*)

Fractions ordinaires. — Une fraction ne change pas de valeur quand on multiplie ou quand on divise ses deux termes par un même nombre. — Réduction d'une fraction à sa plus simple expression. — Réduction de plusieurs fractions au même dénominateur. Plus petit dénominateur commun. (*Chapitre VII.*)

Opérations sur les fractions ordinaires. (*Chapitre VIII.*)

Nombres décimaux. — Opérations. — Comment on obtient un produit et un quotient à une unité près d'un ordre décimal donné. — Erreurs relatives correspondantes des données et du résultat.

Réduire une fraction ordinaire en fraction décimale. — Quand le dénominateur d'une fraction irréductible contient d'autres facteurs premiers que 2 et 5, la fraction ne peut être convertie exactement en décimales, et le quotient qui se prolonge indéfiniment est périodique.

Étant donnée une fraction décimale périodique simple ou mixte, trouver la fraction ordinaire génératrice. (*Chapitre IX, X, XI.*)

Système des mesures légales. — Mesures de longueur. — Mètre; ses divisions; ses multiples. — Rapport de l'ancienne toise de six pieds au mètre. Convertir en mètres un nombre donné de toises.

Mesures de superficie, de volume et de capacité.

Mesures de poids. — Monnaies. — Titre et poids des monnaies de France. — Usage des Tables de conversion des anciennes mesures en mesures légales. (*Chapitre XII.*)

Formation du carré et du cube de la somme de deux nombres. — Extraction de la racine carrée d'un nombre entier. — Indication sommaire de la marche à suivre pour l'extraction de la racine cubique.

Carré et cube d'une fraction. — Racine carrée d'une fraction ordinaire et décimale à une unité près d'un ordre décimal donné. (*Chapitre XIII et XIV.*)

Rapports des grandeurs concrètes. — Dans une suite de rapports égaux, la somme des numérateurs et celle des dénominateurs forment un rapport égal aux premiers.

Notions générales sur les grandeurs qui varient dans le même rapport ou dans un rapport inverse. — Solution, par la méthode dite de *réduction à l'unité*, des questions les plus simples dans lesquelles on considère de telles quantités. — Mettre en évidence les rapports des quantités de même nature qui entrent dans le résultat final, et en conclure la règle générale à suivre pour écrire immédiatement la solution demandée.

Intérêts simples. — Formule générale qui fournit la solution de toutes les questions relatives aux intérêts simples. — De l'escompte commercial.

Partager une somme en parties proportionnelles à des nombres donnés. (*Chapitre XV.*)

Usage des *Tables de logarithmes* pour abréger les calculs de multiplication et de division, l'élévation aux puissances et l'extraction des racines.

Emploi de la *règle à calcul*, borné à la multiplication et à la division. (*Chapitre XVI.*)

ÉLÉMENTS
D'ARITHMÉTIQUE.

CHAPITRE PREMIER.

NUMÉRATION.

NOTIONS PRÉLIMINAIRES.

1. Si nous apercevons des objets qui nous paraissent semblables et que notre attention se porte sur chacun d'eux en particulier, puis ensuite sur leur réunion, nous avons l'idée d'*une* chose et de *plusieurs* choses.

On emploie le mot *unité* pour désigner un objet quelconque, faisant ainsi *abstraction* de ses qualités particulières, et l'on comprend sous le nom général de *nombre*, soit l'assemblage de plusieurs unités, soit l'unité elle-même.

Ainsi les arbres contenus dans une pépinière forment un nombre et chaque arbre est une unité. Si ces arbres sont disposés en diverses rangées semblables, ces rangées formeront aussi un nombre, et ici chaque rangée sera une unité.

Quand on ajoute une unité à un nombre, on forme le nombre *suivant*. On voit que la suite des nombres est illimitée.

L'*Arithmétique* est la science des nombres. Elle a pour objet principal les *opérations* que l'on peut exécuter sur les nombres et dont l'ensemble constitue le *calcul*.

La *numération* a pour but d'énoncer et d'écrire les nombres.

NUMÉRATION PARLÉE.

2. Les premiers nombres ont reçu des noms indépendants les uns des autres; ce sont :

un, *deux, trois, quatre, cinq, six, sept, huit, neuf.*

Le nombre suivant, qui joue un rôle très-important dans la numération, a été appelé

dix ou *une dizaine.*

Le nombre formé par la réunion de dix dizaines, puis le nombre formé par la réunion de dix nombres égaux à celui-ci, et ainsi de suite, sont désignés comme l'indique le tableau suivant :

cent ou *une centaine*......... qui vaut.	dix dizaines,
mille ou *une unité de mille*...........	dix centaines,
dix mille ou *une dizaine de mille*.......	dix unités de mille,
cent mille ou *une centaine de mille*......	dix dizaines de mille,
un million ou *une unité de million*......	dix centaines de mille,
dix millions ou *une dizaine de million*...	dix unités de million.
cent millions ou *une centaine de million*..	dix dizaines de million,
un billion (*) ou *une unité de billion*....	dix centaines de million,
dix billions ou *une dizaine de billion*....	dix unités de billion ,
cent billions ou *une centaine de billion*...	dix dizaines de billion,
un trillion ou *une unité de trillion*......	dix centaines de billion,

     etc., etc.

Les nombres

    dix, cent, mille, dix mille, cent mille, un million, etc.,

sont souvent désignés sous les noms d'*unité du deuxième, du troisième, etc., ordre ;* le nombre *un,* ou l'*unité,* est dit aussi *unité du premier ordre* ou *unité simple.*

3. La considération des unités des divers ordres fournit un moyen très-simple d'énoncer tous les nombres, ce qui est l'objet de la numération parlée.

Prenons, en effet, un nombre quelconque supérieur à *neuf.* Avec les unités contenues dans ce nombre, on pourra former un ou plusieurs groupes composés chacun de dix unités, et s'il reste quelques unités non employées, leur nombre sera au plus égal à neuf. Le nombre que nous considérons sera donc formé de dizaines et il pourra contenir, en outre, quelques unités en nombre inférieur à dix. Pareillement, si le nombre des dizaines est supérieur à neuf, on pourra, avec ces dizaines, former une ou plusieurs centaines, et s'il reste quelques dizaines non employées, leur nombre sera au plus égal à neuf. En continuant ainsi, on voit que :

(*) Le mot *milliard* est quelquefois employé comme synonyme de *billion.*

Tout nombre est la réunion de plusieurs parties composées chacune d'unités d'un certain ordre, en nombre inférieur à dix.

D'après ce principe, il suffira, pour énoncer un nombre quelconque, d'indiquer combien d'unités de chaque ordre ce nombre contient. Par exemple, un nombre nous sera parfaitement connu, si l'on nous dit qu'il renferme *trois centaines de mille, neuf centaines, quatre dizaines, deux unités.*

C'est la considération de ces unités des différents ordres qui constitue notre *système* de numération ; le nombre *dix,* qui exprime combien il faut d'unités d'un certain ordre pour former une unité de l'ordre suivant, se nomme la *base* du système, et celui-ci est dit *système décimal.*

4. Nous nous sommes surtout préoccupé, dans ce qui précède, de mettre en évidence le principe fondamental de la numération ; il nous reste à indiquer quelques détails qui compléteront l'exposition de la numération parlée.

Les nombres successifs de dizaines depuis *deux dizaines* jusqu'à *neuf dizaines* se désignent par les mots :

vingt, trente, quarante, cinquante, soixante,
soixante-dix, quatre-vingts, quatre-vingt-dix.

Pour exprimer les nombres compris entre *dix* et *cent,* on indique successivement le nombre des dizaines et le nombre des unités simples qu'ils renferment. Ainsi *dix-sept, vingt-quatre, soixante-dix-huit* expriment respectivement les nombres formés de *une dizaine et sept unités,* de *deux dizaines et quatre unités,* de *sept dizaines et huit unités.*

Nous devons signaler ici une irrégularité consacrée par l'usage et qui consiste dans la substitution des mots

onze, douze, treize, quatorze, quinze, seize,

aux mots

dix-un, dix-deux, dix-trois, dix-quatre, dix-cinq, dix-six.

On emploie pareillement les mots *soixante-onze, soixante-douze,...., soixante-seize,* au lieu de *soixante-dix-un, soixante-dix-deux, ..., soixante-dix-six,* et l'on dit aussi *quatre-vingt-onze, quatre-vingt-douze,..., quatre-vingt-seize,* au lieu de *quatre-vingt-dix-un, quatre-vingt-dix-deux,..., quatre-vingt-dix-six.*

Pour exprimer les nombres compris entre *cent* et *mille,* on indique d'abord le nombre des centaines qu'ils renferment, puis le nombre inférieur à cent qui les complète. Ainsi le nombre formé de *trois centaines*, de *sept dizaines* et de *cinq unités* s'énonce *trois cent soixante-quinze*.

Les nombres compris entre *mille* et *un million* peuvent contenir des *centaines de mille*, des *dizaines de mille*, des *unités de mille*, puis des *centaines*, des *dizaines* et des *unités;* on les énonce en indiquant d'abord le nombre des mille qu'ils renferment, puis le nombre inférieur à mille qui les complète. Ainsi le nombre formé de *sept centaines de mille, cinq dizaines de mille, deux unités de mille, trois centaines, sept dizaines* et *cinq unités*, s'énonce *sept cent-cinquante-deux mille, trois cent soixante-quinze*.

Pareillement on énonce les nombres compris entre *un million* et *un billion* en indiquant d'abord le nombre de millions qu'ils renferment, puis le nombre inférieur à un million qui les complète. Par exemple, le nombre qui renferme *deux centaines de million, trois dizaines de million, cinq unités de million* et en outre *sept cent cinquante-deux mille trois cent soixante-quinze unités simples*, s'énoncera *deux cent trente-cinq millions, sept cent cinquante-deux mille, trois cent soixante-quinze*.

Il est évident qu'en poursuivant ainsi, on peut énoncer tous les nombres compris entre *un billion* et *un trillion*, entre *un trillion* et *un quatrillion*, etc.

On voit qu'en réalité, par cette manière d'énoncer les nombres, on les conçoit décomposés en diverses parties formées respectivement d'unités du *premier*, du *quatrième*, du *septième*, du *dixième*, *etc.*, ordre. Ces unités, savoir

un, mille, un million, un billion, etc.,

sont dites *unités principales;* chacune d'elles contient mille fois la précédente.

Les unités principales jouent le rôle le plus important dans la numération parlée; ce sont les seules auxquelles on ait affecté une dénomination spéciale. Mais la considération de ces unités n'est pourtant que secondaire : elle n'est en effet d'aucune utilité dans la numération écrite sur laquelle reposent exclusivement toutes les règles du calcul.

NUMÉRATION ÉCRITE.

5. Le principe fondamental établi au n° 3 permet d'écrire tous les nombres avec dix caractères. Ces caractères sont ap-

pelés *chiffres*. Neuf d'entre eux, dits *chiffres significatifs*, servent à désigner les neuf premiers nombres; ce sont :

$$1, \quad 2, \quad 3, \quad 4, \quad 5, \quad 6, \quad 7, \quad 8, \quad 9.$$

un, deux, trois, quatre, cinq, six, sept, huit, neuf.

Le dixième chiffre est o; il est appelé *zéro*, et sert à indiquer l'absence d'unités.

Pour écrire en chiffres un nombre plus grand que 9, il faut le concevoir décomposé, comme il a été dit au n° 3, en unités des différents ordres. Alors on écrit le chiffre qui représente les unités de l'ordre le plus élevé : à la droite de ce chiffre, on écrit ensuite celui qui représente les unités de l'ordre immédiatement inférieur, si le nombre proposé en renferme; dans le cas contraire, on écrit un *zéro*. Si le nombre dont il s'agit contient des unités d'ordres supérieurs au deuxième, on continue d'appliquer le même procédé. On voit qu'il consiste à écrire successivement, de gauche à droite, les chiffres qui représentent les unités des divers ordres contenues dans le nombre, à partir de l'ordre le plus élevé, et en ayant soin de placer un zéro à la place de chaque ordre manquant.

Exemples. — 1° Les unités du deuxième, du troisième, etc., ordre sont représentées par 10, 100, 1000, etc.; 2° le nombre formé de *quatre centaines, sept dizaines, huit unités,* s'écrit 478; 3° le nombre formé de *sept dizaines de mille, quatre centaines, deux unités,* s'écrit 70402.

On voit que la numération écrite repose sur le principe du n° 3 et sur la convention suivante :

Tout chiffre écrit à la gauche d'un autre exprime des unités de l'ordre immédiatement supérieur à l'ordre des unités qui sont exprimées par cet autre chiffre.

La numération écrite se résume dans les règles suivantes par lesquelles on peut énoncer un nombre écrit en chiffres, et inversement, écrire en chiffres un nombre énoncé conformément aux habitudes de la numération parlée.

RÈGLES POUR ÉNONCER UN NOMBRE ÉCRIT EN CHIFFRES.

6. RÈGLE Ire. — *Pour énoncer un nombre qui n'a pas plus de trois chiffres, on énonce successivement chaque chiffre significatif, à partir de la gauche, en indiquant le nom des unités qu'il exprime.*

Il faut avoir égard cependant aux irrégularités introduites par l'usage et qui ont été mentionnées au n° 4.

Ainsi le nombre 437 s'énonce *quatre cent trente-sept;* le nombre 375 s'énonce *trois cent soixante-quinze.*

RÈGLE IIe. — *Pour énoncer un nombre qui a plus de trois chiffres, on le décompose, à partir de la droite, en tranches de trois chiffres. La dernière tranche à gauche peut ainsi n'avoir qu'un ou deux chiffres. Ensuite on énonce chaque tranche comme si elle était seule, en indiquant l'ordre des unités de son dernier chiffre.*

Le nombre à énoncer étant décomposé comme la règle l'indique, chaque tranche exprime des unités principales d'un certain ordre; la première tranche à droite exprime des unités simples, la deuxième des mille, la troisième des millions, etc.

Ainsi le nombre 237 040 203 s'énonce : *deux cent trente-sept millions, quarante mille, deux cent trois.*

RÈGLE POUR ÉCRIRE EN CHIFFRES UN NOMBRE ÉNONCÉ.

7. *Pour écrire en chiffres un nombre énoncé conformément aux usages de la numération parlée, on écrit successivement à la suite les uns des autres et de gauche à droite, les nombres d'unités principales énoncés.*

Chacun de ces nombres, à partir du deuxième, doit comprendre trois ordres d'unités, et il faut en conséquence écrire un zéro à la gauche de ceux qui n'ont que deux chiffres, et deux zéros à la gauche de ceux qui n'ont qu'un seul chiffre. De même, si le nombre proposé manque d'unités principales d'un certain ordre, il faut avoir soin d'écrire trois zéros avant de passer aux unités principales de l'ordre suivant.

Ainsi le nombre *trente billions, vingt-sept millions, trois cent sept mille, vingt-neuf,* s'écrit 30 027 307 029.

QUESTIONS PROPOSÉES.

I. Énoncer le nombre 123 456 789.

II. Énoncer le nombre 1 020 030 400 506.

III. Écrire en chiffres le nombre *vingt-sept trillions sept billions neuf mille trois cent sept.*

IV. Écrire en chiffres le nombre *cent billions neuf mille trois.*

CHAPITRE II.

ADDITION ET SOUSTRACTION.

DE L'ADDITION.

8. *L'addition est une opération qui a pour but de réunir en un seul nombre toutes les unités contenues dans plusieurs nombres donnés.*

Le résultat de l'addition est appelé *somme* ou *total*.

On indique l'addition au moyen du signe + qui s'énonce *plus*. Ainsi 8 + 4 signifie 8 plus 4.

CAS SIMPLES DE L'ADDITION.

9. Supposons d'abord qu'il s'agisse d'*additionner* deux nombres d'un seul chiffre, 8 et 4 par exemple. On aura la somme demandée en ajoutant successivement à 8 autant de fois l'unité que 4 la contient; ainsi l'on dira, conformément à la numération : 8 et 1 font 9, 9 et 1 font 10, 10 et 1 font 11, 11 et 1 font 12; la somme demandée est 12.

On peut opérer de la même manière pour additionner un nombre de plusieurs chiffres avec un nombre d'un seul chiffre. S'agit-il, par exemple, des nombres 68 et 4, on dira : 68 et 1 font 69, 69 et 1 font 70, 70 et 1 font 71, 71 et 1 font 72; la somme demandée est 72.

On acquiert facilement assez d'habitude pour faire immédiatement les additions de cette espèce, et pour pouvoir dire sur-le-champ : 8 et 4 font 12, 68 et 4 font 72.

10. Enfin, pour faire l'addition de trois, quatre, etc., nombres d'un seul chiffre, on ajoute d'abord deux de ces nombres, puis on ajoute le résultat avec un troisième; et ainsi de suite.

Supposons, par exemple, qu'il faille additionner les nombres 8, 4, 9, 7, 5; on dira : 8 et 4 font 12, 12 et 9 font 21, 21 et 7 font 28, 28 et 5 font 33; la somme cherchée est 33.

CAS GÉNÉRAL DE L'ADDITION.

11. On ramène le cas général de l'addition au cas simple du n° 10, en remarquant que :

*La somme de plusieurs nombres peut s'obtenir en addition-
nant successivement les unités simples de ces nombres, les dizaines, les centaines, etc., et en réunissant ensuite toutes ces
sommes partielles.*

Supposons, par exemple, qu'on veuille additionner les trois
nombres

9507, 939, 5028.

On dispose habituellement l'opération comme il suit :

9507
939
5028
―――
15474

Les nombres donnés sont écrits les uns au-dessous des
autres, de manière que les unités de même ordre soient dans
une même *colonne verticale*. On tire un trait au-dessous du
dernier nombre, et l'on écrit au-dessous du trait les chiffres
de la somme à mesure qu'ils sont trouvés.

On commence par additionner les unités simples et l'on dit :
7 et 9 font 16, 16 et 8 font 24. 24 est ainsi la somme des unités
simples; mais, comme cette somme renferme 2 dizaines et 4
unités, on écrit seulement le chiffre 4 à la place des unités et
l'on *retient* les deux dizaines pour les réunir avec les dizaines
des nombres proposés.

On passe à la colonne des dizaines et l'on dit : 2 *de retenue*
et 3 font 5, 5 et 2 font 7. 7 est donc le chiffre des dizaines de
la somme; on l'écrit à la place des dizaines.

On passe à la colonne des centaines et l'on dit : 5 et 9
font 14. Comme ces 14 centaines se composent de 1 mille et
de 4 centaines, on écrit seulement le chiffre 4 à la place des
centaines et l'on retient 1 mille pour le réunir avec les mille
de la colonne suivante.

Arrivant enfin à la colonne des mille on dit : 1 de retenue
et 9 font 10, 10 et 5 font 15. Ces 15 mille se composent de
1 dizaine de mille et de 5 mille, par conséquent on écrit 5 à
la place des mille, et ensuite 1 à la gauche de ce chiffre.

On trouve ainsi que la somme des nombres proposés est
15474.

Dans la pratique on fait l'addition en disant : 7 et 9 16 et 8
24, *je pose* 4 *et retiens* 2; 2 et 3 5 et 2 7, *je pose* 7; 5 et 9 14,
je pose 4 *et retiens* 1; 1 et 9 10 et 5 15, *je pose* 15.

12. Ce qui précède conduit à la règle suivante :

Pour additionner plusieurs nombres, on les écrit les uns au-dessous des autres, de manière que les unités de même ordre soient dans une même colonne verticale, et l'on tire un trait au-dessous du dernier nombre. On fait la somme des chiffres de la première colonne à droite, et, si le résultat ne surpasse pas 9, on l'écrit au-dessous du trait dans la première colonne; dans le cas contraire, on écrit seulement les unités, et l'on retient les dizaines pour les réunir avec les nombres de la deuxième colonne. On continue de la même manière jusqu'à la dernière colonne; alors on écrit le nombre qui représente la somme des chiffres de cette colonne et des retenues de la précédente, de manière que son premier chiffre à droite soit au-dessous du trait dans la dernière colonne.

Remarque. — La méthode d'où la règle précédente est déduite consiste à additionner successivement les unités des différents ordres contenus dans les nombres proposés; mais il est essentiel de commencer l'opération par les unités de l'ordre le moins élevé, comme la règle l'indique. Si, en effet, on commençait par les unités de l'ordre le plus élevé, on pourrait être exposé, dans le cours de l'opération, à modifier des chiffres déjà écrits, à cause des retenues. Le seul cas où il soit indifférent d'opérer de droite à gauche ou de gauche à droite, est celui où la somme des chiffres de chaque colonne est inférieure à 10.

PREUVE DE L'ADDITION.

13. *La preuve d'une opération est une seconde opération qui a pour but de vérifier le résultat de la première.*

Pour faire la preuve de l'addition, on recommence en écrivant les nombres proposés dans un ordre différent de celui qu'on avait d'abord adopté; ou bien, si l'on conserve le même ordre, on opère de *bas en haut* ou de *haut en bas*, suivant qu'on avait d'abord opéré de haut en bas ou de bas en haut.

DE LA SOUSTRACTION.

14. *La soustraction est une opération qui a pour but de retrancher d'un nombre donné autant d'unités qu'il y en a dans un second nombre donné.*

Le résultat de l'opération est appelé *reste*. On dit aussi que le reste est la *différence* des deux nombres donnés, ou l'*excès* du plus grand sur le plus petit.

Il est évident que le plus grand des nombres donnés se compose des unités du plus petit et de celles du reste ; en d'autres termes, il est la somme du plus petit nombre et du reste. C'est pourquoi on peut dire que :

La soustraction a pour but, étant données une somme de deux parties et l'une de ces parties, de trouver l'autre partie.

On indique la soustraction au moyen du signe — qui s'énonce *moins*. Ainsi 9 — 3 signifie 9 moins 3.

CAS SIMPLE DE LA SOUSTRACTION.

15. Considérons d'abord le cas où le nombre à soustraire n'a qu'un seul chiffre ; supposons, par exemple, qu'il faille retrancher 3 de 9. On aura le reste demandé en retranchant successivement de 9 autant de fois l'unité que 3 la contient, et l'on dira, conformément à la numération : 1 ôté de 9, il reste 8 ; 1 ôté de 8, il reste 7 ; 1 ôté de 7, il reste 6 : le reste demandé est donc 6.

Supposons encore qu'on ait à retrancher 4 de 12, on dira : 1 ôté de 12, il reste 11 ; 1 ôté de 11, il reste 10 ; 1 ôté de 10, il reste 9 ; 1 ôté de 9, il reste 8 : le reste demandé est donc 8.

On acquiert facilement l'habitude nécessaire pour faire immédiatement les soustractions de cette espèce et pour pouvoir dire sur-le-champ : 3 ôté de 9, il reste 6 ; 4 ôté de 12, il reste 8.

SOUSTRACTION DE DEUX NOMBRES DE PLUSIEURS CHIFFRES DANS UN CAS PARTICULIER.

16. La soustraction de deux nombres de plusieurs chiffres se ramène immédiatement au cas précédent, lorsqu'aucun chiffre du plus petit nombre ne surpasse le chiffre correspondant du plus grand. Cela résulte effectivement de ce que :

La différence de deux nombres peut s'obtenir en retranchant les unités, dizaines, centaines, etc., du plus petit nombre, des unités, dizaines, centaines, etc., du plus grand, et réunissant ensuite toutes ces différences partielles.

Supposons, par exemple, qu'on ait à soustraire 2074 de 16097 ; on dispose l'opération comme il suit :

$$
\begin{array}{r}
16097 \\
2074 \\
\hline
14023
\end{array}
$$

Le plus petit nombre est écrit au-dessous du plus grand, de manière que les unités de même ordre soient dans une même

colonne verticale; on tire un trait au-dessous du plus petit
nombre, et l'on écrit au-dessous du trait les chiffres de la différence à mesure qu'ils sont trouvés.

On fait d'abord la différence des unités simples et l'on dit :
4 ôté de 7, il reste 3; 3 est le chiffre des unités du reste cherché; on l'écrit au-dessous du trait dans la colonne des unités.

On passe à la colonne des dizaines et l'on dit : 7 ôté de 9,
il reste 2; on écrit le chiffre 2 à la place des dizaines.

Comme les nombres proposés ne contiennent pas de centaines, le chiffre des centaines du reste est zéro, on l'écrit à
la place des centaines.

On passe à la colonne des mille et l'on dit : 2 ôté de 6, il
reste 4; on écrit ce chiffre à la place des mille.

Enfin, comme le plus grand nombre renferme 1 dizaine de
mille et que le plus petit n'en renferme pas, le chiffre des
dizaines de mille du reste est 1; on l'écrit à la place des
dizaines de mille.

Le reste cherché est ainsi 14023.

CAS GÉNÉRAL DE LA SOUSTRACTION.

17. On ramène le cas général de la soustraction au cas précédent à l'aide du principe suivant :

*La différence de deux nombres ne change pas quand on les
augmente l'un et l'autre d'un même troisième nombre.*

Ce principe est évident, car la différence de deux nombres
exprime combien il y a, dans le plus grand, d'unités qui ne
se trouvent pas dans le plus petit; d'où il suit que cette différence ne peut être altérée quand on ajoute aux deux nombres
considérés un même nombre d'unités.

18. Supposons qu'on ait à soustraire 176382 de 205634 :

$$\begin{array}{r} 205634 \\ 176382 \\ \hline 29252 \end{array}$$

La soustraction des unités peut s'effectuer et l'on a pour
résultat 2, que l'on écrit à la place des unités. Mais, en arrivant à la deuxième colonne, on se trouve arrêté parce qu'on
ne peut retrancher 8 de 3; alors on augmente ce chiffre 3
de 10, se réservant, quand on passera à la colonne suivante,
d'augmenter d'une unité le chiffre du plus petit nombre.
On voit qu'en opérant ainsi on ne fait qu'ajouter aux deux

nombres donnés 10 unités du deuxième ordre ou 1 unité du troisième, ce qui, d'après le principe du n° 17, ne doit pas changer le résultat de l'opération. Ainsi l'on dit : 8 ôté de 13, il reste 5, et l'on écrit ce chiffre à la place des dizaines du reste.

. En arrivant à la troisième colonne on dit : 3 et 1 font 4, 4 ôté de 6, il reste 2; on écrit le chiffre 2 à la place des centaines.

. On passe à la quatrième colonne et, comme on ne peut retrancher 6 de 5, on ajoute 10 à ce dernier chiffre et l'on dit : 6 ôté de 15, il reste 9, qu'on écrit à la place des mille.

Arrivant à la cinquième colonne il faut avoir soin d'augmenter d'une unité le chiffre du plus petit nombre et, en opérant comme précédemment, on dit : 7 et 1 font 8, 8 ôté de 10 il reste 2, qu'on écrit à la place des dizaines de mille.

Enfin, arrivant à la sixième colonne, qui est la dernière, on dit : 1 et 1 font 2, 2 ôté de 2 reste zéro, qu'il est inutile d'écrire.

Le reste cherché est ainsi 29252.

Dans la pratique on opère en disant : 2 de 4 reste 2; 8 de 13 reste 5; 1 et 3, 4 de 6 reste 2; 6 de 15 reste 9; 1 et 7, 8 de 10 reste 2; 1 et 1, 2 de 2 reste o.

19. On peut, d'après ce qui précède, énoncer la règle suivante :

· *Pour avoir la différence de deux nombres, on écrit le plus petit au-dessous du plus grand, de manière que les unités de même ordre soient dans une même colonne verticale, et l'on tire un trait au-dessous du plus petit nombre. Ensuite on retranche, à partir de la droite, chaque chiffre du nombre inférieur du chiffre correspondant du nombre supérieur et l'on écrit la différence au-dessous. Lorsqu'un chiffre du nombre supérieur est moindre que le chiffre correspondant du nombre inférieur on l'augmente de 10 unités, afin de rendre la soustraction possible ; mais il faut avoir soin en même temps, quand on passe à la colonne suivante, d'augmenter d'une unité le chiffre du nombre inférieur.*

Remarque. — Il est essentiel de commencer l'opération par la droite, comme l'indique la règle précédente; car, en opérant de gauche à droite, on serait obligé de modifier un ou plusieurs des chiffres déjà écrits, lorsque l'on arriverait à une colonne dans laquelle le chiffre inférieur serait plus grand que

ADDITION ET SOUSTRACTION.

le chiffre supérieur. Le cas particulier du n° 16 est le seul où il soit indifférent d'opérer de droite à gauche ou de gauche à droite.

PREUVE DE LA SOUSTRACTION.

20. La preuve de la soustraction se fait en ajoutant le reste avec le plus petit nombre; si l'on trouve pour résultat le plus grand nombre, on a une vérification du premier calcul.

QUESTIONS PROPOSÉES.

I. Ajouter les sept nombres 2827433385, 251327408, 18849552, 2827431, 188490, 2198, 21.

II. Retrancher 2827433385 de 3100628485.

III. Deux nombres étant donnés, on calcule leur somme et leur différence. On demande quels sont les résultats que l'on doit trouver quand on ajoute la différence à la somme obtenue ou que l'on retranche cette différence de la somme.

CHAPITRE III.

MULTIPLICATION.

DE LA MULTIPLICATION.

21. *La multiplication est une opération qui a pour but de former un nombre composé d'autant de parties égales à un nombre donné qu'il y a d'unités dans un deuxième nombre donné.*

Le premier des deux nombres donnés se nomme *multiplicande*, le deuxième se nomme *multiplicateur* et le résultat de l'opération est appelé *produit*. Le multiplicande et le multiplicateur sont dits les *facteurs* du produit.

Ainsi, multiplier 5 par 3, c'est faire la somme de 3 nombres égaux à 5. Cette somme étant égale à 15, on dit que *le produit de 5 par 3 est* 15. Dans cet exemple, 5 est le multiplicande, 3 est le multiplicateur.

On voit aussi par la définition que, si le multiplicateur est égal à l'unité, le produit est égal au multiplicande; ainsi *le produit d'un nombre par 1 est ce nombre lui-même.*

On indique la multiplication au moyen du signe $\times$ qui s'énonce *multiplié par*. Ainsi 5×3 signifie 5 multiplié par 3.

TABLE DE MULTIPLICATION.

22. La multiplication étant l'addition de plusieurs nombres égaux, on pourrait l'effectuer en suivant la règle donnée pour l'addition en général (n° 12). Ce procédé, qui serait impraticable dans le cas de nombres un peu considérables, est effectivement celui que l'on emploie pour faire le produit de deux nombres d'un seul chiffre, et l'on ramène, comme on verra plus loin, tous les autres cas à celui-là. On comprend dès lors combien il est essentiel, pour opérer promptement, de savoir par cœur tous les produits que l'on peut former avec deux nombres d'un seul chiffre. Ces produits se trouvent renfermés dans la Table suivante dont nous allons indiquer la construction et l'usage.

1	2	3	4	5	6	7	8	9
2	4	6	8	10	12	14	16	18
3	6	9	12	15	18	21	24	27
4	8	12	16	20	24	28	32	36
5	10	15	20	25	30	35	40	45
6	12	18	24	30	36	42	48	54
7	14	21	28	35	42	49	56	63
8	16	24	32	40	48	56	64	72
9	18	27	36	45	54	63	72	81

La première ligne horizontale renferme les neuf premiers nombres, ou, ce qui revient au même, les produits des neuf premiers nombres par 1.

Pour former la deuxième ligne on ajoute chacun des nombres de la première avec lui-même et l'on écrit le résultat au-dessous ; cette deuxième ligne renferme donc les produits des neuf premiers nombres par 2.

Pour former la troisième ligne on ajoute chacun des nombres de la deuxième ligne avec le nombre correspondant de la première, c'est-à-dire avec celui qui se trouve dans la même colonne verticale, et l'on écrit le résultat au-dessous ; la troisième ligne renferme ainsi les produits des neuf premiers nombres par 3.

Pareillement, pour former la quatrième ligne, on ajoute chacun des nombres de la troisième ligne avec le correspondant de la première et l'on écrit le résultat au-dessous. Cette quatrième ligne renferme donc les produits des neuf premiers nombres par 4.

De même, chacune des lignes suivantes, jusqu'à la neuvième, se forme en ajoutant chacun des nombres de la ligne précédente avec le nombre correspondant de la première ligne ; d'où il suit que les neuf lignes horizontales contiennent les produits des neuf premiers nombres par 1, 2, 3,..., 9 respectivement.

Voici maintenant comment on fait usage de cette Table. Supposons, par exemple, qu'on demande le produit de 7 par 6. D'après la manière dont la Table est construite, ce produit doit être dans la septième colonne verticale qui renferme tous les produits de 7 par les neuf premiers nombres, mais il doit être aussi dans la sixième ligne horizontale qui renferme les produits des neuf premiers nombres par 6; on trouve ainsi que le produit demandé est 42.

MULTIPLICATION D'UN NOMBRE DE PLUSIEURS CHIFFRES PAR UN NOMBRE D'UN SEUL CHIFFRE.

23. De la définition de la multiplication et du principe sur lequel repose la règle de l'addition (n° 11), il résulte que :

Pour multiplier un nombre de plusieurs chiffres par un nombre d'un seul chiffre, il suffit de multiplier successivement les unités, les dizaines, les centaines, etc.; du multiplicande par le multiplicateur et de réunir ensuite tous ces produits partiels.

Supposons, par exemple, qu'il s'agisse de multiplier 2096 par 7. On dispose l'opération de la manière suivante :

$$
\begin{array}{r}
2096 \\
7 \\
\hline
14672
\end{array}
$$

Le multiplicateur est écrit au-dessous du multiplicande, et l'on tire un trait au-dessous du multiplicateur; ensuite on écrit au-dessous du trait les chiffres du produit à mesure qu'ils sont trouvés.

On multiplie d'abord les unités du multiplicande par le multiplicateur, et l'on dit: 7 fois 6 font 42. Comme ces 42 unités se composent de 4 dizaines et de 2 unités, on écrit seulement le chiffre 2 à la place des unités du produit et l'on retient les 4 dizaines pour les réunir au produit des dizaines du multiplicande par le multiplicateur.

Arrivant aux dizaines, on dit : 7 fois 9 font 63 et 4 de retenue font 67. Ces 67 dizaines se composent de 6 centaines et de 7 dizaines; on écrit seulement le chiffre 7 à la place des dizaines, et l'on retient les 6 centaines.

Mais, comme dans l'exemple choisi le multiplicande ne contient pas de centaines, le produit ne contiendra que les 6 centaines de retenue; on écrit donc ce chiffre à la place des centaines.

Enfin, arrivant aux mille, on dit : 7 fois 2 font 14, et l'on écrit ces chiffres à la gauche des chiffres déjà trouvés.

Le produit obtenu est ainsi 14672.

24. On peut, d'après cela, énoncer la règle suivante :

Pour multiplier un nombre de plusieurs chiffres par un

nombre d'un seul chiffre, on multiplie successivement les dif-
férents chiffres du multiplicande par le multiplicateur, en
commençant par la droite. On écrit le chiffre des unités du
premier produit partiel et l'on retient les dizaines pour les
ajouter avec le produit partiel suivant ; on écrit le chiffre des
unités de cette somme à la gauche du premier chiffre déjà écrit
et l'on retient les dizaines pour les réunir avec le troisième
produit partiel ; et ainsi de suite.

MULTIPLICATION D'UN NOMBRE PAR UN CHIFFRE SIGNIFICATIF SUIVI D'UN OU DE PLUSIEURS ZÉROS.

25. 1° *Pour multiplier un nombre par* 10, 100, 1000, *etc., il*
suffit d'écrire 1, 2, 3, *etc., zéros à sa droite.* Car, d'après le principe de la numération écrite, chacun des chiffres exprime alors
des unités 10, 100, 1000, etc., fois plus grandes qu'aupara-
vant, et, par suite, le nombre a été rendu 10, 100, 1000, etc.,
fois plus grand ; en d'autres termes, il a été multiplié par 10,
100, 1000, etc.

2° *Pour multiplier un nombre par un chiffre significatif*
suivi d'un ou de plusieurs zéros, il suffit de multiplier le nombre
par ce chiffre et d'écrire à la droite du résultat autant de zé-
ros qu'il y en a à la droite du chiffre.

Supposons, par exemple, qu'on veuille multiplier 2096 par
300, qui est, comme on vient de voir, le produit de 3 par 100.

Écrivons, les uns sous les autres, 3 nombres égaux au multiplicande 2096 ; puis au-dessous de ce groupe, écrivons un
deuxième groupe semblable, puis un troisième, etc., jusqu'à
ce que nous ayons 100 groupes :

$$
\begin{array}{c}
1 \left\{ \begin{array}{l} 2096 \\ 2096 \\ 2096 \end{array} \right. \\
2 \left\{ \begin{array}{l} 2096 \\ 2096 \\ 2096 \end{array} \right. \\
3 \left\{ \begin{array}{l} 2096 \\ \cdots \\ \cdots \end{array} \right. \\
\cdots
\end{array}
$$

On voit que 2096 se trouve écrit un nombre de fois égal au
produit de 3 par 100 ; par conséquent, en additionnant tous ces
nombres, on aura le produit de 2096 par 300. Mais il est évi-

dent qu'on aura le même résultat en additionnant les 3 nombres de chaque groupe et en additionnant ensuite les 100 sommes obtenues. Or la somme des trois nombres de chaque groupe est égale au produit de 2096 par 3 et, pour faire la somme de 100 nombres égaux à ce produit, il suffira, après l'avoir effectué, d'écrire deux zéros à sa droite; donc pour multiplier 2096 par 300 il suffit de multiplier 2096 par 3 et d'écrire ensuite deux zéros à la droite du produit effectué.

CAS GÉNÉRAL DE LA MULTIPLICATION.

26. La multiplication de deux nombres quelconques se ramène aisément aux cas simples que nous venons d'examiner.

Supposons qu'on veuille multiplier 2096 par 347. Le multiplicateur est la somme des trois nombres 7, 40 et 300; donc le produit cherché s'obtiendra en faisant la somme de 7 nombres, de 40 nombres et de 300 nombres tous égaux à 2096, et en réunissant ensuite les résultats. On est donc ramené à multiplier 2096 successivement par 7, par 40 et par 300, et à ajouter les produits partiels obtenus. Le premier de ces produits s'obtiendra par la règle du n° 24; les deux autres seront donnés par la même règle combinée avec celle du n° 25.

On dispose l'opération de la manière suivante :

$$
\begin{array}{r}
2096 \\
347 \\
\hline
14672 \\
8384 \\
6288 \\
\hline
727312
\end{array}
$$

Le multiplicateur est écrit au-dessous du multiplicande et l'on tire un trait au-dessous du multiplicateur. On multiplie le multiplicande par 7 et l'on écrit au-dessous du trait le résultat 14672. On multiplie ensuite le multiplicande par 4 et l'on écrit le résultat 8384 au-dessous du premier produit partiel, de manière que son dernier chiffre soit dans la colonne des dizaines. Enfin on multiplie le multiplicande par 3 et l'on écrit le résultat 6288 au-dessous du deuxième produit partiel, de manière que son dernier chiffre soit dans la colonne des centaines.

Ajoutant ensuite les trois résultats, on obtient le produit cherché 727312.

Remarque. — Les produits partiels qui concourent à former

le produit total, sont 14672, 83840, 628800, et non pas 14672, 8384, 6288.; mais, par la manière dont l'opération est disposée, on voit que les zéros sont inutiles et qu'il vaut mieux ne pas les écrire.

27. Le raisonnement qui précède conduit à la règle suivante :

Pour faire le produit de deux nombres de plusieurs chiffres, on écrit le multiplicateur au-dessous du multiplicande de manière que les unités de même ordre se correspondent et l'on tire un trait au-dessous du multiplicateur. Ensuite on multiplie le multiplicande successivement par les divers chiffres significatifs du multiplicateur et l'on écrit chaque résultat de manière que son dernier chiffre soit dans la même colonne verticale que le chiffre du multiplicateur qui l'a fourni. On fait ensuite la somme de tous ces résultats ; c'est le produit cherché.

CAS PARTICULIER OU LE MULTIPLICANDE ET LE MULTIPLICATEUR SONT TERMINÉS PAR DES ZÉROS.

28. *Lorsque les facteurs sont terminés par des zéros, on supprime ces zéros et l'on multiplie les nombres résultants ; puis on écrit à la droite du produit obtenu autant de zéros qu'on en a supprimé, tant au multiplicande qu'au multiplicateur.*

Par exemple, pour avoir le produit de 27000 par 4300, il suffit de multiplier 27 par 43 et d'écrire cinq zéros à la droite du résultat.

En effet, un raisonnement semblable à celui du n° 25 prouve qu'on obtient le produit de 27000 par 4300 en multipliant 27000 par 43 et en écrivant ensuite deux zéros à la droite du résultat. D'un autre côté, comme 27000 est égal à 27 unités de mille, le produit de 27000 par 43 sera égal à 43 fois 27 unités de mille, c'est-à-dire à un nombre de mille égal au produit de 27 par 43. D'après cela, le produit de 27000 par 43 se fera en écrivant trois zéros à la droite du produit de 27 par 43 ; par conséquent enfin, le produit de 27000 par 4300 s'obtiendra en écrivant cinq zéros à la droite du produit de 27 par 43.

NOMBRE DES CHIFFRES DU PRODUIT.

29. *Le nombre des chiffres du produit est égal à la somme*

2.

des nombres de chiffres du multiplicande et du multiplica-
teur, ou égal à cette somme diminuée d'une unité.

En effet, supposons que le multiplicande ait quatre chiffres, qu'il soit, par exemple, 2096, et que le multiplicateur ait trois chiffres.

Le multiplicateur ayant trois chiffres il est au moins égal à 100; donc le produit considéré est au moins égal au produit de 2096 par 100, lequel est 209600; par suite le nombre de ses chiffres est au moins égal à la somme des nombres de chiffres des facteurs diminuée de 1.

En second lieu, le multiplicateur est plus petit que 1000; donc le produit considéré est inférieur au produit de 2096 par 1000, c'est-à-dire inférieur à 2096000; le nombre des chiffres du produit ne peut donc pas surpasser la somme des nombres de chiffres des facteurs.

Remarque. — On a souvent besoin, dans la pratique, de con-naître exactement le nombre des chiffres que doit avoir le pro-duit de deux nombres. On y arrive aisément dans chaque cas par la considération des premiers chiffres des facteurs.

PREUVE DE LA MULTIPLICATION.

30. Pour faire la preuve de la multiplication, on recommence en prenant le multiplicateur pour multiplicande, et inverse-ment. Si l'on retrouve le même produit qu'on avait d'abord obtenu, on a une vérification du premier calcul. Cette règle est fondée sur le principe suivant :

31. *Le produit de deux nombres ne change pas quand on prend le multiplicande pour multiplicateur, et inverse-ment.*

Je dis, par exemple, que le produit de 5 par 4 est égal au produit de 4 par 5. En effet, écrivons sur une même ligne hori-zontale autant d'unités qu'il y en a dans le nombre 5 et répé-tons cette ligne autant de fois qu'il y a d'unités dans 4 ; nous formerons le tableau suivant :

$$
\begin{array}{ccccc}
1 & 1 & 1 & 1 & 1 \\
1 & 1 & 1 & 1 & 1 \\
1 & 1 & 1 & 1 & 1 \\
1 & 1 & 1 & 1 & 1
\end{array}
$$

dont le nombre des unités est égal, d'après la construction, au produit de 5 par 4. Or, si l'on considère les unités renfermées dans une colonne verticale, on voit que leur nombre est égal à 4 ; et, comme il y a cinq colonnes verticales, il s'ensuit que le nombre des unités renfermées dans le tableau est aussi égal au produit de 4 par 5. Donc les produits de 5 par 4 et de 4 par 5 sont identiques.

PRODUITS DE PLUSIEURS FACTEURS.

32. On nomme *produit de plusieurs nombres* ou *de plusieurs facteurs* le résultat que l'on obtient en multipliant le premier nombre par le deuxième, puis le produit ainsi formé par le troisième nombre, et ainsi de suite. Par exemple, le produit $7 \times 6 \times 5 \times 4$ est le résultat que l'on obtient en multipliant 7 par 6, puis le produit obtenu par 5, puis ce deuxième produit par 4.

33. *Dans un produit de plusieurs facteurs, on peut inter-vertir d'une manière quelconque l'ordre des facteurs.*

La démonstration générale de cette propriété, que nous venons d'établir (n° 31) pour le cas de deux facteurs, se composera de trois parties :

1° *Dans un produit de trois facteurs, on peut intervertir l'ordre des deux derniers facteurs.*

Je dis, par exemple, que les deux produits $6 \times 5 \times 4$ et $6 \times 4 \times 5$ sont égaux entre eux.

En effet, écrivons sur une même ligne horizontale 5 fois le nombre 6 et répétons cette ligne 4 fois, nous formerons le tableau suivant :

$$6 \quad 6 \quad 6 \quad 6 \quad 6$$
$$6 \quad 6 \quad 6 \quad 6 \quad 6$$
$$6 \quad 6 \quad 6 \quad 6 \quad 6$$
$$6 \quad 6 \quad 6 \quad 6 \quad 6$$

La somme des nombres de chaque ligne horizontale est 6×5 et, comme il y a quatre lignes horizontales, la somme de tous les nombres du tableau sera égale à $6 \times 5 \times 4$. Mais, d'un autre côté, en additionnant les nombres d'une même ligne verticale, on trouve pour somme 6×4 ; et, comme il y a cinq lignes verticales, la somme de tous les nombres du tableau sera égale à $6 \times 4 \times 5$. On conclut de là l'égalité des deux produits considérés.

2° *Dans un produit de plusieurs facteurs, on peut intervertir l'ordre de deux facteurs consécutifs quelconques.*

Je dis, par exemple, que, dans le produit

$$7 \times 6 \times 5 \times 4 \times 3 \times 2,$$

on peut intervertir l'ordre des facteurs 5 et 4.

En effet, pour effectuer ce produit, il faut d'abord multiplier 7 par 6, ce qui donne le résultat 42. Il faut ensuite multiplier 42 par 5, puis le résultat par 4, puis, etc. Or, au lieu de multiplier 42 par 5, puis le résultat par 4, on peut, d'après ce qui précède, multiplier 42 par 4, puis le résultat par 5. Donc, dans le produit considéré, on peut intervertir l'ordre des facteurs 5 et 4.

3° *Dans un produit de plusieurs facteurs, on peut intervertir d'une manière quelconque l'ordre des facteurs.*

En effet, considérons un produit dont les facteurs sont écrits dans un certain ordre; on peut prendre un facteur quelconque et l'échanger avec celui qui le précède. Cela fait, on peut encore avancer d'un rang ce même facteur et continuer ainsi jusqu'à ce qu'on lui ait fait occuper la première place. Prenant ensuite l'un quelconque des facteurs qui suivent, on peut le faire avancer successivement d'un rang, jusqu'à ce qu'il occupe la deuxième place; et en continuant ainsi, on peut écrire tous les facteurs dans l'ordre que l'on veut adopter, sans que la valeur du produit soit changée.

34. *Pour multiplier un nombre par un produit de plusieurs facteurs, il suffit de le multiplier successivement par les facteurs de ce produit.*

Je dis, par exemple, que pour multiplier 5 par 24, qui est le produit des facteurs 2, 3, 4, il suffit de multiplier 5 par 2, puis le produit obtenu par 3, puis ce second produit par 4. En effet, le produit 5×24 est égal à 24×5; d'ailleurs 24 est égal à $2 \times 3 \times 4$: donc 5×24 est égal à $2 \times 3 \times 4 \times 5$, ou égal à $5 \times 2 \times 3 \times 4$, en faisant passer le facteur 5 de la quatrième place à la première; la propriété énoncée se trouve ainsi établie.

35. Les deux propriétés démontrées aux n°ˢ 33 et 34 conduisent à diverses conséquences parmi lesquelles il convient de remarquer les suivantes dont on a souvent occasion de faire usage.

1° *Dans un produit de plusieurs facteurs, on peut remplacer un nombre quelconque de facteurs par leur produit effectué.*

Cela est évident si les facteurs dont il s'agit sont écrits les premiers ; or on peut toujours faire en sorte qu'il en soit ainsi (n° 33) ; donc la propriété énoncée est générale.

2° *Pour multiplier un produit par un nombre, il suffit de multiplier l'un des facteurs par ce nombre.*

En effet, considérons un produit de plusieurs facteurs ; pour le multiplier par un nombre, il suffit d'y introduire un nouveau facteur égal à ce nombre. Or on peut, d'après ce qui précède, remplacer ce nouveau facteur et l'un des facteurs qui le précèdent par leur produit effectué ; la propriété énoncée se trouve donc établie.

DES PUISSANCES.

36. Le produit de plusieurs facteurs égaux à un nombre est une *puissance* de ce nombre. Le nombre des facteurs égaux est le *degré* ou l'*exposant* de la puissance.

Pour indiquer une puissance d'un nombre, on écrit à la droite de ce nombre, et un peu au-dessus, l'exposant de la puissance. Ainsi 5^2, 5^3, 5^4 représentent la deuxième, la troisième, la quatrième puissance de 5. L'analogie conduit à appeler première puissance d'un nombre ce nombre lui-même : l'exposant est alors égal à 1 ; ainsi 5^1 n'est autre chose que 5.

L'opération par laquelle on forme les puissances d'un nombre porte le nom *d'élévation aux puissances.*

37. *Le produit de plusieurs puissances d'un nombre est une puissance du même nombre dont l'exposant est égal à la somme des exposants des facteurs.*

Considérons, par exemple, les deux puissances 5^4 et 5^3 : le produit $5^4 \times 5^3$ peut être remplacé (n° 34) par $5^4 \times 5 \times 5 \times 5$, et ce dernier produit est égal à 5^{4+3} ou à 5^7.

Il est évident que ce raisonnement s'applique au cas de trois, de quatre, etc., puissances.

QUESTIONS PROPOSÉES.

I. Convertir 17^{jours} 15^{heures} $37^{minutes}$ $27^{secondes}$ en secondes.

II. Une fontaine débite 45 litres d'eau par seconde, quel est son débit en 3^{heures} $25^{minutes}$ $17^{secondes}$?

III. Un marchand veut expédier des boîtes carrées ayant 1 centimètre de longueur, 1 centimètre de largeur et 1 centimètre de hauteur ; il n'a à sa disposition qu'une caisse dont la longueur est de 98 centimètres, la largeur de 87 centimètres et la hauteur de 76 centimètres. On demande combien de boîtes il pourra placer dans sa caisse.

IV. Un marchand a acheté une pièce de drap longue de 60 mètres au prix de 13 francs le mètre. Il revend 42 mètres de cette étoffe au prix de 16 francs le mètre, mais il est obligé de donner ce qui reste à 9 francs le mètre. On demande le gain du marchand.

V. Démontrer que le produit de deux facteurs diminue lorsque l'on augmente le plus grand et qu'on diminue le plus petit d'une unité.

CHAPITRE IV.

DIVISION.

DE LA DIVISION.

38. *La division est une opération qui a pour but de trouver combien de fois un nombre donné contient un autre nombre donné.*

Le premier nombre donné se nomme *dividende*, le second se nomme *diviseur* et le nombre cherché est appelé *quotient*. On indique la division au moyen du signe : qui s'énonce *divisé par*. Ainsi 8 : 4 exprime le quotient de la division de 8 par 4.

39. La division peut se faire par la soustraction. Veut-on, par exemple, diviser 14 par 4, on retranchera 4 de 14, ce qui donnera le reste 10; on retranchera de même 4 de 10, ce qui donnera le reste 6; on retranchera encore 4 de 6, ce qui donnera le reste 2 inférieur à 4. On voit que du dividende 14 on peut retrancher successivement trois fois le diviseur 4 et qu'on obtient un dernier reste 2 inférieur à 4; par conséquent, 3 est le quotient de la division de 14 par 4.

Ce procédé, qui conduit aisément au résultat dans l'exemple que nous avons choisi, serait le plus souvent impraticable; mais en le modifiant convenablement, nous en déduirons une règle facile pour effectuer la division de deux nombres quelconques.

40. D'après la définition du n° 38, la différence entre le dividende et le produit du diviseur par le quotient doit être inférieure au diviseur. Cette différence peut être nulle ou *zéro* et alors on dit que *la division se fait exactement*. Dans tous les cas, la différence dont nous parlons est appelée *reste de la division*.

Il résulte de là que :

Dans toute division qui se fait exactement, le dividende est égal au produit du diviseur par le quotient.

Dans toute division qui ne se fait pas exactement, le dividende est égal au produit du diviseur par le quotient, plus le reste.

Nous avons vu (n° 31) que le produit de deux nombres ne change pas, quand on prend le multiplicande pour multiplicateur, et inversement. Il en résulte que, dans toute division qui se fait exactement, on peut considérer le dividende comme la somme d'autant de parties égales au quotient qu'il y a d'unités dans le diviseur. Par conséquent, on peut dire que, dans ce cas particulier, *la division a pour but de partager un nombre donné en autant de parties égales qu'il y a d'unités dans un autre nombre donné.* C'est même en se plaçant à ce point de vue que l'on a adopté les dénominations de *dividende* et de *diviseur.*

CAS PARTICULIER OÙ LE QUOTIENT N'A QU'UN CHIFFRE.

41. On reconnaît que le quotient d'une division n'a qu'un seul chiffre, lorsqu'en écrivant un zéro à la droite du diviseur, on forme un nombre plus grand que le dividende; car, dans ce cas, le dividende ne contient pas le diviseur 10 fois.

Supposons d'abord que le diviseur n'ait qu'un seul chiffre; il est évident que le dividende ne peut en avoir plus de deux. Dans ce cas, on obtient le quotient à l'aide de la Table de multiplication. Soit, par exemple, à diviser 59 par 8. Le plus grand des nombres de la huitième colonne verticale de la Table de multiplication contenus dans 59 étant 56, qui est le produit de 8 par 7, on en conclut que le quotient de la division de 59 par 8 est 7. Quant au reste de cette division, il est égal à l'excès de 59 sur 56, c'est-à-dire égal à 3. Sachant par cœur la Table de multiplication, on fait immédiatement les divisions de cette espèce.

42. Supposons maintenant que le diviseur ait plusieurs chiffres. Dans ce cas, on détermine le chiffre du quotient par tâtonnements comme nous allons l'expliquer :

Soit, par exemple, à diviser 5905 par 859. Le diviseur étant plus grand que 8 centaines, le quotient est égal ou inférieur au plus grand nombre de fois que le dividende 5905 contient 8 centaines; pour connaître ce dernier nombre, il suffit de retrancher autant de fois que possible 8 centaines de 5905 ou, ce qui revient au même, 8 centaines de 59 centaines, ou enfin 8 de 59. Le quotient cherché est donc égal ou inférieur au quotient de 59 par 8, c'est-à-dire égal ou inférieur à 7.

On commence par essayer le chiffre 7. A cet effet, on multiplie le diviseur par 7, et, comme le produit 6013 est plus grand que le dividende, on voit que 7 est un chiffre trop fort. On essaye de même le chiffre 6; le produit du diviseur par 6 est 5154, nombre inférieur au dividende; donc le quotient cherché est 6. Le reste de la division s'obtient en retranchant 5154 de 5905; ce reste est 751.

On est ainsi conduit à la règle suivante :

Pour faire la division de deux nombres dans le cas où le quotient ne doit avoir qu'un seul chiffre, on divise par le premier chiffre à gauche du diviseur les unités du même ordre contenues dans le dividende. On obtient ainsi le chiffre du quotient ou un chiffre trop fort. On multiplie le diviseur par le chiffre obtenu et, si le produit peut être soustrait du dividende, le chiffre est exact; sinon on essaye de la même manière le chiffre précédent, et ainsi de suite.

43. On dispose habituellement l'opération de la manière suivante :

$$\begin{array}{c|c} 5905 & 859 \\ 5154 & \overline{6} \\ \hline 751 & \end{array}$$

Le diviseur écrit à la droite du dividende est séparé de celui-ci par un trait vertical ; on tire un trait horizontal au-dessous du diviseur et l'on écrit, au-dessous de ce trait, le chiffre *exact* du quotient quand il a été trouvé; au-dessous du dividende, est écrit le produit du diviseur par le quotient, puis l'excès du dividende sur ce produit, excès qui est le reste de la division.

Souvent on se dispense d'écrire le produit du diviseur par le quotient. Alors, pour avoir le reste, on retranche successivement les produits du quotient par les unités, les dizaines, les centaines, etc., du diviseur, des unités de même ordre du dividende, à mesure que ces produits sont formés. Pour rendre toutes ces soustractions possibles, on fait usage, quand cela est nécessaire, du principe du n° 17, sur lequel repose la règle de la soustraction. D'après ce principe, on ajoute à chaque chiffre du dividende le nombre de *dizaines* nécessaire et suffisant pour rendre la soustraction correspondante possible, et l'on a soin d'ajouter un pareil nombre d'*unités* au produit à retrancher dans la soustraction suivante.

L'opération est alors disposée comme il suit :

$$\begin{array}{c|c} 5905 & 859 \\ 751 & \overline{6} \end{array}$$

et l'on dit : 6 *fois* 9 54, *de* 55 *reste* 1 *et retiens* 5; 6 *fois* 5 3o
et 5 35, *de* 4o *reste* 5 *et retiens* 4; 6 *fois* 8 48 *et* 4 52, *de* 59
reste 7.

Remarque. — En adoptant cette manière d'opérer on peut
faire l'essai d'un chiffre sans rien écrire. Ces essais se font à
vue dans la pratique ; il suffit le plus souvent de multiplier les
deux premiers chiffres à gauche du diviseur par le chiffre essayé
et de comparer le résultat avec les unités de même ordre contenues dans le dividende.

CAS GÉNÉRAL DE LA DIVISION.

44. Supposons qu'il s'agisse de diviser 59o549 par 859. On
dispose l'opération comme il suit :

$$
\begin{array}{r|l}
59o549 & \underline{859} \\
5154 & 687 \\
\hline
75149 & \\
6872 & \\
\hline
6429 & \\
6o13 & \\
\hline
416 & \\
\end{array}
$$

Si l'on multiplie le diviseur successivement par 10, 100,
1000, on obtient les produits 859o, 859oo, 859ooo; le dividende est supérieur au deuxième produit, mais il est inférieur
au troisième, donc le quotient cherché est plus grand que 100
et plus petit que 1000; par conséquent ses plus hautes unités
sont des centaines. Cela posé, il est évident que pour avoir le
nombre des centaines du quotient, il suffit de retrancher du
dividende 59o549 autant de fois 859 centaines qu'il sera possible de le faire. Autant de fois la soustraction pourra être effectuée, autant de centaines on devra poser au quotient. Or,
comme le dividende contient 59o5 centaines, on est ramené à
soustraire 859 de 59o5 autant de fois qu'il sera possible de le
faire, ou, en d'autres termes, à diviser 59o5 par 859. On effectue cette division, d'après la règle du n° 42; on trouve ainsi le
quotient 6 et le reste 751, et l'on voit que si l'on *abaisse* le
chiffre des dizaines et le chiffre des unités du dividende proposé pour les écrire à la droite du reste 751, le nombre 75149
qu'on formera ainsi sera l'excès du dividende sur le produit du
diviseur par 6 centaines. On est ainsi ramené à chercher combien de fois 75149 contient encore le diviseur 859, c'est-à-dire

à diviser 75149 par 859. Le quotient de cette nouvelle division se compose des dizaines et des unités du quotient des nombres proposés; il a donc au plus deux chiffres et l'on déterminera successivement ces deux chiffres par le procédé que nous venons d'exposer.

Ainsi, pour avoir le chiffre des dizaines du quotient, il suffira de retrancher du nouveau dividende 75149 autant de fois 859 dizaines qu'il sera possible de le faire, ce qui conduit à diviser 7514 par 859. En appliquant à ces nombres la règle du n° 42, on trouve pour quotient 8 et pour reste 642; le chiffre 8 est celui des dizaines du quotient cherché, et l'on voit que si l'on abaisse le chiffre des unités du dividende pour l'écrire à la droite du reste 642, le nombre 6429 qu'on formera ainsi sera l'excès du dividende 75149 sur le produit du diviseur par 8 dizaines; en sorte que la question est ramenée à la division de 6429 par 859. Le quotient de cette nouvelle division ne peut avoir qu'un seul chiffre; en appliquant de nouveau la règle du n° 42, on trouve pour quotient 7 et pour reste 416; le chiffre 7 est celui des unités du quotient des nombres proposés; 416 est le reste de la division.

On nomme *dividendes partiels* les nombres qu'on divise successivement par le diviseur pour obtenir les différents chiffres du quotient. Dans notre exemple les dividendes partiels sont 5905, 7514, 6429.

On se borne le plus souvent à écrire au-dessous du dividende proposé les différents dividendes partiels à partir du deuxième; les divisions partielles sont alors exécutées comme on l'a indiqué à la fin du n° 43, et l'opération se trouve disposée comme il suit :

$$
\begin{array}{r|l}
590549 & 859 \\
7514 & \overline{687} \\
6429 & \\
416 & \\
\end{array}
$$

45. Ce qui précède conduit à la règle suivante : .

Pour faire la division de deux nombres, dans le cas où le quotient a plusieurs chiffres, on écrit le diviseur à droite du dividende, en les séparant par un trait vertical. On tire un trait horizontal au-dessous du diviseur et l'on écrit au-dessous du trait les chiffres du quotient à mesure qu'ils sont trouvés.

On sépare, sur la gauche du dividende, assez de chiffres

pour que le nombre qu'ils expriment contienne au moins une fois le diviseur, mais ne le contienne pas dix fois. Ce nombre est le premier dividende partiel et le dernier de ses chiffres exprime, dans le dividende proposé, des unités de même ordre que le premier chiffre du quotient. On divise le premier dividende partiel par le diviseur; le quotient obtenu est le premier chiffre du quotient cherché.

On abaisse, pour l'écrire à la droite du reste de cette première division, le chiffre du dividende proposé qui exprime des unités de même ordre que le deuxième chiffre du quotient ; on forme ainsi le deuxième dividende partiel ; on le divise par le diviseur et le quotient obtenu est le deuxième chiffre du quotient cherché.

On continue ainsi jusqu'à ce que tous les chiffres du dividende proposé aient été abaissés.

Remarque I. — Puisque chaque reste est moindre que le diviseur, chaque dividende partiel est moindre que dix fois le diviseur. Mais il peut arriver qu'un dividende partiel ne contienne pas le diviseur; alors le chiffre correspondant du quotient cherché est o et l'on forme le dividende partiel suivant en abaissant à la droite du précédent un nouveau chiffre du dividende.

Remarque II. — Le nombre des chiffres du quotient est égal à l'excès du nombre des chiffres du dividende sur le nombre des chiffres du diviseur, ou à cet excès augmenté d'une unité.

46. Lorsque le diviseur n'a qu'un seul chiffre, on se dispense, le plus souvent, d'écrire les dividendes partiels. Supposons, par exemple, qu'on veuille diviser 54802 par 7. On dispose l'opération comme il suit :

$$\begin{array}{c|c} 54802 & 7 \\ \hline 6 & 7828 \end{array}$$

et l'on opère en disant :

En 54 combien de fois 7? 7 fois, 7 fois 7... 49 de 54 reste 5;
En 58 combien de fois 7? 8 fois, 8 fois 7 .. 56 de 58 reste 2;
En 20 combien de fois 7? 2 fois, 2 fois 7 .. 14 de 20 reste 6;
En 62 combien de fois 7? 8 fois, 8 fois 7 .. 56 de 62 reste 6;
j'écris 6 au reste.

PREUVE DE LA DIVISION.

47. Pour faire la preuve de la division, on multiplie le diviseur par le quotient et l'on ajoute le reste au produit obtenu. Si le résultat est égal au dividende, on a une vérification de la première opération.

DIVISION D'UN NOMBRE PAR UN PRODUIT DE PLUSIEURS FACTEURS.

48. *Pour diviser un nombre par un produit de plusieurs facteurs, il suffit de diviser successivement par les facteurs de ce produit.*

En effet, soit à diviser 240 par 24 qui est le produit des facteurs 2, 3, 4. Le quotient de la division des nombres 240 et 24 étant égal à 10, le dividende 240 est égal à 10×24 ou (n° 34) égal à $10 \times 2 \times 3 \times 4$. En divisant ce nombre par 4, on obtient pour quotient $10 \times 2 \times 3$ (n° 35); en divisant ce quotient par 3, on obtient le deuxième quotient 10×2; enfin en divisant ce deuxième quotient par 2, on obtient le troisième quotient 10 qui est précisément le quotient de 240 par 24.

Le raisonnement dont nous venons de faire usage, suppose que la division du nombre donné par le produit donné se fait exactement. Mais il convient de remarquer que la proposition précédente subsiste quand la division ne se fait pas exactement, pourvu qu'alors on fasse abstraction des restes et qu'on se propose seulement de déterminer le quotient. Supposons, par exemple, qu'on ait à diviser 257 par le produit 24 des trois nombres 2, 3, 4. La division de 257 par 24 donne le quotient 10 et le reste 17; il en résulte que 257 est inférieur à 24×11. Si donc on divise successivement ces deux nombres par 4, 3, 2 en faisant abstraction des restes, le premier des résultats obtenus sera moindre que le deuxième; or celui-ci est égal à 11, donc le dernier quotient obtenu en divisant 257 successivement par 4, 3, 2 est au plus égal à 10. Mais ce quotient ne saurait être inférieur à 10 puisque 257 est supérieur à 24×10, il est donc précisément égal à 10.

49. On peut conclure de ce qui précède la propriété suivante :

Le quotient de deux puissances d'un nombre est une puissance du même nombre dont l'exposant est égal à l'excès de l'exposant du dividende sur l'exposant du diviseur.

Supposons qu'il s'agisse de diviser 5^7 par 5^3; d'après ce qui vient d'être établi, il suffira de diviser 5^7 successivement trois fois par 5; ce qui donnera le résultat 5^{7-3} ou 5^4.

QUESTIONS PROPOSÉES.

I. Convertir 1000000 secondes en minutes, les minutes trouvées en heures et les heures en jours.

II. La distance de la terre au soleil est d'environ 38000000 de lieues de 4000 mètres chacune. La lumière emploie 8ᵐ 8ˢ pour arriver du soleil à la terre; on demande combien de lieues elle parcourt en une seconde.

III. La circonférence de la terre contient 40000000 mètres, on demande la longueur d'un degré, d'une minute, d'une seconde de cette circonférence. La circonférence d'un cercle renferme 360 degrés, le degrés 60 minutes et la minute 60 secondes.

IV. Deux mobiles sont actuellement distants de 70686 mètres et ils se meuvent l'un vers l'autre; le premier parcourt 10 mètres et le second 8 mètres par minute. On demande dans combien de temps les deux mobiles se rencontreront.

V. Une division ayant été effectuée, on divise le dividende par le quotient obtenu et l'on demande dans quel cas on trouvera pour quotient et pour reste, dans cette deuxième opération, le diviseur et le reste de la première division.

VI. Une division ayant été effectuée, on la recommence après avoir augmenté le diviseur d'une unité. On demande dans quel cas les deux opérations donneront le même quotient.

CHAPITRE V.

DIVISIBILITÉ.

DES MULTIPLES ET DES DIVISEURS DES NOMBRES.

50. Lorsque la division d'un nombre par un autre nombre se fait sans reste, on dit que le premier nombre est *divisible* par le second et que le second nombre *divise* le premier ou est un *diviseur* du premier. Par exemple, 6 est divisible par 3, et 3 divise 6, ou est un diviseur de 6.

On appelle *multiple* d'un nombre le produit de ce nombre par un autre nombre quelconque. Ainsi 3×2 ou 6 est un multiple de 3. On voit que tout multiple d'un nombre est divisible par ce nombre et que, réciproquement, tout nombre divisible par un autre est un multiple de cet autre.

On appelle *sous-multiple* ou *facteur* d'un nombre tout nombre dont le premier est un multiple. Par exemple, 3 est un sous-multiple ou un facteur de 6. On voit que les mots *sous-multiple*, *facteur* et *diviseur* ont tous les trois la même signification.

51. *Tout diviseur de plusieurs nombres est un diviseur de leur somme.*

Considérons, par exemple, plusieurs nombres divisibles par 5. Chacun de ces nombres étant formé de parties toutes égales à 5, leur somme sera également formée de parties égales à 5 ; cette somme est donc un multiple de 5.

Remarque. — Il résulte de là que : *Tout diviseur d'un nombre divise les multiples de ce nombre.*

Soit, par exemple, 5 un diviseur de 15 ; tout multiple de 15 étant la somme de plusieurs nombres égaux à 15, est, d'après ce qui précède, divisible par 5.

52. *Tout diviseur de deux nombres est un diviseur de leur différence.*

Considérons, par exemple, deux nombres divisibles par 5. Chacun de ces nombres étant formé de parties toutes égales à 5, leur différence est également formée de parties égales à 5 ; elle est donc un multiple de 5.

53. *Le reste de la division de deux nombres ne change pas quand on ajoute au dividende ou quand on en retranche un multiple du diviseur.*

En effet, pour avoir le reste d'une division, il faut, du dividende, retrancher le diviseur autant de fois que cela est possible ; par conséquent, ce reste ne peut changer quand on recommence la division, après avoir ajouté au dividende ou après en avoir retranché une ou plusieurs fois le diviseur.

Remarque. — Cette propriété peut s'énoncer aussi de la manière suivante :

Si deux nombres diffèrent entre eux d'un multiple d'un troisième nombre et qu'on les divise l'un et l'autre par celui-ci, on obtient des restes égaux.

RESTES DE LA DIVISION D'UN NOMBRE PAR 2 ET PAR 5.
CONDITION DE DIVISIBILITÉ PAR CES DIVISEURS.

54. *Le reste de la division d'un nombre par 2 ou par 5 est le même que le reste de la division du chiffre de ses unités par 2 ou par 5.*

Considérons, par exemple, le nombre 78713 ; ce nombre est égal à $7871 \times 10 + 3$; or 7871×10 est un multiple de 10 : donc ce nombre est un multiple de 2 et de 5, puisque 10 est le produit de 2 par 5 ; donc le reste de la division de 78713 par 2 ou par 5 est le même (n° **53**) que le reste de la division de 3 par 2 ou par 5.

Un nombre est dit *pair* ou *impair*, suivant qu'il est divisible ou non divisible par 2. D'après cela, on voit que :

Un nombre est pair ou impair, suivant que le chiffre de ses unités est pair ou impair. Zéro est considéré comme un chiffre pair.

5 étant le seul chiffre divisible par 5, on voit aussi que :

Pour qu'un nombre soit divisible par 5, il faut et il suffit que le chiffre de ses unités soit 0 ou 5.

On peut démontrer de la même manière que :

Le reste de la division d'un nombre par 4 ou par 25 est le même que le reste de la division par 4 ou par 25 du nombre formé par ses deux derniers chiffres à droite.

Considérons, par exemple, le nombre 78713 ; ce nombre est égal à $787 \times 100 + 13$; or 787×100 est un multiple de 100 ; donc ce nombre est un multiple de 4 et de 25, puisque 100 est le produit de 4 par 25 ; donc le reste de la division de 78713

par 4 ou par 25 est le même (n° 53) que le reste de la division de 13 par 4 ou par 25. On voit aussi que :

Pour qu'un nombre soit divisible par 4 ou par 25, il faut et il suffit que le nombre formé par ses deux derniers chiffres à droite soit divisible par 4 ou par 25.

On arrive de la même manière à des propriétés analogues pour les diviseurs 8 et 125, etc.

RESTE DE LA DIVISION D'UN NOMBRE PAR 9 ET PAR 3.
CONDITION DE DIVISIBILITÉ PAR 9 OU PAR 3.

55. Je dis en premier lieu que l'unité suivie d'un ou de plusieurs zéros est un multiple de 9 augmenté de 1 ; car si l'on effectue la division par 9 du nombre 1000,..., il est évident que tous les restes seront égaux à 1 :

$$
\begin{array}{r|l}
1000\ldots & 9 \\
\hline
10 & 111\ldots \\
10 & \\
\cdot & \\
1 & \\
\end{array}
$$

Il suit de là qu'un nombre formé d'un chiffre significatif suivi d'un ou de plusieurs zéros, est égal à un multiple de 9 augmenté de ce chiffre. En effet, soit le nombre 70000. Comme 10000 est un multiple de 9 plus 1, 70000 sera égal à 7 fois un multiple de 9, plus 7 fois 1, c'est-à-dire égal à un multiple de 9 plus 7.

Il est maintenant facile d'établir cette propriété générale, savoir :

Tout nombre est égal à un multiple de 9 augmenté de la somme de ses chiffres.

Prenons pour exemple le nombre 74852. Ce nombre est égal à 70000 + 4000 + 800 + 50 + 2 ; or, d'après ce qu'on vient de voir,

70000 est un multiple de 9 + 7,

4000 est un multiple de 9 + 4,

800 est un multiple de 9 + 8,

50 est un multiple de 9 + 5,

donc

74852 est un multiple de 9 + 7 + 4 + 8 + 5 + 2 ;

ce qui démontre la proposition énoncée.

3.

Comme 3 est un diviseur de 9, on peut dire aussi que :

Tout nombre est égal à un multiple de 3 augmenté de la somme de ses chiffres.

De ce qui précède on conclut que :

1° *Le reste de la division d'un nombre par* 9 *ou par* 3 *est le même que le reste de la division de la somme de ses chiffres par* 9 *ou par* 3.

2° *Pour qu'un nombre soit divisible par* 9 *ou par* 3, *il faut et il suffit que la somme de ses chiffres soit divisible par* 9 *ou par* 3.

Remarque. — Dans la pratique, quand on fait la somme des chiffres d'un nombre pour avoir le reste de la division de ce nombre par 9, on supprime 9 chaque fois que cela est possible. Soit, par exemple, le nombre 74852, on dira : 7 et 4... 11; 2 et 8... 10; 1 et 5... 6 et 2... 8; 8 est le reste de la division de 74852 par 9.

RESTES DE LA DIVISION D'UN NOMBRE PAR 11. CONDITION DE DIVISIBILITÉ PAR 11.

56. Je dis en premier lieu que l'unité suivie d'un ou de plusieurs zéros est un multiple de 11 augmenté de 1 si le nombre des zéros est pair, et diminué de 1 si le nombre des zéros est impair. En effet, si l'on effectue la division par 11 du nombre 10000...,

$$\begin{array}{r|l} 10000\ldots & 11 \\ \hline 100 & 909\ldots \\ 1 & \end{array}$$

il est évident que les restes seront alternativement 1 et 10; le dernier de ces restes sera égal à 1, si le nombre des zéros du dividende est pair, et égal à 10 si le nombre des zéros est impair. Dans le premier cas, le dividende est égal à un multiple de 11 augmenté de 1; dans le second cas il est un multiple de 11 diminué de 1.

Il résulte de là que tout chiffre significatif suivi d'un ou de plusieurs zéros est égal à un multiple de 11, augmenté ou diminué de ce chiffre, suivant que le nombre des zéros est pair ou impair. Considérons, en effet, les nombres 700 et 7000. Comme 100 est un multiple de 11 plus 1, 700 sera égal à 7 fois un multiple de 11 plus 7 fois 1, c'est-à-dire égal à un multiple de 11 plus 7. Pareillement 1000 étant égal à un multiple de 11 moins 1, 7000 sera égal à 7 fois un multiple de 11 moins 7 fois 1, c'est-à-dire égal à un multiple de 11 moins 7.

On peut conclure de ce qui précède la propriété suivante :

Tout nombre est égal à un multiple de 11 augmenté de la somme de ses chiffres de rang impair à partir de la droite et diminué de la somme de ses chiffres de rang pair.

Soit le nombre 74852, égal à 70000 + 4000 + 800 + 50 + 2 ; d'après ce qu'on vient de voir,

$$70000 \text{ est un multiple de } 11 + 7,$$
$$4000 \text{ est un multiple de } 11 - 4,$$
$$800 \text{ est un multiple de } 11 + 8,$$
$$50 \text{ est un multiple de } 11 - 5,$$

donc

$$74852 \text{ est un multiple de } 11 + 7 + 8 + 2 - 4 - 5,$$

ce qui démontre la proposition énoncée.

Il résulte de là que :

Le reste de la division d'un nombre par 11 est le même que le reste de la division par 11 de l'excès de la somme des chiffres de rang impair, à partir de la droite, sur la somme des chiffres de rang pair.

Il faut observer que, si la somme des chiffres de rang impair est inférieure à la somme des chiffres de rang pair, on devra augmenter la première somme ou diminuer la seconde d'un multiple convenable de 11, afin de rendre la soustraction possible. Supposons par exemple qu'il s'agisse du nombre 728192 ; la somme des chiffres de rang impair est 2 + 1 + 2 ou 5, la somme des chiffres de rang pair est 9 + 8 + 7 ou 24. En retranchant 22 de cette dernière somme, il reste 2 ; le reste de la division de 728192 par 11 est donc 5 — 2 ou 3.

On voit aussi que :

Pour qu'un nombre soit divisible par 11, il faut et il suffit que la somme des chiffres de rang impair soit égale à la somme des chiffres de rang pair, ou que la différence de ces deux sommes soit divisible par 11.

PREUVES PAR 9 OU PAR 11 DE LA MULTIPLICATION ET DE LA DIVISION.

57. Le reste de la division d'un nombre par 9 ou par 11 peut,

comme on vient de le voir, être déterminé très-rapidement.
On a déduit de cette propriété un moyen très-simple de faire
la preuve de la multiplication et de la division.

MULTIPLICATION. — Supposons qu'on ait eu à multiplier 2096
par 347 et qu'on ait trouvé pour produit 727312 (n° 26).

Le reste de la division par 9 d'un produit de deux facteurs
ne change pas (n° 53) si l'on retranche du multiplicande un
multiple de 9; il en est de même si l'on retranche du multiplicateur un multiple de 9, car on peut intervertir l'ordre des facteurs du produit. Or les restes des facteurs 2096 et 347 par 9
sont 8 et 5 respectivement; donc en divisant par 9 les deux
produits 2096 × 347 et 8 × 5, on obtiendra des restes égaux ;
en d'autres termes, ces produits ne diffèrent que par un multiple de 9. D'un autre côté, le reste de la division de 727312
par 9 est 4 ; si donc 727312 est effectivement le produit de 2096
par 347, les nombres 4 et 8 × 5 ou 40 ne doivent différer que
par un multiple de 9. La différence 40—4 ou 36 étant un multiple de 9, la vérification a lieu.

De là résulte la règle suivante :

*Pour faire la preuve par 9 de la multiplication, on fait le
produit des restes de la division par 9 des facteurs donnés, et si
le résultat est égal au reste de la division par 9 du produit obtenu ou n'en diffère que par un multiple de 9, on a une vérification du premier calcul.*

DIVISION. — Supposons qu'ayant eu à diviser 590549 par 859
on ait trouvé pour quotient 687 et pour reste 416 (n° 44).

Les restes de la division par 9 des nombres 859 et 687 étant
4 et 3, le produit 859 × 687 ne diffère de 4 × 3 que par un multiple de 9, d'après ce qui a été dit plus haut, et comme 416 est un
multiple de 9 plus 2, les sommes 859 × 687 + 416 et 4 × 3 + 2
ne diffèrent que par un multiple de 9. Or, si la division proposée a été bien faite, 590549 est égal à 859 × 687 + 416,
et, comme 590549 est un multiple de 9 plus 5, les nombres
5 et 4 × 3 + 2 ne peuvent différer que par un multiple de 9;
la différence de ces nombres étant 9, la vérification a lieu.

De là résulte la règle suivante :

*Pour faire la preuve par 9 de la division, on fait le produit
des restes par 9 du diviseur et du quotient trouvé et l'on ajoute
à ce produit le reste par 9 du reste trouvé, si l'on en a obtenu
un ; cela fait, si le résultat est égal au reste du dividende par 9
ou n'en diffère que par un multiple de 9, on a une vérification
du premier calcul.*

58. Tout ce que nous venons de dire à l'égard du diviseur 9 s'applique sans modification à tout autre diviseur et en particulier au diviseur 11. Ainsi la preuve des opérations par 11 s'effectue de la même manière que la preuve par 9. De ce que la preuve par 9 ou par 11 d'une opération a réussi, on ne peut conclure avec certitude que le résultat obtenu est exact, mais on est en droit d'affirmer que l'erreur commise, s'il y en a une, est un multiple de 9 ou de 11. Donc lorsque les deux preuves réussissent, l'erreur, si elle existe, doit être à la fois un multiple de 9 et de 11.

QUESTIONS PROPOSÉES.

I. Démontrer que si un nombre est divisible par 4, la somme du chiffre des unités et du double du chiffre des dizaines est divisible par 4; et réciproquement.

II. Démontrer que si un nombre est divisible par 8, la somme du chiffre des unités, du double du chiffre des dizaines et du quadruple du chiffre des centaines est divisible par 8; et réciproquement.

III. Démontrer que si un nombre est divisible par 6, la somme du chiffre des unités et du quadruple de chacun des autres est divisible par 6; et réciproquement.

IV. Démontrer que les conditions de divisibilité des nombres par 999 et 1001 sont analogues aux conditions de divisibilité par 9 et 11, et qu'elles n'en diffèrent qu'en ce que les tranches de trois chiffres qui expriment les diverses unités principales jouent ici le même rôle que les simples chiffres à l'égard des diviseurs 9 et 11. Déduire de cette considération les conditions de divisibilité par 37 diviseur de 999, et par 7 et 13 diviseurs de 1001.

V. Expliquer la manière de faire la preuve par 9 ou par 11 de l'addition et de la soustraction.

VI. Démontrer que si l'erreur commise dans la multiplication de deux nombres provient de ce que le premier chiffre à droite de l'un des produits partiels n'a pas été écrit, comme il convient, sous le deuxième chiffre à droite du produit partiel précédent, la preuve par 9 ne pourra indiquer l'erreur. Examiner si la preuve par 11 peut toujours mettre l'erreur en évidence.

CHAPITRE VI.

DES NOMBRES PREMIERS.

DES NOMBRES PREMIERS.

59. Un nombre est dit *premier*, lorsqu'il n'a d'autre diviseur que lui-même et l'unité.

La Table suivante renferme tous les nombres premiers jusqu'à 1217.

Table des nombres premiers jusqu'à 1217.

1	71	173	281	409	541	659	809	941	1069
2	73	179	283	419	547	661	811	947	1087
3	79	181	293	421	557	673	821	953	1091
5	83	191	307	431	563	677	823	967	1093
7	89	193	311	433	569	683	827	971	1097
11	97	197	313	439	571	691	829	977	1103
13	101	199	317	443	577	701	839	983	1109
17	103	211	331	449	587	709	853	991	1117
19	107	223	337	457	593	719	857	997	1123
23	109	227	347	461	599	727	859	1009	1129
29	113	229	349	463	601	733	863	1013	1151
31	127	233	353	467	607	739	877	1019	1153
37	131	239	359	479	613	743	881	1021	1163
41	137	241	367	487	617	751	883	1031	1171
43	139	251	373	491	619	757	887	1033	1181
47	149	257	379	499	631	761	907	1039	1187
53	151	263	383	503	641	769	911	1049	1193
59	157	269	389	509	643	773	919	1051	1201
61	163	271	397	521	647	787	929	1061	1213
67	167	277	401	523	653	797	937	1063	1217

La manière de former cette Table est très-simple. On écrit tous les nombres depuis 1 jusqu'à 1217 et l'on barre, comme nous allons l'indiquer, ceux qui résultent de la multiplication d'un nombre premier par un nombre quelconque autre que l'unité. Après cette suppression il ne restera que des nombres premiers, car un nombre qui n'est pas premier admet divers diviseurs supérieurs à l'unité, et le plus petit de ces diviseurs est évidemment un nombre premier.

Les trois premiers nombres de la suite 1, 2, 3, 4, 5, 6... 1217 sont premiers. On commence par barrer les nombres de deux en deux à partir de 2×2 ou 4 ; on supprime ainsi les multiples de 2, et les nombres non barrés jusqu'à 3×3 exclusivement sont évidemment premiers. 3 étant le nombre premier qui vient après 2, on barre les nombres de trois en trois à partir de 3×3 ou 9 ; et, après cette deuxième opération, les nombres non barrés jusqu'à 5×5 sont premiers. On barre de même de cinq en cinq à partir de 5×5 ou 25 ; et, après cette troisième opération, les nombres non barrés jusqu'à 7×7 sont premiers ; et ainsi de suite. Quand on aura barré de vingt-neuf en vingt-neuf, il faudra barrer de trente et un en trente et un à partir de 31×31, car 31 est le nombre premier immédiatement supérieur à 29. Ici l'on n'aura à barrer que le seul nombre 31×31 ou 961 et l'opération sera terminée ; car il faudrait barrer ensuite de trente-sept en trente-sept à partir de 37×37, nombre qui est supérieur à 1217.

60. On a construit depuis longtemps, par le procédé que nous venons d'indiquer, des Tables de nombres premiers. Celles de Burckhardt, qui sont les plus répandues, s'étendent jusqu'à 3036000. On voit, par l'inspection de ces Tables, qu'il y a 26 nombres premiers de 1 à 100, qu'il y en a 169 de 1 à 1000 ; 1230 de 1 à 10000 ; 9592 de 1 à 100000 ; et 78493 de 1 à 1000000. Ainsi le nombre des nombres premiers compris entre 1 et une certaine limite paraît devoir croître indéfiniment en même temps que cette limite. Et, en effet, il est aisé d'établir cette proposition importante que *la suite des nombres premiers est illimitée.* Il suffit évidemment pour cela de faire voir qu'il existe un nombre premier plus grand qu'un nombre premier donné. Supposons, pour fixer les idées, que le nombre premier donné soit le dernier de ceux contenus dans notre Table, c'est-à-dire 1217. Formons le produit de tous les nombres premiers de cette Table et ajoutons l'unité à ce produit ; le résultat obtenu sera

$$1 + 1 \times 2 \times 3 \times 5 \times 7 \times \ldots \times 1217,$$

et il arrivera de deux choses l'une : ou bien ce résultat sera un nombre premier, ou bien il ne sera pas premier. Si le premier cas a lieu, notre proposition est établie, il existe bien un nombre premier supérieur à 1217. Si c'est le second cas qui a lieu, le plus petit des diviseurs autres que 1 du nombre que nous avons formé, est un nombre premier ; or ce nombre premier ne peut être contenu dans notre Table, car s'il s'y trouvait, il diviserait le produit $1 \times 2 \times 3 \times \ldots \times 1217$ et par consé-

quent il ne pourrait diviser le même produit augmenté de 1.
D'où il résulte qu'il existe nécessairement un nombre premier supérieur à 1217.

61. Pour savoir si un nombre est premier ou non premier,
il suffit de le diviser successivement par les nombres premiers
moindres que lui. Si aucune de ces divisions ne se fait exactement, le nombre est premier. Il faut remarquer que l'on doit
arrêter les opérations, lorsque dans l'une des divisions qu'on
exécute on a obtenu un quotient inférieur au diviseur. Considérons, par exemple, le nombre 1237; on reconnaît que ce
nombre n'est divisible par aucun des nombres premiers 2, 3,
5,... 37; d'ailleurs la division de 1237 par 37 donne le quotient
33 avec un reste. On conclut de là que 1237 est un nombre
premier; car si l'on pouvait faire exactement la division de 1237
par un nombre premier plus grand que 37, le quotient de cette
division serait aussi un diviseur de 1237 et il serait moindre
que 33 : par conséquent 1237 aurait un diviseur premier moindre que 37, ce qui n'a pas lieu.

62. Plusieurs nombres sont dits *premiers entre eux* lorsqu'ils n'ont d'autre commun diviseur que l'unité.

Pour reconnaître si des nombres sont ou ne sont pas premiers
entre eux, il faut déterminer le *plus grand commun diviseur* de
ces nombres; nous allons nous occuper de cette cherche importante en nous bornant ici au cas de deux nombres.

RECHERCHE DU PLUS GRAND COMMUN DIVISEUR DE DEUX NOMBRES.

63. Proposons-nous de déterminer le plus grand commun
diviseur des nombres 852 et 192.

Le plus grand commun diviseur de 852 et de 192 ne peut
surpasser 192, puisqu'il doit le diviser. Si donc 192 divise 852,
comme il se divise lui-même, il sera le plus grand commun
diviseur cherché; nous sommes ainsi conduits à faire la division
des nombres 852 et 192. Cette division ne se fait pas exactement, on trouve 4 pour quotient et 84 pour reste. On conclut
de là que 192 n'est pas le plus grand diviseur demandé; mais
la division que nous venons d'exécuter n'en est pas moins utile
pour notre objet. Je dis effectivement que le plus grand commun diviseur des nombres 852 et 192 est le même que le plus
grand commun diviseur de 192 et 84, nombres qui sont respectivement moindres que les proposés. En effet, tout nombre qui
divise 852 et 192 divise 192 × 4; divisant 852 et 192 × 4, il di-

vise leur différence 84 : ce nombre est donc un commun diviseur des nombres 192 et 84. Réciproquement, tout commun
diviseur des nombres 192 et 84, divise 192 × 4 ; divisant 192 × 4
et 84, il divise leur somme 852 : ce nombre est donc un commun diviseur de 852 et de 192. Il résulte de là que les nombres
852 et 192 ont les mêmes communs diviseurs que 192 et 84 ;
donc, en particulier, le plus grand commun diviseur des nombres 852 et 192 est égal au plus grand diviseur des nombres
192 et 84.

Nous opérerons sur les nombres 192 et 84 de la même manière
que sur les nombres proposés. En divisant 192 par 84, on trouve
pour quotient 2 et pour reste 24 ; on en conclut, par un raisonnement identique à celui qui vient d'être fait, que le plus grand
commun diviseur cherché est égal au plus grand commun diviseur de 84 et 24. Divisant de même 84 par 24, nous trouvons
pour quotient 3 et pour reste 12 : d'où nous concluons que le
plus grand commun diviseur cherché est égal au plus grand
commun diviseur des nombres 24 et 12. Enfin, comme en divisant 24 par 12, nous trouvons pour quotient 2 et pour reste 0,
nous concluons que le plus grand commun diviseur cherché
est 12.

On dispose habituellement l'opération comme il suit :

	4	2	3	2
852	192	84	24	12
84	24	12	0	

On voit que chaque division se trouve disposée à la manière
ordinaire, avec cette seule différence que le quotient est placé
au-dessus du diviseur au lieu d'être au-dessous.

64. On peut, d'après ce qui précède, énoncer la règle suivante :

*Pour avoir le plus grand commun diviseur de deux nombres,
on divise le plus grand par le plus petit ; si le reste de cette division est nul, le plus petit nombre est le plus grand commun diviseur cherché. Dans le cas contraire, on divise le plus petit
nombre par ce premier reste et l'on obtient ainsi un deuxième
reste ; si ce deuxième reste est nul, le premier reste est le plus
grand commun diviseur cherché. Dans le cas contraire, on divise le premier reste par le deuxième, et l'on continue de même
jusqu'à ce qu'on trouve un reste nul : le reste qui précède celui-
là est le plus grand commun diviseur cherché.*

Remarque. — En appliquant la règle précédente, on ne peut manquer d'arriver à un reste nul ; car les restes allant en décroissant, leur nombre est nécessairement limité.

65. *Tout commun diviseur de deux nombres divise leur plus grand commun diviseur.*

Par exemple, tout commun diviseur des nombres 852 et 192 divise le reste 84 de leur division, ainsi qu'on l'a vu plus haut ; de même, divisant 192 et 84, il divise le reste 24 de leur division. Pareillement, divisant 84 et 24, il divise le reste 12 de leur division, c'est-à-dire le plus grand commun diviseur de 852 et 192.

66. *Lorsqu'on multiplie deux nombres par un troisième, leur plus grand commun diviseur est multiplié par ce troisième nombre.*

Je dis d'abord que si l'on multiplie deux nombres, 852 et 192, par un troisième nombre 9, le reste de la division des deux premiers nombres sera multiplié par 9. En effet, en divisant 852 par 192, on trouve pour quotient 4 et pour reste 84 ; il en résulte que 852 *unités* contiennent 4 fois 192 *unités,* avec un reste égal à 84 *unités.* Mais ici le mot *unité* désigne un objet quelconque ; on peut donc dire que 852 collections de 9 unités contiennent quatre fois 192 collections de 9 unités avec un reste égal à 84 collections de 9 unités. Donc, si l'on divise 852×9 par 192×9, on trouvera pour quotient 4 et pour reste 84×9.

Il résulte de là que si l'on multiplie par 9 les nombres 852 et 192, les restes 84, 24, 12, auxquels conduit la recherche du plus grand commun diviseur de ces nombres, se trouveront multipliés par 9 ; or le dernier de ces restes est le plus grand commun diviseur de 852 et 192 : la propriété énoncée est donc démontrée.

PRINCIPE FONDAMENTAL.

67. *Tout nombre qui divise un produit de deux facteurs et qui est premier avec l'un des facteurs divise l'autre facteur.*

Par exemple, le nombre 28, qui divise le produit 33×140 et qui est premier avec 33, divise 140.

En effet, 28 et 33 étant premiers entre eux, leur plus grand commun diviseur est 1 ; donc (n° 66) le plus grand commun diviseur des nombres 28×140 et 33×140 est 1×140 ou 140. Mais, par hypothèse, 28 divise le produit 33×140 ; il divise d'ailleurs 28×140 qui est un de ses multiples : donc il divise le plus grand commun diviseur de ces deux nombres (n° 65), c'est-à-dire 140.

68. On déduit de ce principe la propriété suivante :

Tout nombre premier qui divise un produit de plusieurs facteurs, divise au moins un de ses facteurs.

Par exemple 13, qui est un nombre premier et qui divise le produit $52 \times 44 \times 28$, divise nécessairement l'un des facteurs de ce produit. En effet, le produit dont il s'agit peut être regardé comme composé des deux facteurs 52×44 et 28. 13 étant un nombre premier et ne divisant pas 28, il est premier avec 28; donc il divise 52×44 (n° 67). De même 13 ne divisant pas 44, il est premier avec ce nombre : donc il divise 52.

DÉCOMPOSITION D'UN NOMBRE EN FACTEURS PREMIERS.

69. Prenons, par exemple, le nombre 16776. Ce nombre est divisible par 2 (n° 54), et, en effectuant la division, on trouve pour quotient 8388 : on a donc, en se servant, suivant l'usage adopté, du signe $=$ pour exprimer l'égalité,

$$16776 = 2 \times 8388.$$

Le nombre 8388 est aussi divisible par 2; en effectuant la division, on trouve pour quotient 4194 : on a donc $8388 = 2 \times 4194$, et par suite (n° 34)

$$16776 = 2 \times 2 \times 4194.$$

Le nombre 4194 est lui-même divisible par 2; en faisant la division on trouve pour quotient 2097 : on a donc $4194 = 2 \times 2079$, et, par suite,

$$16776 = 2 \times 2 \times 2 \times 2097.$$

Le nombre 2097 n'est pas divisible par 2, mais il est divisible par 3 (n° 55); en effectuant la division, on trouve pour quotient 699 : on a donc $2097 = 3 \times 699$, et, par suite,

$$16776 = 2 \times 2 \times 2 \times 3 \times 699.$$

Le nombre 699 est aussi divisible par 3; en effectuant la division, on trouve pour quotient 233 : on a donc $699 = 3 \times 233$, et, par suite,

$$16776 = 2 \times 2 \times 2 \times 3 \times 3 \times 233.$$

Or, en consultant la Table des nombres premiers que nous

avons placée au n° 59, on reconnaît que 233 est un nombre premier. Le nombre 16776 est ainsi *décomposé en facteurs pre-*
miers. On peut remplacer par leur produit effectué les trois
facteurs égaux à 2 ainsi que les deux facteurs égaux à 3 (n° 35),
et écrire

$$16776 = 2^3 \times 3^2 \times 233.$$

On dispose habituellement l'opération de la manière suivante :

16776	2
8388	2
4194	2
2097	3
699	3
233	233
1	

Remarque. — Pour reconnaître que 233 est un nombre premier, il n'est pas nécessaire d'avoir une Table aussi étendue
que celle du n° 59. Il suffit effectivement d'opérer sur ce
nombre comme on l'a indiqué au n° 61.

70. Ce qui précède conduit à la règle suivante :

Pour décomposer un nombre en facteurs premiers, on
essaye successivement la division de ce nombre par les nombres
premiers 2, 3, 5, 7, . . ., *jusqu'à ce qu'on arrive à une division*
qui se fasse exactement; le diviseur de cette division est l'un
des facteurs premiers du nombre proposé et le quotient ob-
tenu est le produit de tous les autres facteurs. On applique
donc à ce quotient le même procédé, en commençant les essais
par le diviseur premier déjà employé. Et ainsi de suite.

71. Il résulte de ce qui précède que tout nombre est décomposable en facteurs premiers; mais il est très-important de
remarquer, en outre, que cette décomposition est unique; en
d'autres termes, *un nombre n'est décomposable qu'en un seul*
système de facteurs premiers.

Pour le démontrer, nous allons prouver que, si deux produits de facteurs premiers représentent la valeur d'un même
nombre, ces produits sont composés des mêmes facteurs.

1° *Si deux produits de facteurs premiers sont égaux, tout*
facteur premier qui se trouve dans l'un se trouve aussi dans
l'autre.

Supposons que 3 soit un facteur du premier produit : 3 divi-

sant le premier produit, divise aussi le second qui, par hypothèse, est égal au premier; donc il divise au moins l'un des
facteurs de ce second produit (n° 68), et, comme ces facteurs
sont tous des nombres premiers, l'un d'eux ne peut être divisible par 3 à moins d'être lui-même égal à 3.

2° *Si deux produits de facteurs premiers sont égaux, tout*
facteur premier qui se trouve répété plusieurs fois dans le
premier produit, se trouve aussi répété le même nombre de
fois dans le second.

Supposons que le premier produit contienne plusieurs facteurs égaux à 3; d'après ce qui précède, l'un des facteurs du
second produit sera 3. Supprimant le facteur 3 de part et
d'autre, on obtient deux nouveaux produits qui sont égaux
entre eux. Le premier renferme encore le facteur 3, par hypothèse; donc ce facteur se trouve également dans le second
produit. On peut supprimer de nouveau le facteur 3 de part et
d'autre et les résultats que l'on obtient ainsi sont égaux. Si le
premier produit renferme encore le facteur 3, le second produit contiendra aussi ce facteur; et ainsi de suite.

On conclut de ce qui précède que, si deux produits de facteurs premiers sont égaux, chaque facteur premier, qui se
trouve dans l'un des produits une, deux, trois, etc., fois, se
trouve aussi dans l'autre une, deux, trois, etc., fois; par conséquent, ces produits sont identiques : en d'autres termes, un
nombre n'est décomposable qu'en un seul système de facteurs
premiers.

Remarque.— C'est ici l'occasion de faire remarquer qu'on
peut souvent simplifier l'opération de la décomposition d'un
nombre en facteurs premiers. Ainsi, s'il s'agit d'un nombre
décomposable à vue en plusieurs facteurs, on décompose séparément chacun de ces facteurs et l'on forme ensuite un produit unique composé de tous leurs facteurs premiers.

Supposons, par exemple, qu'il s'agisse de décomposer
25200 en facteurs premiers; 25200 est le produit des deux
nombres 252 et 100. En décomposant ces nombres en facteurs
premiers, on trouve

$$252 = 2^2 \times 3^2 \times 7,$$
$$100 = 2^2 \times 5^2;$$

par conséquent, on a

$$25200 = 2^2 \times 3^2 \times 7 \times 2^2 \times 5^2,$$

ou

$$25200 = 2^4 \times 3^2 \times 5^2 \times 7.$$

RECHERCHE DES DIVISEURS D'UN NOMBRE.

72. *Pour que deux nombres soient divisibles l'un par l'autre,*
il faut et il suffit que chacun des facteurs premiers du divi-
seur se trouve dans le dividende avec un exposant au moins
égal à celui qu'il a dans le diviseur.

En premier lieu, je dis que cette condition est nécessaire.
Car, si le dividende est divisible par le diviseur, il est égal au
produit du diviseur par le quotient; par conséquent, il se compose de tous les facteurs premiers du diviseur, et, en outre,
de ceux du quotient.

Je dis, en second lieu, que cette condition est suffisante.
Car, si elle est remplie, on pourra décomposer le dividende en
deux facteurs, dont l'un sera le produit des facteurs premiers
qui composent le diviseur et dont l'autre sera le produit des
facteurs premiers restants.

73. Cette propriété permet de trouver aisément tous les diviseurs d'un nombre décomposé en facteurs premiers. Suppo-
sons qu'il s'agisse du nombre 16776 qui est égal à $2^3 \times 3^2 \times 233$.
Il est évident qu'on obtiendra tous les diviseurs de ce nombre
en formant le tableau suivant:

$$1, \ 2, \ 2^2, \ 2^3,$$
$$1, \ 3, \ 3^2,$$
$$1, \ 233,$$

et en prenant tous les produits que l'on obtient en multipliant
chaque nombre de la première ligne par chaque nombre de la
deuxième, puis chacun des résultats par chaque nombre de la
troisième ligne.

On voit en même temps que le nombre total des diviseurs de
16776 est égal au produit 24 des nombres $3 + 1$, $2 + 1$, $1 + 1$.

De ce qui précède on peut conclure la règle suivante:

Pour avoir tous les diviseurs d'un nombre, on le décompose
en facteurs premiers; on fait ensuite un tableau composé d'au-
tant de lignes horizontales distinctes que le nombre renferme
de facteurs premiers différents. Chacune de ces lignes doit être
formée de l'unité suivie de toutes les puissances de l'un des fac-
teurs premiers de nombre donné, depuis la première jusqu'à
celle qui entre dans la composition de ce nombre.

On multiplie ensuite les nombres de la première ligne par ceux
de la deuxième, puis les résultats par les nombres de la troisième
ligne et ainsi de suite, jusqu'à ce qu'on ait employé toutes les

lignes horizontales du tableau. Les derniers produits obtenus sont les diviseurs du nombre donné.

On voit aussi que :

Le nombre des diviseurs d'un nombre est égal au produit que l'on obtient en multipliant les exposants des facteurs premiers du nombre, augmentés chacun d'une unité.

COMPOSITION DU PLUS GRAND COMMUN DIVISEUR ET DU PLUS PETIT MULTIPLE COMMUN DE PLUSIEURS NOMBRES.

74. *Si des nombres sont décomposés en facteurs premiers, on obtient leur plus grand commun diviseur en faisant le produit des facteurs premiers communs à ces nombres pris chacun avec son plus petit exposant.*

En effet, considérons plusieurs nombres, et supposons, pour fixer les idées, que ces nombres n'aient que les seuls facteurs premiers 3, 5, 7 communs. Supposons, en outre, que le facteur 3 se trouve dans l'un des nombres avec l'exposant 2, et dans les autres nombres avec des exposants égaux ou supérieurs à 2 ; que le facteur 5 se trouve dans l'un des nombres avec l'exposant 4, et dans les autres nombres avec des exposants égaux ou supérieurs à 4 ; enfin, que le facteur 7 se trouve dans l'un des nombres avec l'exposant 1, et dans les autres avec des exposants égaux ou supérieurs à 1.

Cela posé, un diviseur commun des nombres proposés ne peut contenir d'autres facteurs premiers que 3, 5, 7, et il ne peut contenir ceux-là qu'avec des exposants au plus égaux à 2, 4, 1 respectivement ; il est donc au plus égal à $3^2 \times 5^4 \times 7$. D'ailleurs $3^2 \times 5^4 \times 7$ divise effectivement chacun des nombres proposés (n° 72), il est donc leur plus grand commun diviseur.

75. *Si plusieurs nombres sont décomposés en facteurs premiers, on obtient leur plus petit commun multiple en faisant le produit de tous les facteurs premiers contenus dans l'un de ces nombres ou dans plusieurs d'entre eux, chacun de ces facteurs étant pris avec son plus grand exposant.*

En effet, considérons plusieurs nombres, et supposons, pour fixer les idées, que tous les facteurs premiers contenus dans l'un de ces nombres ou dans plusieurs d'entre eux soient 3, 5, 7. Supposons, en outre, que le facteur 3 se trouve dans l'un des nombres avec l'exposant 2, et avec des exposants égaux ou inférieurs à 2 dans ceux des autres nombres qui le contiennent ; que le facteur 5 se trouve dans l'un des nombres avec l'exposant 4, et avec des exposants égaux ou inférieurs à 4 dans ceux des autres nombres qui le contiennent; enfin, que le facteur 7 se trouve avec l'exposant 1 seulement dans tous ceux des nombres qui le contiennent.

Cela posé, un commun multiple des nombres proposés doit nécessairement contenir les facteurs premiers 3, 5, 7, avec des exposants au moins égaux à 2, 4, 1 respectivement; il est donc au moins égal à $3^2 \times 5^4 \times 7$. D'ailleurs $3^2 \times 5^4 \times 7$ est effectivement divisible par chacun des nombres proposés (n° 72), il est donc leur plus petit commun multiple.

REMARQUE GÉNÉRALE SUR LA THÉORIE PRÉCÉDENTE.

76. La décomposition des nombres en facteurs premiers met en complète évidence plusieurs propriétés dont la démonstration exigerait autrement certains développements. Nous nous bornerons à indiquer ici, comme exemples, quelques-unes de ces propriétés qui nous seront utiles dans la suite.

1° *Si l'on divise plusieurs nombres par leur plus grand commun diviseur, les quotients que l'on obtient sont premiers entre eux.*

Car, en divisant plusieurs nombres par leur plus grand commun diviseur, on supprime tous les facteurs premiers communs à ces nombres.

2° *Si deux nombres sont premiers entre eux, leurs puissances sont aussi premières entre elles.*

Car une puissance d'un nombre ne contient que les facteurs premiers de ce nombre; si donc deux nombres n'ont aucun facteur commun, leurs puissances n'ont elles-mêmes aucun facteur commun.

3° *Si un nombre est premier avec les facteurs d'un produit, il est premier avec le produit.*

Car le nombre et le produit dont il s'agit n'ont aucun facteur premier commun.

4° *Si un premier nombre est divisible par plusieurs autres nombres premiers entre eux deux à deux, il est divisible par leur produit.*

En effet, le premier nombre contient tous les facteurs premiers égaux ou inégaux qui se trouvent dans chacun des autres nombres : d'ailleurs deux quelconques de ceux-ci n'ont, par hypothèse, aucun facteur premier commun; donc les facteurs premiers égaux ou inégaux qui sont contenus dans leur produit se trouvent aussi dans le premier nombre.

5° *Le produit de deux nombres quelconques est égal au produit de leur plus petit commun multiple par leur plus grand commun diviseur.*

Car si l'on forme simultanément le plus grand commun diviseur et le plus petit commun multiple, chaque facteur premier de l'un ou de l'autre des nombres donnés figurera avec son exposant, soit dans le plus grand commun diviseur, soit dans le plus petit commun multiple (n°⁸ 74 et 75).

Il résulte de là qu'il n'est pas nécessaire de décomposer deux nombres en facteurs premiers pour avoir leur plus petit commun multiple. Il suffit effectivement de chercher le plus grand commun diviseur de ces nombres, de diviser l'un d'eux par ce plus grand commun diviseur et de multiplier le quotient obtenu par l'autre nombre.

QUESTIONS PROPOSÉES.

I. Démontrer que tout nombre premier supérieur à 3 est un multiple de 6 augmenté de 1 ou diminué de 1.

II. Démontrer que le produit de trois nombres consécutifs est divisible par 6.

III. Démontrer que le produit de cinq nombres consécutifs est divisible par 120.

IV. Quelle est la plus haute puissance d'un nombre tel que 7 qui divise le produit des 1000 premiers nombres?

V. Étant donnés plusieurs nombres, on cherche le plus grand commun diviseur des deux premiers, puis le plus grand commun diviseur du nombre obtenu et du troisième des nombres donnés, et ainsi de suite. On propose de démontrer que le dernier plus grand commun diviseur obtenu ainsi est le plus grand commun diviseur des nombres donnés.

VI. Étant donnés plusieurs nombres, on cherche le plus petit commun multiple des deux premiers, puis le plus petit commun multiple du nombre obtenu et du troisième des nombres donnés, et ainsi de suite. On propose de démontrer que le dernier plus petit commun multiple obtenu ainsi est le plus petit commun multiple des nombres donnés.

4.

CHAPITRE VII.

DES FRACTIONS.

NOTIONS PRÉLIMINAIRES.

77. On nomme *grandeur* tout ce qui est susceptible d'augmentation ou de diminution. Par exemple, les *longueurs*, les *surfaces*, les *volumes*, le *poids* des corps, la *vitesse* d'un corps en mouvement, sont des grandeurs.

Si une grandeur contient exactement une seconde grandeur de même espèce 2, 3, etc., fois, on dit que la première grandeur est un *multiple* de la deuxième. Réciproquement, la seconde grandeur est un *sous-multiple* ou une *partie aliquote* de la première.

On nomme *unité* une grandeur arbitraire, mais bien connue, et qui sert à *mesurer* les grandeurs de même espèce qu'elle.

Mesurer une grandeur, c'est chercher combien cette grandeur renferme d'unités et de parties aliquotes de l'unité. Nous ne considérerons pour le moment que les deux cas les plus simples de la mesure des grandeurs, savoir : le cas où la grandeur qu'on veut mesurer est un multiple de l'unité, et celui où elle est un multiple d'une certaine partie aliquote de l'unité.

1° *La grandeur que l'on veut mesurer est un multiple de l'unité.* Supposons, par exemple, qu'il s'agisse d'une longueur contenant exactement 4 fois l'unité adoptée. Alors le nombre 4 exprimera la mesure de la longueur; en d'autres termes, la longueur sera représentée par le nombre 4.

2° *La grandeur que l'on veut mesurer est un multiple d'une certaine partie aliquote de l'unité.* Considérons, comme précédemment, une longueur, et supposons, par exemple, que l'unité étant partagée en 7 parties égales, la longueur contienne exactement 5 de ces parties. Alors on dit que la longueur contient une *fraction* de l'unité égale à 5 *septièmes*, ou qu'elle est mesurée par la *fraction* 5 septièmes. Soit encore un intervalle de temps, et supposons que l'unité de temps étant partagée en 12 parties égales, l'intervalle considéré contienne 35 de ces parties. Alors l'intervalle de temps sera mesuré par la *fraction* 35 *douzièmes.*

Dans tous les cas, le résultat de la mesure d'une grandeur est appelé *un nombre.*

Quand une grandeur est un multiple de l'unité, le nombre qui la mesure est dit *un nombre entier* ou *un entier.* Ce sont les nombres entiers que nous avons étudiés jusqu'ici exclusivement, en les considérant comme exprimant des collections d'objets semblables mais distincts.

Quand une grandeur est multiple d'une certaine partie aliquote de l'unité, le nombre qui la mesure est dit un *nombre fractionnaire* ou *une fraction.*

Lorsque les grandeurs sont ainsi évaluées en nombres, elles portent le nom de *quantités.*

Les *Mathématiques,* dont l'Arithmétique constitue la première partie, sont la science des grandeurs.

DES FRACTIONS.

78. D'après ce qui précède, on forme une *fraction* en partageant l'unité en un nombre quelconque de parties égales et en prenant une ou plusieurs de ces parties. Le nombre des parties égales dans lesquelles l'unité est ainsi partagée est le *dénominateur* de la fraction, et le nombre qui exprime combien on a pris de ces parties est le *numérateur.* Le numérateur et le dénominateur sont aussi appelés les *termes* de la fraction.

Pour écrire une fraction, on écrit le dénominateur au-dessous du numérateur, en les séparant par un trait horizontal. Ainsi $\frac{5}{7}$ représente la fraction qui a 5 pour numérateur et 7 pour dénominateur.

Pour énoncer une fraction, on énonce d'abord le numérateur, puis le dénominateur, en faisant suivre ce dernier de la terminaison *ième.* Ainsi $\frac{5}{7}$ s'énonce *cinq septièmes.* Il y a pourtant une exception à faire à l'égard des fractions qui ont pour dénominateur 2, 3 ou 4. Lorsque l'unité se trouve partagée en 2, 3, 4 parties égales, ces parties sont appelées *demies, tiers, quarts;* ainsi les fractions $\frac{1}{2}$, $\frac{2}{3}$, $\frac{5}{4}$ s'énoncent *un demi, deux tiers, cinq quarts.*

79. Lorsque le numérateur d'une fraction est plus grand que le dénominateur, la fraction est plus grande que l'unité. On a souvent besoin, dans ce cas, d'*extraire* l'entier contenu dans la fraction.

Soit, par exemple, la fraction $\frac{33}{7}$; comme l'unité est formée de 7 septièmes, nous avons à chercher combien de fois 33 septièmes contiennent 7 septièmes, ou, ce qui est la même chose, combien de fois 33 contient 7. En divisant 33 par 7, on trouve le quotient 4 et le reste 5; donc 33 septièmes contiennent 4 fois 7 septièmes ou 4 unités, et, en outre, 5 septièmes. On a donc

$$\frac{33}{7} = 4 + \frac{5}{7}.$$

Ainsi : *Pour extraire l'entier contenu dans une fraction, il suffit de diviser le numérateur par le dénominateur; en ajoutant au quotient obtenu la fraction qui a pour numérateur le reste de la division et pour dénominateur celui de la fraction proposée, on reproduit la valeur de celle-ci.*

Réciproquement, quand on a un entier joint à une fraction, on peut avoir besoin de *réduire l'entier en fraction.* Considérons par exemple la somme $4 + \frac{5}{7}$; chaque unité valant 7 septièmes, 4 vaut 4×7 septièmes. Donc il y a, dans $4 + \frac{5}{7}$, un nombre de septièmes égal à $4 \times 7 + 5$ ou égal à 33; donc

$$4 + \frac{5}{7} = \frac{33}{7}.$$

Ainsi : *Pour mettre sous forme de fraction un entier joint à une fraction donnée, il suffit d'ajouter au numérateur de la fraction donnée le produit de son dénominateur par l'entier.*

Remarque. — La règle pour l'extraction de l'entier contenu dans une fraction conduit à cette conséquence importante : *Pour qu'une fraction puisse être réduite à un nombre entier, il faut et il suffit que le numérateur de la fraction soit divisible par le dénominateur.* Par exemple, en appliquant la règle dont il s'agit à la fraction $\frac{28}{7}$, on trouve que cette fraction est égale au quotient 4 des nombres 28 et 7.

80. *Si l'on rend le numérateur d'une fraction un certain nombre de fois plus grand ou plus petit, la fraction est rendue le même nombre de fois plus grande ou plus petite.*

Soit, par exemple, la fraction $\frac{5}{7}$; en multipliant son numérateur par 3, on obtient la fraction $\frac{5 \times 3}{7}$; je dis que cette nouvelle fraction est 3 fois plus grande que la première. En effet, les deux fractions dont il s'agit sont l'une et l'autre composées de *septièmes*; la première fraction en contient 5, la seconde en contient 5×3, c'est-à-dire 3 fois plus que la première. Donc la seconde fraction est 3 fois plus grande que la première.

Ainsi l'on rend la fraction $\frac{5}{7}$ 3 fois plus grande en multipliant son numérateur par 3, et inversement on rend la fraction $\frac{5 \times 3}{7}$ 3 fois plus petite en divisant son numérateur par 3.

81. *Si l'on rend le dénominateur d'une fraction un certain nombre de fois plus grand ou plus petit, la fraction est rendue le même nombre de fois plus petite ou plus grande.*

Soit, par exemple, la fraction $\frac{5}{7}$; en multipliant son dénominateur par 3, on obtient la fraction $\frac{5}{7 \times 3}$; je dis que cette nouvelle fraction est 3 fois plus petite que la première. En effet, pour partager l'unité en 7×3 parties égales, il suffit de la diviser d'abord en 7 parties égales, puis de diviser ensuite chacune de ces 7 parties en trois parties égales, il s'ensuit que $\frac{1}{7}$ contient 3 fois $\frac{1}{7 \times 3}$; en d'autres termes, $\frac{1}{7 \times 3}$ est 3 fois plus petit que $\frac{1}{7}$: donc aussi $\frac{5}{7 \times 3}$ est 3 fois plus petit que $\frac{5}{7}$.

Ainsi l'on rend la fraction $\frac{5}{7}$ 3 fois plus petite en multipliant son dénominateur par 3, et inversement on rend la fraction $\frac{5}{7 \times 3}$ 3 fois plus grande en divisant son dénominateur par 3.

82. *Une fraction ne change pas de valeur lorsque l'on multiplie ou lorsque l'on divise ses deux termes par un même nombre.*

Soit, par exemple, la fraction $\frac{5}{7}$; en multipliant son numérateur par 3, on obtient la fraction $\frac{5 \times 3}{7}$ qui est 3 fois plus grande que $\frac{5}{7}$; en multipliant le dénominateur de cette deuxième frac-

tion par 3, on forme la nouvelle fraction $\frac{5 \times 3}{7 \times 3}$ qui est 3 fois

moindre que $\frac{5 \times 3}{7}$, et qui, par suite, est égale à $\frac{5}{7}$.

Donc la fraction $\frac{5}{7}$ ne change pas quand on multiplie ses deux

termes par 3; et inversement la fraction $\frac{5 \times 3}{7 \times 3}$ ne change pas

quand on divise ses deux termes par 3.

RÉDUCTION D'UNE FRACTION A SA PLUS SIMPLE EXPRESSION.

83. Une fraction est dite *irréductible* lorsqu'elle n'est égale
à aucune fraction dont les deux termes soient respectivement
moindres que les siens.

Réduire une fraction à sa plus simple expression, c'est trouver la fraction irréductible qui lui est égale.

84. *Si une fraction, dont les deux termes sont premiers entre
eux, est égale à une autre fraction, les deux termes de celle-ci
sont des équimultiples des deux termes de la première.*

Supposons, par exemple, que l'on nous dise que la frac-
tion $\frac{91}{104}$ est égale à la fraction $\frac{7}{8}$, dont les deux termes 7 et 8
sont premiers entre eux. Si l'on multiplie par 104 les numéra-
teurs de ces deux fractions, on obtiendra deux nouvelles
fractions $\frac{91 \times 104}{104}$ et $\frac{7 \times 104}{8}$, qui seront respectivement 104
fois plus grandes que les premières, et qui, par conséquent,
seront égales entre elles. Or le numérateur de la fraction
$\frac{91 \times 104}{104}$ est divisible par le dénominateur; cette fraction se
réduira donc au nombre entier 91 (n° 79, *Remarque*), et l'on
aura

$$91 = \frac{7 \times 104}{8}.$$

La fraction $\frac{7 \times 104}{8}$ se réduisant ainsi à un nombre entier, le
numérateur 7×104 est divisible par le dénominateur 8 (n° 79,
Rem.); mais 8 est premier avec 7; donc il divise 104 (n° 67).

Supposons que le quotient de 104 par 8 soit 13, on aura

$$104 = 8 \times 13,$$

$$91 = \frac{7 \times 13 \times 8}{8} = 7 \times 13,$$

puisque le quotient de $7 \times 13 \times 8$ par 8 est 7×13.

On voit donc que 91 et 104 sont les produits de 7 et 8 respectivement par un même nombre entier 13; ce que l'on exprime en disant que 91 et 104 sont des *équimultiples* de 7 et 8.

85. Il résulte de là que :

Une fraction dont les deux termes sont premiers entre eux est irréductible.

Car, d'après ce qui précède, toute fraction égale à une fraction dont les deux termes sont premiers entre eux a des termes respectivement plus grands que ceux de cette fraction.

Réciproquement, *les deux termes d'une fraction irréductible sont premiers entre eux.*

Car, si les deux termes d'une fraction ne sont pas premiers entre eux, en les divisant l'un et l'autre par leur plus grand commun diviseur, on n'altère pas la valeur de la fraction (n° 82), et celle-ci se trouve ainsi réduite à une expression plus simple.

On voit par là que : *Pour réduire une fraction à sa plus simple expression, il suffit de chercher le plus grand commun diviseur de ses deux termes, et de les diviser l'un et l'autre par ce plus grand commun diviseur.*

Car, en opérant ainsi, on forme une fraction égale à la proposée, et qui est irréductible, puisque ses deux termes sont premiers entre eux (n° 76).

Exemple. — Soit la fraction $\frac{252}{396}$: le plus grand commun diviseur de 252 et 396 est 36; en divisant 252 et 396 par 36, on trouve les quotients 7 et 11, la fraction proposée est donc égale à $\frac{7}{11}$.

Remarque I. — Quelquefois, dans la pratique, on réduit une fraction à sa plus simple expression en supprimant successivement, au numérateur et au dénominateur, les facteurs communs que l'on aperçoit; et quand, après cette suppression, les deux termes sont premiers entre eux, la fraction se trouve réduite à sa plus simple expression. Soit, par exemple, la fraction $\frac{252}{396}$; en supprimant le facteur 2 commun à ses deux termes, elle devient $\frac{126}{198}$. Les deux termes de celle-ci sont encore divisibles par 2, et, en supprimant ce facteur, on obtient $\frac{63}{99}$. Enfin, les deux termes de cette dernière sont divisibles par 9, et en effectuant la division on trouve $\frac{7}{11}$. Comme 7 et 11 sont premiers entre eux, la fraction proposée se trouve réduite à sa plus simple expression.

Remarque II. — Quand on réduit à sa plus simple expression une fraction dont le numérateur est un multiple du dénominateur, le dénominateur se trouve réduit à l'unité et il est inutile de l'écrire. Par exemple, la fraction $\frac{28}{7}$ se réduit à $\frac{4}{1}$ ou simplement à 4 (n° 79, *Remarque*). On verra dans le chapitre suivant que l'on est naturellement conduit par des considérations nouvelles à regarder un nombre entier comme fraction dont le dénominateur est 1.

RÉDUCTION DE PLUSIEURS FRACTIONS AU MÊME DÉNOMINATEUR.

86. *Réduire des fractions au même dénominateur,* c'est trouver d'autres fractions qui soient respectivement égales aux premières et qui aient un même dénominateur.

1° *Pour réduire deux fractions au même dénominateur, il suffit de multiplier les deux termes de chacune d'elles par le dénominateur de l'autre.*

En effet, les nouvelles fractions que l'on forme en opérant ainsi sont respectivement égales aux premières et elles ont l'une et l'autre pour dénominateur le produit des dénominateurs de celles-ci.

En appliquant cette règle aux deux fractions

$$\frac{5}{7} \quad \text{et} \quad \frac{3}{4},$$

on obtient

$$\frac{5 \times 4}{7 \times 4} \quad \text{et} \quad \frac{3 \times 7}{4 \times 7},$$

ou, en effectuant les multiplications,

$$\frac{20}{28} \quad \text{et} \quad \frac{21}{28}.$$

2° *Pour réduire trois ou un plus grand nombre de fractions au même dénominateur, il suffit de multiplier les deux termes de chacune d'elles par le produit des dénominateurs de toutes les autres.*

En effet, les nouvelles fractions que l'on forme ainsi sont respectivement égales aux premières, et elles ont chacune pour dénominateur le produit des dénominateurs de celles-ci.

En appliquant cette règle aux trois fractions

$$\frac{5}{7}, \quad \frac{3}{4}, \quad \frac{13}{14},$$

on obtient

$$\frac{5 \times 4 \times 14}{7 \times 4 \times 14}, \quad \frac{3 \times 7 \times 14}{4 \times 7 \times 14}, \quad \frac{13 \times 7 \times 4}{14 \times 7 \times 4},$$

ou, en effectuant les multiplications,

$$\frac{280}{392}, \quad \frac{294}{392}, \quad \frac{364}{392}.$$

Remarque. — Pour comparer des fractions entre elles, il suffit de les réduire au même dénominateur. Veut-on, par exemple, savoir quelle est la plus grande des deux fractions $\frac{333}{106}$ et $\frac{355}{113}$; en réduisant ces fractions au même dénominateur, on les transforme en $\frac{37629}{11978}$ et $\frac{37630}{11978}$. On voit alors immédiatement que la première fraction est plus petite que la seconde.

RÉDUCTION DE PLUSIEURS FRACTIONS AU PLUS PETIT DÉNOMINATEUR COMMUN.

87. En appliquant la règle que nous venons d'exposer, les fractions sur lesquelles on opère ne se trouvent pas en général réduites au dénominateur commun le plus simple. Nous allons indiquer ici un procédé pour réduire plusieurs fractions au plus petit dénominateur commun.

Supposons que les fractions données aient été réduites à leur plus simple expression; toute fraction égale à l'une d'elles s'obtiendra (n° 84) en multipliant les deux termes de celle-ci par un même nombre entier; donc tout dénominateur commun auquel on puisse réduire les fractions proposées est un multiple commun de leurs dénominateurs. En outre, tout multiple commun de ces dénominateurs deviendra dénominateur commun des fractions proposées si l'on multiplie les deux termes de chacune de ces fractions par le nombre de fois que son dénominateur est contenu dans le multiple commun.

On conclut de là la règle suivante :

Pour réduire des fractions au plus petit dénominateur commun, on commence par réduire chacune d'elles à sa plus simple expression. Les fractions proposées étant ainsi réduites, on cherche le plus petit commun multiple de leurs dénominateurs et l'on multiplie les deux termes de chacune d'elles par le nombre de fois que son dénominateur est contenu dans le plus petit multiple commun.

Exemple I. — Soient les fractions irréductibles

$$\frac{2}{3}, \quad \frac{3}{4}, \quad \frac{5}{12}, \quad \frac{7}{24}.$$

Le dénominateur 24 de la dernière fraction est divisible par chacun des autres dénominateurs; c'est donc le plus petit multiple commun de tous les dénominateurs. En divisant 24 par ces dénominateurs, on trouve pour quotients

$$8, \quad 6, \quad 2, \quad 1;$$

ce sont les nombres par lesquels il faut respectivement multiplier les deux termes des fractions proposées. En faisant le calcul, on trouve

$$\frac{16}{24}, \quad \frac{18}{24}, \quad \frac{10}{24}, \quad \frac{7}{24}.$$

Exemple II. — Soient les fractions irréductibles

$$\frac{113}{360}, \quad \frac{317}{540}, \quad \frac{229}{648}.$$

Pour avoir le plus petit multiple commun des trois dénominateurs, nous décomposerons chacun d'eux en facteurs premiers; nous aurons ainsi:

$$360 = 2^3 \times 3^2 \times 5,$$
$$540 = 2^2 \times 3^3 \times 5,$$
$$648 = 2^3 \times 3^4.$$

Le plus petit commun multiple de ces nombres est

$$2^3 \times 3^4 \times 5, \quad \text{ou} \quad 3240.$$

En le divisant par chacun d'eux, on trouve pour quotients

$$3^2, \quad 2 \times 3, \quad 5,$$

c'est-à-dire

$$9, \quad 6, \quad 5.$$

Ces nombres sont ceux par lesquels il faut respectivement multiplier les deux termes des fractions proposées. En faisant le calcul, on trouve

$$\frac{1017}{3240}, \quad \frac{1902}{3240}, \quad \frac{1145}{3240}.$$

QUESTIONS PROPOSÉES.

I. Démontrer que les fractions

$$\frac{27}{99}, \quad \frac{2727}{9999}, \quad \frac{272727}{999999}; \dots$$

sont équivalentes.

II. Reconnaître si des fractions réduites au même dénominateur ont été réduites au plus petit dénominateur commun.

III. Dans quel cas une fraction donnée peut-elle être convertie en une fraction ayant pour dénominateur un nombre donné ? Par exemple, la fraction $\frac{323}{357}$ peut-elle être convertie en une fraction ayant pour dénominateur 441 ?

IV. Réduire à la plus simple expression la fraction

$$\frac{12 \times 34 \times 169}{51 \times 91 \times 32}.$$

On opérera la réduction demandée sans effectuer préalablement les multiplications indiquées.

V. Démontrer qu'une fraction se rapproche de l'unité, quand on ajoute un même nombre à ses deux termes.

VI. Quel nombre doit-on ajouter à chacun des termes de la fraction $\frac{5}{8}$ pour que la nouvelle fraction obtenue ne diffère pas de l'unité de $\frac{1}{1000}$?

CHAPITRE VIII.

OPÉRATIONS SUR LES FRACTIONS.

ADDITION.

88. *L'addition, en général, est une opération qui a pour but de réunir en un seul nombre toutes les unités ou parties d'unité contenues dans plusieurs nombres donnés.*

Dans tous les cas, le résultat de l'opération est appelé *somme* ou *total*.

89. Addition de plusieurs fractions. — Supposons en premier lieu qu'on ait à faire l'addition des trois fractions $\frac{3}{13}$, $\frac{7}{13}$ et $\frac{11}{13}$, qui ont le même dénominateur. La somme cherchée se compose de tous les treizièmes contenus dans les fractions données, elle en renferme donc $3 + 7 + 11$, et, par conséquent, cette somme est $\frac{3 + 7 + 11}{13}$ ou $\frac{21}{13}$ ou $1 + \frac{8}{13}$, en extrayant l'entier contenu dans $\frac{21}{13}$. On voit que :

Pour additionner des fractions de même dénominateur, il faut ajouter leurs numérateurs et donner à la somme trouvée le dénominateur commun.

Supposons, en second lieu, qu'on ait à faire l'addition des trois fractions $\frac{3}{5}$, $\frac{7}{10}$, $\frac{2}{3}$, dont les dénominateurs sont inégaux. En réduisant ces fractions au plus petit dénominateur commun, qui est 30, on les transforme en $\frac{18}{30}$, $\frac{21}{30}$ et $\frac{20}{30}$; la somme demandée est donc $\frac{18 + 21 + 20}{30}$ ou $\frac{59}{30}$ ou $1 + \frac{29}{30}$, en extrayant l'entier contenu dans $\frac{59}{30}$. Il suit de là que :

Pour additionner des fractions de dénominateurs différents, il faut réduire ces fractions au même dénominateur et opérer ensuite comme on l'a indiqué plus haut.

90. Addition de plusieurs nombres composés d'une partie entière et d'une fraction. — Soient les trois nombres $4 + \frac{3}{5}$, $3 + \frac{7}{10}$ et $8 + \frac{2}{3}$. La somme des fractions est $\frac{3}{5} + \frac{7}{10} + \frac{2}{3}$ ou $1 + \frac{29}{30}$; la somme des entiers est $4 + 3 + 8$ ou 15; par conséquent la somme cherchée est $15 + 1 + \frac{29}{30}$ ou $16 + \frac{29}{30}$. On voit que :

Pour additionner des nombres composés d'une partie entière et d'une fraction, il faut faire l'addition des fractions, puis celle des entiers et réunir ensuite les deux sommes.

SOUSTRACTION.

91. *La soustraction est, en général, une opération qui a pour but de retrancher d'un nombre donné toutes les unités et parties d'unité contenues dans un second nombre donné.*

Dans tous les cas, le résultat de l'opération est appelé *reste*, *excès* ou *différence*.

Ainsi que nous en avons déjà fait la remarque à l'occasion des nombres entiers, si l'on ajoute le reste de la soustraction avec le plus petit des nombres donnés, on reproduit le plus grand. C'est pourquoi l'on peut dire aussi que :

La soustraction a pour but, étant données une somme de deux parties et l'une de ces parties, de trouver l'autre partie.

92. Soustraction de deux fractions. — Supposons d'abord qu'on ait à faire la soustraction des fractions $\frac{8}{13}$ et $\frac{3}{13}$ qui ont le même dénominateur. Il faut, d'après la définition, retrancher 3 treizièmes de 8 treizièmes; après l'opération, il en restera $8 - 3$; donc la différence demandée est $\frac{8 - 3}{13}$ ou $\frac{5}{13}$. On voit que :

Pour faire la soustraction de deux fractions qui ont même dénominateur, il faut faire la soustraction des numérateurs et donner à la différence trouvée le dénominateur commun.

Supposons, en second lieu, qu'on ait à faire la soustraction des fractions $\frac{11}{10}$ et $\frac{3}{4}$ qui ont des dénominateurs différents.

En réduisant ces fractions au plus petit dénominateur commun qui est 20, on les transforme en $\frac{22}{20}$ et $\frac{15}{20}$; la différence demandée est donc $\dfrac{22 - 15}{20}$ ou $\dfrac{7}{20}$. On voit que :

Pour faire la soustraction de deux fractions qui ont des dénominateurs différents, il faut les réduire au même dénominateur et opérer comme il a été indiqué plus haut.

93. SOUSTRACTION DE DEUX NOMBRES COMPOSÉS D'UNE PARTIE ENTIÈRE ET D'UNE FRACTION. — Supposons qu'il s'agisse de soustraire $5 + \dfrac{3}{4}$ de $9 + \dfrac{11}{10}$. On retranche 5 de 9, ce qui donne 4, puis $\dfrac{3}{4}$ de $\dfrac{11}{10}$, ce qui donne $\dfrac{7}{20}$; la différence cherchée est $4 + \dfrac{7}{20}$. On voit que :

Pour faire la soustraction de deux nombres composés d'une partie entière et d'une fraction, il faut faire séparément la soustraction des entiers et celle des fractions, puis réunir les deux différences.

Remarque. — Il pourrait arriver que la fraction du nombre à soustraire fût plus grande que la fraction de l'autre nombre, auquel cas la règle que nous venons d'indiquer ne semble pas s'appliquer; mais on lève aisément cette difficulté en réduisant en fraction l'une des unités du plus grand des nombres donnés.

Supposons, par exemple, qu'il faille soustraire $5 + \dfrac{3}{4}$ de $9 + \dfrac{5}{12}$, ou $5 + \dfrac{9}{12}$ de $9 + \dfrac{5}{12}$. On réduira en douzièmes l'une des 9 unités du plus grand nombre et la question sera ramenée à soustraire $5 + \dfrac{9}{12}$ de $8 + \dfrac{17}{12}$, ce qui donne pour reste $3 + \dfrac{8}{12}$ ou, en simplifiant la fraction, $3 + \dfrac{2}{3}$.

MULTIPLICATION.

94. *Multiplier un nombre quelconque par un entier, c'est faire la somme d'autant de nombres égaux à ce nombre qu'il y a d'unités dans l'entier.*

Multiplier un nombre quelconque par une fraction, c'est partager ce nombre en autant de parties égales qu'il y a d'unités dans le dénominateur de la fraction et prendre autant de ces parties qu'il y a d'unités dans le numérateur.

Par exemple, multiplier $\dfrac{5}{7}$ par 4, c'est faire la somme de 4 nombres égaux à $\frac{5}{7}$. Multiplier $\frac{5}{7}$ par $\frac{2}{3}$, c'est partager $\frac{5}{7}$ en 3 parties égales et prendre 2 de ces parties; en d'autres termes, c'est prendre deux fois le *tiers* de $\frac{5}{7}$ ou les *deux tiers* de $\frac{5}{7}$.

Dans tous les cas, le nombre qu'on multiplie se nomme *multiplicande*, le nombre par lequel on multiplie se nomme *multiplicateur* et le résultat de l'opération est appelé *produit*.

Il résulte des définitions précédentes que le produit est supérieur, égal ou inférieur au multiplicande, suivant que le multiplicateur est supérieur, égal ou inférieur à l'unité.

95. MULTIPLICATION D'UNE FRACTION PAR UN ENTIER. — Supposons qu'on ait à multiplier $\frac{5}{7}$ par 4; le produit demandé est la somme de 4 nombres égaux à $\frac{5}{7}$, il est donc égal à $\frac{5+5+5+5}{7}$ ou à $\frac{5 \times 4}{7}$. Donc :

Pour multiplier une fraction par un entier, il faut multiplier le numérateur de la fraction par l'entier.

96. MULTIPLICATION D'UN ENTIER PAR UNE FRACTION. — Supposons qu'on ait à multiplier 4 par $\frac{5}{7}$; il s'agit de prendre 5 fois le septième de 4. Or le septième de l'unité étant la fraction $\frac{1}{7}$, le septième de 4 unités vaudra 4 fois $\frac{1}{7}$ ou $\frac{4}{7}$; il reste à prendre 5 fois ce résultat pour avoir le produit cherché; ce produit est donc $\frac{4}{7} \times 5$ ou $\frac{4 \times 5}{7}$ (n° 95). Donc :

Pour multiplier un entier par une fraction, il faut multiplier l'entier par le numérateur de la fraction et donner au produit pour dénominateur celui de la fraction.

97. MULTIPLICATION DE DEUX FRACTIONS. — Supposons qu'on ait à multiplier $\frac{5}{7}$ par $\frac{4}{9}$. Il s'agit de prendre 4 fois le neuvième de $\frac{5}{7}$. Or le neuvième de $\frac{5}{7}$ est une fraction 9 fois plus petite que $\frac{5}{7}$ et on peut l'obtenir en multipliant par 9 le dénominateur de

5

$\dfrac{5}{7}$ (n° 81), ce qui donne $\dfrac{5}{7 \times 9}$. Il faut maintenant prendre 4 fois cette fraction : ce qu'on fera (n° 95) en multipliant son numérateur par 4; le produit cherché est donc $\dfrac{5 \times 4}{7 \times 9}$. On voit que :

Pour multiplier deux fractions, il faut les multiplier terme à terme.

REMARQUE. — Il est évident, d'après ce qui précède, que pour avoir le produit d'un nombre quelconque de fractions, il suffit de multiplier ces fractions terme à terme.

On voit que le produit est indépendant de l'ordre des facteurs; car, quel que soit cet ordre, le produit a pour numérateur le produit des numérateurs des facteurs et pour dénominateur le produit de leurs dénominateurs.

98. MULTIPLICATION DE DEUX NOMBRES COMPOSÉS D'UNE PARTIE ENTIÈRE ET D'UNE FRACTION. — Soit à multiplier $4 + \dfrac{3}{7}$ par $8 + \dfrac{4}{9}$; en réduisant les entiers en fractions, les nombres proposés deviennent $\dfrac{31}{7}$ et $\dfrac{76}{9}$; leur produit est donc $\dfrac{31 \times 76}{7 \times 9}$ ou $\dfrac{2356}{63}$, ou en extrayant l'entier, $37 + \dfrac{25}{63}$. On voit que :

Pour multiplier deux nombres composés d'une partie entière et d'une fraction, il faut réduire les entiers en fractions et multiplier entre elles les deux fractions ainsi obtenues.

DIVISION.

99. *La division, en général, est une opération qui a pour but, étant donnés un produit de deux facteurs et l'un de ces facteurs, de trouver l'autre facteur.*

Le produit donné se nomme *dividende*, le facteur donné se nomme *diviseur* et le facteur cherché est appelé *quotient*.

On indique, dans tous les cas, le quotient d'une division en écrivant le dividende, puis le diviseur et plaçant entre eux le signe : dont nous avons déjà parlé au n° 38.

100. DIVISION DES NOMBRES ENTIERS. — Il importe, avant tout, d'examiner si la définition qui précède, appliquée au cas particulier de deux nombres entiers, s'accorde avec celle que nous avons donnée au n° 38. Je dis d'abord que, d'après notre nouvelle définition,

Le quotient de la division de deux nombres entiers est égal à une fraction qui a pour numérateur le dividende et pour dénominateur le diviseur.

Par exemple, le quotient de la division de 33 par 7 est égal à $\frac{33}{7}$. En effet, le produit de $\frac{33}{7}$ par 7 est $\frac{33 \times 7}{7}$ ou 33 (n° 79, *Remarque*); ainsi $\frac{33}{7}$ est bien le nombre par lequel il faut multiplier le diviseur 7 pour reproduire le dividende 33. Donc

$$33 : 7 = \frac{33}{7}.$$

Si l'on veut extraire l'entier contenu dans la fraction $\frac{33}{7}$, il faudra chercher le plus grand nombre de fois que 33 contient 7 (n° 79); on trouve que ce nombre est 4 et que l'excès de 33 sur le produit 7×4 est 5; par conséquent,

$$33 : 7 = 4 + \frac{5}{7}.$$

On voit que le quotient de 33 par 7 se compose de deux parties; la première partie est le plus grand nombre de fois que 33 contient 7 et la seconde partie est une fraction moindre que l'unité.

Donc la division, telle que nous l'avons envisagée dans le chapitre IV, avait simplement pour objet de faire connaître la *partie entière* du quotient de deux nombres entiers; la règle du n° 45 ne donne le *quotient complet* que dans le cas particulier où le dividende est un multiple du diviseur. Pour obtenir généralement, d'après cette règle, le quotient complet, il faut joindre, à la partie entière obtenue, la *fraction complémentaire* qui a pour numérateur le reste de la division et pour dénominateur le diviseur.

Remarque. — Les deux notations $33 : 7$ et $\frac{33}{7}$ exprimant le même résultat, on emploie indifféremment l'une ou l'autre. Le quotient d'un nombre par 1 étant égal à ce nombre lui-même, l'analogie conduit à considérer un entier comme une fraction ayant pour numérateur cet entier et pour dénominateur l'unité. Ainsi $\frac{4}{1}$ exprime la même chose que 4.

101. Division d'une fraction par un entier. — Supposons que

5.

l'on ait à diviser $\dfrac{5}{7}$ par 4. Il s'agit de trouver un nombre dont le

produit par 4 soit égal à $\dfrac{5}{7}$; le quotient demandé est donc 4 fois

plus petit que $\dfrac{5}{7}$ et l'on obtiendra ce quotient en rendant la frac-

tion $\dfrac{5}{7}$ 4 fois plus petite, c'est-à-dire (n° 81) en multipliant le

dénominateur de cette fraction par 4. Le quotient cherché est

donc $\dfrac{5}{7\times 4}$. On voit que :

Pour diviser une fraction par un entier, il suffit de multi-plier le dénominateur de la fraction par l'entier.

Remarque. — Si le numérateur de la fraction que l'on doit diviser par un entier est un multiple de cet entier, on obtient le quotient en divisant le numérateur de la fraction par l'en-tier.

Par exemple, le quotient de $\dfrac{12}{7}$ par 4 est, d'après la règle pré-

cédente, $\dfrac{12}{7\times 4}$. Divisant les deux termes par 4, il devient $\dfrac{3}{7}$.

102. DIVISION D'UN ENTIER PAR UNE FRACTION. — Supposons que

l'on ait à diviser 5 par $\dfrac{3}{4}$. Le produit du quotient cherché par

$\dfrac{3}{4}$ doit être égal à 5; en d'autres termes les $\dfrac{3}{4}$ du quotient valent

5; il s'ensuit que $\dfrac{1}{4}$ du quotient est 3 fois plus petit que 5 et est

égal, par suite, à $\dfrac{1}{3}$ de 5. On aura donc le quotient demandé en

prenant 4 fois $\dfrac{1}{3}$ de 5, c'est-à-dire en multipliant 5 par $\dfrac{4}{3}$. On

voit que :

Pour diviser un nombre entier par une fraction, il faut mul-tiplier l'entier par la fraction renversée.

Remarque. — Pour diviser l'unité par une fraction, il suffit

de renverser la fraction. Ainsi le quotient de 1 par $\dfrac{5}{7}$ est $\dfrac{7}{5}$. Le

quotient de l'unité par un nombre est dit l'*inverse* de ce nombre.

103. D~ivision~ ~de~ ~deux~ ~fractions~, — Supposons que l'on ait à diviser $\frac{5}{7}$ par $\frac{3}{4}$. Il s'agit de trouver un nombre dont le produit par $\frac{3}{4}$ soit égal à $\frac{5}{7}$; en d'autres termes les $\frac{3}{4}$ du quotient cherché valent $\frac{5}{7}$; donc $\frac{1}{4}$ du quotient est égal à $\frac{1}{3}$ de $\frac{5}{7}$; donc enfin le quotient est égal à 4 fois $\frac{1}{3}$ de $\frac{5}{7}$ ou égal à $\frac{5}{7} \times \frac{4}{3}$. On voit que :

Pour diviser deux fractions l'une par l'autre, il faut multiplier la fraction dividende par la fraction diviseur renversée.

104. D~ivision~ ~de~ ~deux~ ~nombres~ ~composés~ ~d'une~ ~partie~ ~entière,~ ~et~ ~d'une~ ~fraction.~ — Soit à diviser $24 + \frac{3}{8}$ par $5 + \frac{7}{12}$. En réduisant les entiers en fractions, les nombres proposés deviennent $\frac{195}{8}$ et $\frac{67}{12}$; leur quotient est donc $\frac{195 \times 12}{8 \times 67}$ ou $\frac{195 \times 3}{2 \times 67}$ ou $\frac{585}{134}$ ou $4 + \frac{49}{134}$. On voit que :

Pour diviser deux nombres composés d'une partie entière et d'une fraction, il faut réduire les entiers en fractions et appliquer ensuite la règle du n° 103.

QUESTIONS PROPOSÉES.

I. Évaluer $\frac{3}{7}$ d'heure en minutes, secondes et fractions de seconde.

II. Évaluer 39 minutes 17 secondes en fraction d'heure.

III. 100 parties de poudre de guerre renferment 75 parties de salpêtre, 12 parties et demie de charbon et 12 parties et demie de soufre. On demande quelle est la composition de 13 kilogrammes de poudre.

IV. On a 750 kilogrammes d'eau salée renfermant 4 pour 100 de sel. On demande la quantité d'eau qu'il faut faire évaporer pour obtenir une dissolution saturée. On sait qu'une dissolution saturée renferme 27 pour 100 de sel.

V. Une balle élastique rebondit à une hauteur qui est les $\frac{2}{9}$ de celle d'où elle est tombée; après avoir rebondi 3 fois, elle s'élève à une hauteur de $\dfrac{4}{11}$ de mètre. On demande de quelle hauteur elle était tombée d'abord.

VI. Une personne remplit son verre de vin pur et en boit le quart, elle achève de le remplir avec de l'eau et en boit le tiers, elle achève de le remplir avec de l'eau et en boit la moitié ; elle achève enfin de le remplir avec de l'eau et boit le verre entier. On demande combien elle a bu d'eau et de vin à chaque fois et quelle est la quantité totale d'eau qu'elle a bue.

VII. Un tonneau contient 210 litres de vin ; on en tire 45 litres que l'on remplace par une quantité égale d'eau ; on tire de nouveau 45 litres du mélange que l'on remplace par une quantité égale d'eau ; on fait une troisième fois la même opération, et l'on demande combien le tonneau contient alors d'eau et de vin.

VIII. Dans quels cas le quotient de deux fractions irréductibles peut-il se réduire à un nombre entier ?

IX. Étant données plusieurs fractions irréductibles, on demande de trouver la fraction irréductible la plus petite qui, divisée par chacune des fractions proposées, donne des quotients entiers.

CHAPITRE IX.

DES NOMBRES DÉCIMAUX.

DÉFINITION DES NOMBRES DÉCIMAUX.

105. On nomme *parties décimales* de l'unité celles que l'on obtient en partágeant l'unité en 10, 100, 1000, etc., parties égales. Ces parties sont donc des *dixièmes*, des *centièmes*, des *millièmes*, etc. On leùr donne aussi le nom d'*unités des ordres décimaux :* ainsi *un dixième* est une unité du premier ordre décimal, *un centième* est une unité du deuxième ordre décimal, et ainsi de suite.

On voit qu'un dixième vaut dix centièmes, qu'un centième vaut dix millièmes et que, généralement, une unité d'un ordre décimal quelconque vaut dix unités de l'ordre décimal suivant.

On nomme *nombre décimal* le nombre qui exprime combien une grandeur renferme d'unités et de parties décimales de l'unité. Ainsi un nombre décimal peut contenir une *partie entière* et une *partie décimale* composée d'unités de divers ordres décimaux. Le nombre des unités de chaque ordre est inférieur à 10, car la réunion de 10 unités d'un certain ordre décimal forme une unité de l'ordre précédent.

MANIÈRE D'ÉCRIRE UN NOMBRE DÉCIMAL.

106. On peut écrire les nombres décimaux de la même manière que les nombres entiers. En effet, le principe sur lequel repose la numération écrite consiste en ce qu'un chiffre placé à la droite d'un autre exprime des unités dix fois plus petites que celles qui sont représentées par celui-ci. Rien n'oblige à s'arrêter aux unités simples ; aussi est-on convenu, pour écrire un nombre décimal, d'écrire d'abord la partie entière, puis de placer à la droite du chiffre des unités le chiffre qui représente les dixièmes, puis à la droite de celui-ci le chiffre qui représente les centièmes, et ainsi de suite. La seule précaution à prendre, pour éviter toute confusion, consiste à bien désigner quel est le chiffre qui représente les unités. On y parvient en plaçant une *virgule* à la droite de ce chiffre.

Supposons, par exemple, qu'un nombre décimal renferme

35 *unités*, 3 *dixièmes*, 5 *millièmes* et 7 *dix-millièmes ;* on écrit
25,3057. On met un zéro à la place des centièmes, parce que
le nombre proposé n'en renferme pas.

Lorsqu'un nombre décimal n'a pas de partie entière, on écrit
un zéro pour tenir la place de cette partie ; on place une virgule
à la droite de ce zéro, et l'on écrit ensuite la partie décimale
comme nous l'avons indiqué.

Ainsi le nombre qui renferme 3 *dixièmes*, 5 *millièmes* et
7 *dix-millièmes* s'écrira 0,3057.

Les chiffres qui composent la partie décimale d'un nombre
décimal sont appelés *chiffres décimaux* ou simplement *décimales.*

107. *Un nombre décimal ne change pas de valeur quand on
écrit un ou plusieurs zéros à sa droite.*

Car l'ordre des unités représentées par un chiffre ne dépend
que de sa position par rapport à la virgule. Ainsi 3,5 et 3,500
représentent l'un et l'autre 3 unités jointes à 5 dixièmes.

On peut même considérer un entier comme un nombre décimal ayant une ou plusieurs décimales égales à zéro ; ainsi 31
peut s'écrire 31,0 ou 31,000, etc.

108. *On multiplie ou l'on divise un nombre décimal par* 10,
100, 1000, *etc., en transportant la virgule de* 1, 2, 3, *etc.,
rangs vers la droite ou vers la gauche.*

Car, en opérant ainsi, les unités que représente chaque
chiffre deviennent 10, 100, 1000, etc., fois plus grandes ou
plus petites.

Remarque. — Il peut arriver que le nombre qu'il s'agit de
multiplier ou de diviser par 10, 100, etc., ne renferme pas
assez de chiffres à sa partie décimale ou à sa partie entière
pour qu'on puisse effectuer ce transport de la virgule ; mais on
lève cette difficulté en écrivant des zéros à la droite de la
partie décimale ou à la gauche de la partie entière du nombre
donné. Supposons, par exemple, qu'on veuille diviser 0,35
par 100 ; on écrira 000,35 au lieu de 0,35. Alors, en avançant
la virgule de 2 rangs vers la gauche, on obtient 0,0035 ; c'est
le quotient du nombre proposé par 100. Supposons, en second
lieu, qu'on veuille multiplier 3,5 par 1000 ; on écrira 3,5000 au
lieu de 3,5. Avançant la virgule de 3 rangs vers la gauche,
on trouve 3500,0 ou simplement 3500 ; c'est le produit demandé.

MANIÈRE D'ÉNONCER UN NOMBRE DÉCIMAL ÉCRIT.

109. *Pour énoncer un nombre décimal écrit, on énonce d'abord la partie entière, s'il y en a une; on énonce ensuite la partie à droite de la virgule comme si elle représentait un nombre entier, en indiquant l'ordre décimal des unités que représente son dernier chiffre.*

Par exemple, le nombre 35,3057 s'énoncera en disant : *trente-cinq unités, trois mille cinquante-sept dix-millièmes.* On est naturellement conduit à cette règle en observant que le nombre 35,3057 renferme, outre 35 unités, 7 *dix-millièmes,* 5 *millièmes* ou 50 *dix-millièmes,* 3 *dixièmes* ou 3000 *dix-millièmes,* c'est-à-dire 3057 *dix-millièmes.*

Remarque. — Souvent, lorsqu'un nombre décimal a peu de chiffres, on l'énonce, comme s'il était entier, c'est-à-dire en faisant abstraction de la virgule, et l'on indique ensuite l'ordre des unités représentées par la dernière décimale. Par exemple, on peut énoncer le nombre 35,3057, en disant : *trois cent cinquante-trois mille cinquante-sept dix-millièmes.*

Effectivement, les 35 unités contenues dans le nombre dont il s'agit valent 350000 *dix-millièmes ;* ce nombre se compose donc de 350000 *dix-millièmes* et de 3057 *dix-millièmes,* c'est-à-dire de 353057 *dix-millièmes.*

Au contraire, lorsqu'un nombre décimal renferme un grand nombre de chiffres, on décompose habituellement la partie décimale en tranches de trois chiffres, à partir de la gauche. La dernière tranche à droite peut n'avoir que deux chiffres ou même qu'un seul chiffre; mais alors on écrit un ou deux zéros pour la compléter. Cela fait, on énonce d'abord la partie entière, puis chaque tranche successivement, en indiquant l'ordre décimal des unités représentées par son dernier chiffre.

Ainsi, le nombre 3,1415926535897 s'énoncera 3 *unités,* 141 *millièmes,* 592 *millionièmes,* 653 *billionièmes,* 589 *trillionièmes,* 700 *quatrillionièmes.*

RÉDUCTION D'UN NOMBRE DÉCIMAL EN FRACTION ORDINAIRE.

110. Soit le nombre 35,3057, dont le dernier chiffre exprime des *dix-millièmes.* Ce nombre étant composé (n° 109, *Remarque*) de 353057 *dix-millièmes,* est égal à une fraction qui a pour numérateur 353057 et pour dénominateur 10000 ; ainsi l'on a $35,3057 = \dfrac{353057}{10000}$.

En général : *Pour réduire un nombre décimal en fraction, il suffit de supprimer la virgule et de diviser le résultat par l'unité suivie d'autant de zéros que le nombre proposé renferme de décimales.*

Réciproquement, *pour écrire sous forme de nombre décimal une fraction ayant pour dénominateur l'unité suivie d'un ou de plusieurs zéros, il suffit d'écrire le numérateur et de séparer sur sa gauche, à l'aide d'une virgule, autant de décimales qu'il y a de zéros dans le dénominateur.*

Les nombres décimaux sont souvent désignés sous le nom de *fractions décimales.*

ADDITION DES NOMBRES DÉCIMAUX.

111. Dans les nombres décimaux, comme dans les nombres entiers, les différents chiffres, à partir de la droite, expriment des unités de dix en dix fois plus grandes; il s'ensuit que l'addition des nombres décimaux peut se faire identiquement de la même manière que celle des nombres entiers.

Supposons qu'il s'agisse d'additionner les nombres 31,415, 98,69 et 3,183; on écrit ces nombres les uns au-dessous des autres, de manière que les virgules se correspondent,

$$
\begin{array}{r}
31,415 \\
98,69 \\
3,183 \\
\hline
133,288
\end{array}
$$

La somme des millièmes étant 8, on écrit ce chiffre à la place des millièmes; la somme des centièmes est 18, on écrit 8 à la place des centièmes et l'on retient 1 dixième pour le réunir aux dixièmes des nombres proposés; la somme des dixièmes est 12, en comprenant la retenue, on écrit 2 à la place des dixièmes et l'on retient 1 unité pour la réunir au nombre des unités. Et ainsi de suite.

On peut énoncer, d'après cela, la règle suivante :

Pour faire l'addition de plusieurs nombres décimaux, on écrit ces nombres les uns au-dessous des autres, de manière que les virgules se correspondent, et l'on opère comme s'il s'agissait de nombres entiers. On met ensuite une virgule dans la somme obtenue à la place marquée par les virgules des nombres proposés.

SOUSTRACTION DES NOMBRES DÉCIMAUX.

112. La soustraction des nombres décimaux se fait aussi de la même manière que celle des nombres entiers.

Supposons qu'on ait à soustraire 986,96 de 3141,59. On écrit le plus petit nombre au-dessous du plus grand, de manière que les virgules se correspondent,

$$3141,59$$
$$986,96$$
$$\overline{2154,63}$$

On fait d'abord la soustraction des centièmes, ce qui donne le chiffre 3 que l'on écrit à la place des centièmes; passant à la colonne des dixièmes, on retranche 9 de 15 et l'on obtient le reste 6 que l'on écrit à la place des dixièmes; arrivant à la colonne des unités, il faut augmenter de 1 le chiffre 6 du nombre inférieur, on retranche donc 7 de 11, ce qui donne le reste 4, que l'on écrit à la place des unités. Et ainsi de suite.

On peut énoncer, d'après cela, la règle suivante :

Pour faire la soustraction de deux nombres décimaux, on écrit le plus petit au-dessous du plus grand, de manière que les virgules se correspondent, et l'on opère comme s'il s'agissait de nombres entiers. On met ensuite une virgule, dans le reste obtenu, à la place marquée par les virgules des nombres proposés.

Remarque. — Si les deux nombres qu'on doit soustraire l'un de l'autre n'ont pas le même nombre de décimales, il faut supposer les décimales complétées par des zéros.

MULTIPLICATION DES NOMBRES DÉCIMAUX.

113. MULTIPLICATION D'UN NOMBRE DÉCIMAL PAR UN ENTIER. — Supposons qu'on ait à multiplier 3,141 par 23. Le multiplicande se compose de 3141 *millièmes*, donc le produit se composera de 23 fois 3141 millièmes. Il faut donc, pour obtenir ce produit, multiplier 3141 par 23 et faire exprimer des millièmes au résultat. L'opération est ainsi disposée :

$$3,141$$
$$23$$
$$\overline{9\ 423}$$
$$62\ 82$$
$$\overline{72,243}$$

Donc, *pour multiplier un nombre décimal par un entier, il faut multiplier le multiplicande par le multiplicateur, en faisant abstraction de la virgule, et séparer ensuite à la droite du*

*produit autant de chiffres décimaux qu'il y en a au multipli-
cande.*

114. MULTIPLICATION DE DEUX NOMBRES DÉCIMAUX. — Supposons
qu'on ait à multiplier 3,141 par 9,86. Le multiplicateur 9,86
est égal à la fraction $\dfrac{986}{100}$; on aura donc le produit demandé,
en prenant le centième de 3,141, ce qui se fait en reculant la
virgule de deux rangs vers la gauche, et en multipliant le résultat obtenu 0,03141 par 986. On est ainsi conduit (n° 113) à
multiplier 3141 par 986 et à séparer ensuite cinq chiffres décimaux à la droite du produit. On dispose l'opération comme il
suit :

$$
\begin{array}{r}
3,141 \\
9,86 \\
\hline
18\ 846 \\
2\ 51\ 28 \\
28\ 26\ 9 \\
\hline
30,97\ 026
\end{array}
$$

On voit que :

*Pour multiplier deux nombres décimaux, il faut opérer en
faisant abstraction des virgules et séparer ensuite à la droite
du produit obtenu autant de chiffres décimaux qu'il y en a
dans les facteurs.*

DIVISION DES NOMBRES DÉCIMAUX.

115. DIVISION D'UN NOMBRE DÉCIMAL PAR UN ENTIER. — Supposons
qu'on ait à diviser 31,415 par 12. Il s'agit de prendre la douzième partie de 31415 *millièmes;* on aura donc le quotient
cherché en divisant 31415 par 12 et en faisant exprimer des
millièmes au quotient obtenu. On dispose l'opération comme
il suit :

$$
\begin{array}{r|l}
31,415 & 12 \\
7\ 4 & \overline{2,617} \\
21 & \\
95 & \\
11 &
\end{array}
$$

le quotient demandé est égal au nombre décimal 2,617 augmenté de $\dfrac{11}{12}$ de millième. En négligeant cette fraction de millième, on commet une erreur moindre que 0,001 et l'on dit que

le quotient des nombres proposés est 2,617 *à un millième près*.

Si, au lieu de négliger la fraction $\frac{11}{12}$ de millième, on la remplace par 0,001, l'erreur que l'on commettra sera aussi moindre que 0,001, et le nombre 2,618 que l'on obtiendra, exprimera encore *à un millième près* le quotient des nombres proposés.

Le nombre 2,617 est une valeur du quotient approchée *par défaut*, 2,618 est une valeur approchée *par excès*.

On voit que :

Pour diviser un nombre décimal par un entier, il faut opérer en faisant abstraction de la virgule et séparer ensuite sur la droite du quotient obtenu autant de décimales qu'il y en a au dividende.

En appliquant cette règle, on obtient la valeur exacte du quotient ou la valeur approchée de ce quotient à une unité près de l'ordre du dernier chiffre du dividende. On peut ainsi calculer le quotient avec une approximation aussi grande qu'on le veut en écrivant des zéros à la droite du dividende avant d'appliquer la règle précédente. Veut-on, par exemple, évaluer le quotient 32,9 par 12 à un millième près ; on appliquera la règle aux nombres 32,900 et 12. L'opération est disposée comme il suit :

$$\begin{array}{r|l} 32,9 & 12 \\ 8\;9 & \overline{2,741} \\ 5o & \\ \quad 2o & \\ \quad\; 8 & \end{array}$$

Le quotient demandé est 2,741 à un millième près, par défaut. Comme on le voit, nous nous sommes dispensé d'écrire deux zéros à la droite du dividende, mais nous avons opéré comme si ces zéros étaient écrits. Ainsi, après avoir abaissé le chiffre 9 du dividende pour l'écrire à la droite du premier reste, nous avons continué l'opération en écrivant un zéro à la droite de chacun des deux restes suivants avant de les prendre pour dividendes.

116. Division d'un nombre entier ou décimal par un nombre décimal. — Supposons qu'on ait à diviser 3,14159 par 9,86. Le diviseur 9,86 est égal à la fraction $\frac{986}{100}$; on aura donc le quotient demandé en multipliant 3,14159 par $\frac{100}{986}$. On est ainsi conduit à multiplier 3,14159 par 100 et à diviser ensuite le résultat 314,159 par 986 :

$$
\begin{array}{r|l}
314,159 & \underline{986} \\
18\ 35 & 0,318 \\
8\ 499 & \\
611 &
\end{array}
$$

Le quotient demandé est égal à 0,318 augmenté de $\dfrac{611}{986}$ de millième ; ce quotient est donc 0,318 à un millième près.

On voit que :

Pour diviser un nombre entier ou décimal par un nombre décimal, il faut supprimer la virgule dans le diviseur, multiplier le dividende par l'unité suivie d'autant de zéros qu'il y avait de décimales dans le diviseur et appliquer ensuite la règle du n° 115.

Remarque.—Il résulte immédiatement de la règle précédente que le quotient de deux nombres décimaux ne change pas quand on transporte la virgule de 1, 2, 3, etc., rangs vers la gauche ou vers la droite, dans le dividende et dans le diviseur. En particulier, si le dividende et le diviseur ont le même nombre de décimales, comme on peut toujours le supposer, le quotient sera le même que celui des entiers obtenus en supprimant la virgule dans les nombres donnés. Ainsi le quotient des nombres 3,14159 et 9,86 est égal au quotient des entiers 314159 et 986000.

RÉDUCTION DES FRACTIONS ORDINAIRES EN DÉCIMALES.

117. On vient de voir que les opérations sur les nombres décimaux s'exécutent identiquement de la même manière que les opérations relatives aux nombres entiers, tandis que le calcul des fractions ordinaires est beaucoup moins simple. Aussi, dans la pratique, n'opère-t-on presque jamais que sur des nombres décimaux, et quand il se présente des fractions ordinaires, on les évalue en décimales, soit exactement, soit approximativement.

La réduction des fractions ordinaires en fractions décimales et la division des nombres décimaux dont nous venons de nous occuper, ne constituent qu'un seul et même problème. Une fraction ordinaire exprime effectivement le quotient de la division du numérateur par le dénominateur ; si donc on exécute cette division en suivant la règle du n° 115, la réduction en décimales se trouvera effectuée.

118. Considérons, par exemple, la fraction $\frac{5}{7}$, et supposons qu'on veuille l'évaluer en décimales à *un dixième près*, ou à *un centième près*, ou etc. Il faudra, dans ces différents cas, appliquer la règle du n° 115 aux nombres 5,0 et 7 ou 5,00 et 7, ou etc.,

$$\begin{array}{r|l} 50 & \underline{7} \\ 10 & 0,7142\ldots. \\ 30 & \\ 20 & \\ 6 & \\ \vdots & \end{array}$$

et l'on trouvera que les valeurs approchées de $\frac{5}{7}$ à 0,1 près, 0,01 près, à 0,001 près, etc., sont respectivement

$$0,7; \quad 0,71; \quad 0,714; \ldots$$

En opérant ainsi, on arrive quelquefois à un reste nul; dans ce cas, l'opération se termine et la fraction proposée est *exactement réductible en fraction décimale*. Mais, en général, on n'arrive pas à un reste nul, la fraction proposée n'est pas alors exactement réductible en décimales et on ne peut en obtenir, par cette voie, que des valeurs approchées.

119. *Lorsque le dénominateur d'une fraction ordinaire irréductible ne renferme aucun facteur premier différent de 2 ou de 5, la fraction est exactement réductible en une fraction décimale, et le nombre des chiffres décimaux de celle-ci est égal au plus grand des exposants avec lesquels les facteurs 2 et 5 figurent dans le dénominateur de la fraction ordinaire.*

Soit en effet la fraction $\frac{29}{8}$ qui a pour dénominateur le produit 8 de trois facteurs égaux à 2. Si l'on multiplie le numérateur 29 par trois facteurs égaux à 10, on introduira dans le produit trois facteurs 2 et trois facteurs 5; le résultat 29000 sera donc divisible par 8. Il suit de là que si l'on applique la règle du n° 115 aux nombres 29,000 et 8, l'opération se fera exactement. Il n'en serait pas ainsi si l'on appliquait la même règle aux nombres 29,00 et 8, parce que le nombre 2900 ne contient que deux facteurs 2, tandis que le diviseur en contient trois. La fraction $\frac{29}{8}$ est donc exactement réductible en une fraction décimale et celle-ci a trois chiffres décimaux.

$$\begin{array}{c|c} 29 & 8 \\ 50 & \overline{3,625} \\ 20 \\ 40 \\ 0 \end{array}$$

Le même raisonnement s'applique évidemment au cas d'une fraction dont le dénominateur renferme les deux facteurs 2 et 5.

120. *Lorsque le dénominateur d'une fraction ordinaire irréductible renferme un facteur premier différent de 2 et de 5, la fraction ne peut être convertie exactement en fraction décimale.*

Car en multipliant le numérateur de la fraction par 10, 100, 10000, etc., on n'introduit dans le produit que les facteurs premiers 2 et 5; donc aucun des résultats obtenus ne pourra être divisible exactement par le dénominateur de la fraction. Il suit évidemment de là que l'on peut, dans ce cas, poursuivre indéfiniment l'application de la règle du n° **115**, sans jamais arriver à un reste nul; la fraction $\dfrac{5}{7}$ considérée au n° **118** en offre un exemple. On exprime ce fait en disant que *la fraction ordinaire se réduit en une fraction décimale d'un nombre illimité de chiffres décimaux.* Si, dans cette fraction décimale illimitée, on prend une décimale, puis deux, puis trois, etc., on aura des valeurs de plus en plus approchées de la fraction ordinaire. L'erreur commise en prenant successivement ces diverses valeurs à la place de la fraction ordinaire pouvant ainsi devenir moindre que telle fraction que l'on voudra, on dit que la fraction ordinaire est la *limite* de la fraction décimale illimitée lorsqu'on prend dans celle-ci un nombre de décimales de plus en plus grand.

DES FRACTIONS DÉCIMALES PÉRIODIQUES.

121. On nomme *fraction décimale périodique* une fraction décimale d'un nombre illimité de chiffres décimaux dans laquelle ces chiffres se reproduisent périodiquement et dans le même ordre à partir d'un certain rang.

L'ensemble des chiffres qui se reproduisent ainsi périodiquement se nomme *la période.*

Une fraction décimale périodique est dite périodique *simple* si la première période commence immédiatement après la virgule; elle est dite périodique *mixte* dans le cas contraire et alors les chiffres qui précèdent la première période constituent *la partie non périodique.*

Ainsi, 0,267267267... est une fraction décimale périodique simple dont la période est 267.

Pareillement 0,73267267267... est une fraction périodique mixte dont la période est 267. La partie non périodique est 73.

122. *Lorsqu'une fraction ordinaire se réduit en une fraction décimale d'un nombre illimité de chiffres, cette fraction décimale est périodique.*

Soit la fraction $\frac{5}{7}$. Pour la réduire en fraction décimale, on opère de la manière suivante :

$$
\begin{array}{r|l}
50 & 7 \\
\cline{2-2}
10 & 0,7142857.... \\
30 & \\
\quad 20 & \\
\quad\; 60 & \\
\quad\;\; 40 & \\
\quad\;\;\; 50 & \\
\quad\;\;\;\; 10 & \\
\quad\;\;\;\;\; 30 & \\
\vdots &
\end{array}
$$

On divise 5 par 7, ce qui donne pour quotient 0 et pour reste 5. On écrit un zéro au quotient et l'on place une virgule à sa droite. On écrit ensuite un zéro à la droite du reste 5 et l'on divise le résultat 50 par 7 ; le quotient 7 est la première décimale. On écrit un zéro à la droite du reste 1 et l'on divise le résultat 10 par 7 ; le quotient 1 est la deuxième décimale ; et l'on continue ainsi indéfiniment. Or, dans toutes les divisions partielles, le diviseur est constamment 7 ; par conséquent les restes que l'on obtient sont tous plus petits que 7 ; d'ailleurs aucun d'eux ne peut être nul, car s'il en était ainsi la fraction $\frac{5}{7}$ serait réductible en une fraction décimale d'un nombre limité de chiffres. Donc, dans le cours de l'opération, on ne peut obtenir, au plus, que 6 restes différents, savoir 1, 2, 3, 4, 5, 6. Il résulte de là qu'après avoir écrit, au plus, 6 chiffres décimaux au quotient, on obtiendra un reste déjà obtenu. Alors on sera évidemment dans les conditions où l'on était la première fois qu'on a trouvé ce reste : en d'autres termes, on sera conduit à exécuter, à partir de ce moment, la même série d'opérations qu'on avait à effectuer antérieurement; d'où il suit que les restes et les chiffres du quotient se reproduiront périodiquement.

RECHERCHE DE LA FRACTION GÉNÉRATRICE D'UNE FRACTION DÉCIMALE PÉRIODIQUE DONNÉE.

123. Nous allons maintenant chercher à revenir d'une fraction décimale périodique à la fraction ordinaire *génératrice*. Nous ne considérerons que des fractions périodiques sans partie entière; lorsqu'il y a une partie entière, on en fait abstraction d'abord et on l'ajoute ensuite à la fraction génératrice trouvée.

Soit, en premier lieu, une fraction décimale périodique simple, sans partie entière; par exemple

(1)   0,267267267....

Considérons d'abord la valeur approchée que l'on obtient en prenant un nombre de périodes limité, que je supposerai égal à 3 pour fixer les idées. Cette valeur approchée sera

(2)   0,267267267.

Si l'on transporte la virgule après la première période, on obtiendra la nouvelle fraction décimale

(3)   267,267267,

qui sera 1000 fois plus grande que la fraction (2), puisque la période de celle-ci a trois chiffres; la différence des fractions (3) et (2) vaut 1000 — 1 fois ou 999 fois la fraction (2), or cette différence est évidemment égale à l'excès de la partie entière de la fraction (3) sur la dernière période de la fraction (2), c'est-à-dire égale à 267 — 0,000000267; donc 267 est égal au produit de la fraction (2) par 999 augmenté de 0,000000267. Ainsi

$$267 = 0,267267267 \times 999 + 0,000000267;$$

en divisant par 999 ces deux nombres égaux, on aura des résultats égaux; donc

$$\frac{267}{999} = 0,267267267 + \frac{267}{999} \text{ d'unité du 9}^e \text{ ordre décimal.}$$

Il résulte de là que la fraction (2) est la valeur approchée de $\frac{267}{999}$ à une unité près du neuvième ordre décimal. Et l'on voit par ce raisonnement, que, si l'on prend successivement, dans la fraction illimitée (1), une, deux, trois, quatre, etc., périodes, on obtiendra les valeurs approchées de $\frac{267}{999}$ à une unité près du troisième, du sixième, du neuvième, du douzième, etc., ordre décimal. D'où l'on peut conclure que $\frac{267}{999}$ est la limite ou la fraction génératrice de la fraction périodique (1).

On voit que généralement : *La fraction ordinaire génératrice d'une fraction décimale périodique simple, sans partie entière, a pour numérateur la période et pour dénominateur un nombre formé d'autant de 9 qu'il y a de chiffres dans la période.*

124. Soit maintenant une fraction décimale périodique mixte sans partie entière; par exemple

(1) $0,34267267267....$

Considérons d'abord la valeur approchée que l'on obtient en prenant un nombre de périodes limité, que je supposerai égal à 3 pour fixer les idées. Cette valeur approchée sera

(2) $0,34267267267.$

Si l'on transporte successivement la virgule après la partie non périodique et après la première période, on obtiendra les deux nouvelles fractions suivantes :

(3) $34,267267267$

et

(4) $34267,267267,$

qui sont respectivement 100 fois et 100000 fois plus grandes que la fraction (2). La différence des fractions (4) et (3) contient donc $100000 - 100$ fois ou 99900 fois la fraction (2); or cette différence est évidemment égale à la différence des parties entières des mêmes fractions (4) et (3) diminuée de la dernière période de la fraction (3); c'est-à-dire égale à

$$34267 - 34 - 0,000000267 ;$$

donc la différence $34267 - 34$ est égale au produit de la fraction (2) par 99900, augmenté de $0,000000267$. Ainsi

$$34267 - 34 = 0,34267267267 \times 99900 + 0,000000297 ;$$

en divisant par 99900 ces deux nombres égaux, on aura des

6.

résultats égaux; donc

$$\frac{34267 - 34}{99900} = 0,34267267267. + \frac{267}{999} \text{ d'unité du } 11^e \text{ ordre décim.}$$

Il résulte de là que la fraction décimale (2) est la valeur approchée de la fraction $\dfrac{34267 - 34}{99900}$ à une unité près du 11e ordre décimal. Et l'on voit par ce raisonnement que si l'on prend sucessivement dans la fraction illimitée (1), une, deux, trois, quatre, etc., périodes, on obtiendra les valeurs approchées de $\dfrac{34267 - 34}{99900}$ à une unité près du cinquième, du huitième, du onzième, du quatorzième, etc., ordre décimal. D'où l'on peut conclure que $\dfrac{34267 - 34}{99900}$ est la fraction génératrice de la fraction périodique (1).

On voit que généralement :

La fraction ordinaire génératrice d'une fraction décimale périodique mixte sans partie entière a pour numérateur l'ensemble de la partie non périodique et de la période diminué de la partie non périodique, et pour dénominateur un nombre formé d'autant de 9 qu'il y a de chiffres dans la période, suivis d'autant de zéros qu'il y a de chiffres dans la partie non périodique.

125. Le dénominateur de la fraction génératrice d'une fraction périodique simple est formé de chiffres 9 et il ne renferme, par conséquent, ni le facteur 2 ni le facteur 5; il en sera donc de même, à plus forte raison, quand on aura réduit cette fraction à sa plus simple expression. Au contraire, le dénominateur de la fraction génératrice d'une fraction périodique mixte est terminé par autant de zéros qu'il y a de chiffres dans la partie non périodique; ce dénominateur renferme donc un pareil nombre de facteurs 2 et de facteurs 5; d'ailleurs le numérateur ne peut admettre que l'un des facteurs 2 et 5, car s'il les admettait tous deux, il serait terminé par un zéro et la période commencerait un rang plus tôt qu'on ne l'a supposé. Donc la fraction génératrice étant réduite à sa plus simple expression, son dénominateur conservera l'un des facteurs 2 et 5, ou tous deux autant de fois qu'il y a de chiffres à la partie non périodique de la fraction décimale. On peut évidemment conclure de là les deux propositions suivantes :

1° *Lorsque le dénominateur d'une fraction ordinaire irréductible ne renferme ni le facteur 2 ni le facteur 5, cette fraction engendre une fraction décimale périodique simple.*

2° *Lorsque le dénominateur d'une fraction ordinaire irréductible renferme l'un des facteurs 2 et 5 ou tous les deux, avec d'autres facteurs premiers, la fraction engendre une fraction décimale périodique mixte, et le nombre des chiffres non périodiques est égal au plus grand des exposants avec lesquels figurent les facteurs 2 et 5 dans le dénominateur de la fraction ordinaire.*

QUESTIONS PROPOSÉES.

I. Un marchand achète deux pièces d'étoffe ; la première, qui a 69 mètres de largeur, coûte 13 fr. 35 c. le mètre ; la deuxième, qui a $87^m,7$ de longueur, coûte 11 fr. 25 c. le mètre. Comme le marchand paye comptant, on lui fait une remise de 6 pour 100 sur le prix ; combien aura-t-il à payer ?

II. Le diamètre des pièces de 5 francs est $0^m,037$, combien faut-il mettre de ces pièces bout à bout pour faire une longueur de 100 mètres ?

III. Trouver les fractions génératrices des fractions décimales périodiques

$$0,9999\ldots, \quad 0,0999\ldots, \quad 0,34399999\ldots$$

IV. Démontrer que le produit de deux fractions décimales périodiques simples moindres que l'unité est une fraction décimale périodique simple.

V. Convertir chacune des fractions $\frac{17}{40}, \frac{17}{81}$ en une somme de fractions ayant pour dénominateurs les puissances successives de 12. Les deux sommes cherchées seront-elles composées d'un nombre limité ou d'un nombre illimité de fractions ?

CHAPITRE X.

DES OPÉRATIONS ABRÉGÉES.

BUT DES MÉTHODES ABRÉGÉES.

126. Les règles du calcul des nombres entiers et décimaux, exposées précédemment, donnent le moyen de trouver le résultat *exact* d'une opération quelconque à exécuter sur ces nombres. Mais le plus souvent on n'a besoin de connaître qu'une valeur approchée du résultat; alors on doit employer des méthodes plus expéditives que nous allons faire connaître.

Un exemple suffira pour faire apprécier l'utilité de ces méthodes. Supposons qu'on ait à multiplier l'un par l'autre deux nombres ayant chacun six décimales et qu'on veuille connaître le produit avec *six décimales exactes*, c'est-à-dire à une unité près du sixième ordre décimal. La règle que nous avons indiquée au n° 114 donnera douze décimales; les six dernières devant être supprimées, il était inutile de les calculer. Par les méthodes abrégées que nous allons exposer, on évite tous les calculs qui ne sont pas indispensables pour obtenir l'approximation que l'on a en vue.

Avant d'entrer en matière, nous ferons une remarque importante relative à l'évaluation approchée d'un nombre entier ou décimal. Pour évaluer un nombre entier ou décimal donné à une unité près d'un certain ordre, il suffit de supprimer tous les chiffres qui représentent des unités d'ordres inférieurs. On obtient ainsi une valeur approchée par défaut, et, en augmentant d'une unité le dernier chiffre conservé, on a une valeur approchée par excès. Si le premier des chiffres supprimés est inférieur à 5, la valeur par défaut est évidemment plus approchée que la valeur par excès; le contraire a lieu quand le premier des chiffres supprimés est égal ou supérieur à 5. Considérons, par exemple, le nombre 3,1415926535. En prenant 3,141 pour valeur approchée de ce nombre, on commet une erreur égale à 0,0005926535; cette erreur est moindre que 1 millième, mais elle est plus grande que $\frac{1}{2}$ millième; donc

3,141 est une valeur approchée à 1 millième près, et 3,142 est approchée à $\frac{1}{2}$ millième près. Considérons encore le nombre 271828. En prenant 271800 pour valeur approchée de ce nombre, on commet une erreur égale à 28; cette erreur est moindre qu'une centaine, et même moindre que $\frac{1}{2}$ centaine; donc 271800 est approché à $\frac{1}{2}$ centaine près; au contraire, 271900 est seulement approché à 1 centaine près.

Il résulte de ces développements qu'on peut toujours évaluer approximativement un nombre entier ou décimal donné à une demi-unité près de l'ordre du dernier chiffre conservé. Le plus souvent, quand on parle de nombres calculés avec deux, trois, quatre, etc., chiffres exacts, on veut dire que ces nombres sont en erreur de moins d'une demi-unité de l'ordre du dernier chiffre. Toutefois, dans ce qui va suivre, nous nous bornerons à indiquer comment on peut obtenir le résultat d'une opération à une unité près d'un ordre quelconque, sans nous préoccuper du sens de l'erreur commise. Si l'on voulait obtenir ce résultat à une demi-unité près de l'ordre du dernier chiffre, il n'y aurait qu'à calculer un ou deux chiffres de plus.

ADDITION ABRÉGÉE.

127. Règle. — *Pour obtenir la somme de plusieurs nombres entiers ou décimaux à une unité près d'un certain ordre :*

1° *S'il n'y a pas plus de dix nombres à ajouter, on évalue chacun d'eux, par défaut, à une unité près de l'ordre immédiatement inférieur à l'ordre de l'unité qui exprime le degré d'approximation demandé; on fait la somme des nombres approchés; on supprime le dernier chiffre à droite du résultat et l'on augmente d'une unité le chiffre précédent.*

2° *S'il y a plus de dix et moins de cent nombres à ajouter, on évalue chacun d'eux, par défaut, à une unité près de l'ordre inférieur de deux rangs à l'ordre de l'unité qui exprime le degré d'approximation demandé; on fait la somme des nombres approchés; on supprime les deux derniers chiffres à droite du résultat et l'on augmente d'une unité le chiffre précédent.*

Et ainsi de suite.

Soient, par exemple, les six nombres

3,14159, 9,8696, 3,183, 34,55751⁹ 13,011, 31,7734,

et supposons qu'on veuille obtenir leur somme à 0,01 près.
D'après la règle énoncée, on ne doit conserver que trois décimales dans les nombres proposés, et l'on dispose l'opération
comme il suit :

$$
\begin{array}{r}
3,141 \\
9,869 \\
3,183 \\
34,557 \\
13,011 \\
31,773 \\
\hline
95,534
\end{array}
$$

Supprimant le dernier chiffre à droite du résultat et augmen-
mentant d'une unité le chiffre précédent, on obtient le nombre
95,54, qui est, à 0,01 près, par défaut ou par excès, la somme
des nombres proposés.

En effet, l'erreur commise sur chaque nombre est moindre
que 0,001; par suite, comme il n'y a pas plus de dix nombres,
la somme des erreurs est moindre que 0,001 × 10 ou moindre
que 0,01. La somme des nombres proposés est donc comprise
entre 95,534 et 95,534 + 0,01. A plus forte raison, cette somme
est comprise entre 95,53 et 95,55; par conséquent, 95,54 est
une valeur de la somme demandée, à 0,01 près, par défaut ou
par excès.

Remarque. — Si l'un des chiffres que l'on supprime, en appliquant la règle précédente, exprime des unités simples ou
des unités d'un ordre supérieur, il faut avoir soin de mettre un
zéro à sa place.

SOUSTRACTION ABRÉGÉE.

128. Règle. — *Pour obtenir la différence de deux nombres
entiers ou décimaux à une unité près d'un certain ordre, on
évalue ces nombres, tous deux par défaut ou tous deux par
excès, à une unité près de cet ordre, et l'on prend ensuite la
différence des nombres approchés.*

Soient, par exemple, les deux nombres

$$9,8696, \qquad 3,141592,$$

et supposons qu'on veuille obtenir leur différence à 0,001 près.
D'après la règle énoncée, on ne doit conserver que trois déci-

males dans les nombres proposés et l'on dispose l'opération comme il suit :

$$\begin{array}{r} 9,869 \\ 3,141 \\ \hline 6,728 \end{array}$$

Le résultat trouvé, 6,728, exprime la différence des nombres proposés, à 0,001 près, par défaut ou par excès.

En effet, pour avoir la différence exacte des nombres proposés, il suffirait d'augmenter ou de diminuer 6,728 de la différence des quantités dont on a altéré les nombres proposés; ces quantités sont plus petites que 0,001; il en est donc de même de leur différence. Par conséquent, 6,728 diffère de moins de 0,001 du résultat exact.

MULTIPLICATION ABRÉGÉE.

129. Règle. — *Pour obtenir, à une unité près d'un certain ordre, le produit de deux nombres entiers ou décimaux, on écrit le chiffre des unités du multiplicateur au-dessous du chiffre du multiplicande qui représente des unités cent fois plus petites que celle qui exprime le degré d'approximation demandé; on écrit ensuite les autres chiffres du multiplicateur dans l'ordre inverse de l'ordre ordinaire, c'est-à-dire les dizaines, centaines, etc., à droite du chiffre des unités, les dixièmes, centièmes, etc., à gauche du chiffre des unités. On multiplie ensuite le multiplicande par chaque chiffre significatif du multiplicateur, en commençant chaque multiplication par le chiffre du multiplicande qui est au-dessus du chiffre du multiplicateur. On écrit tous ces produits partiels les uns au-dessous des autres, de manière que les derniers chiffres à droite se correspondent, et on les ajoute. On supprime les deux derniers chiffres à droite de la somme et l'on augmente d'une unité le chiffre précédent. Enfin on fait exprimer au résultat des unités de l'ordre de celle qui exprime le degré d'approximation demandé.*

Le multiplicande et le multiplicateur étant écrits comme il vient d'être indiqué, il peut arriver que certains chiffres du multiplicateur n'aient pas de chiffres correspondants au-dessus d'eux, soit à droite, soit à gauche du multiplicande. Dans le premier cas, on écrit, à la droite du multiplicande, autant de zéros qu'il est nécessaire avant de commencer l'opération; dans le second cas, on opère sans tenir compte des chiffres du multiplicateur qui n'ont pas de correspondants au-dessus d'eux.

Prenons pour exemple les deux nombres

$$31,4159265358897, \qquad 986,96070733,$$

et supposons qu'on veuille obtenir leur produit à 0,001 près.

Le chiffre des unités du multiplicateur devra être écrit, conformément à la règle, au-dessous du chiffre des *cent-mil-lièmes* du multiplicande et l'opération sera disposée comme il suit :

$$
\begin{array}{r}
31415926535897 \\
33707069689 \\
\hline
2827433385 \\
251327408 \\
18849552 \\
2827431 \\
188490 \\
2198 \\
21 \\
\hline
3100628485
\end{array}
$$

Le produit demandé est 31006,285 à 0,001 près.

En effet, on voit, par la manière dont l'opération est disposée, que les produits partiels expriment tous des unités de même ordre que le chiffre du multiplicande sous lequel est écrit le chiffre des unités du multiplicateur, ces produits partiels expriment ici des *cent-millièmes* et leur somme 31006,28485 est évidemment plus petite que le produit exact des deux nombres proposés.

Cela posé, dans chaque multiplication partielle, nous avons négligé la partie du multiplicande à droite du chiffre qui correspond au chiffre du multiplicateur. Le nombre exprimé par ces chiffres est moindre qu'une unité de l'ordre du chiffre à partir duquel commence la multiplication; d'où il suit que l'erreur commise sur le produit partiel en question est moindre que le produit d'un *cent-millième* par le chiffre du multiplicateur. Par conséquent, la somme des erreurs commises dans les diverses multiplications partielles est moindre que le produit d'un *cent-millième* par la somme des chiffres employés du multiplicateur, c'est-à-dire moindre que

$$(9+8+6+9+6+7+7) \times 0,00001,$$

ou que $52 \times 0,00001$.

En outre, nous avons négligé entièrement le produit du multiplicande par la partie 33 à gauche du multiplicateur. Le nombre exprimé par ces chiffres est moindre qu'une unité de l'ordre du chiffre 7 écrit au-dessous du premier chiffre 3 du multiplicande; d'ailleurs, le nombre exprimé par tous les chiffres du multiplicande qui suivent le premier chiffre est moindre qu'une unité de l'ordre de ce premier chiffre; par conséquent, l'erreur provenant des chiffres négligés dans le multiplicateur est moindre que le produit d'un *cent-millième* par 3 + 1, c'est-à-dire moindre que 4 × 0,00001.

En résumé, le nombre 31006,28485 est en erreur, sur le produit des nombres proposés, d'une quantité inférieure à 52 + 4 ou 56 *cent-millièmes*, et, à plus forte raison, inférieure à 100 *cent-millièmes* ou à 1 *millième*. Le produit des nombres proposés est donc compris entre 31006,28485 et 31006,28485 + 0,001. A plus forte raison, ce même produit est compris entre 31006,284 et 31006,286; par conséquent, le nombre 31006,285, formé d'après la règle, est le produit des nombres proposés à 0,001 près, par défaut ou par excès.

On se dispense habituellement d'écrire les chiffres du multiplicande et du multiplicateur qu'on ne doit pas employer; l'opération est alors disposée comme il suit :

$$
\begin{array}{r}
314159265 \\
707069689 \\
\hline
2827433385 \\
251327408 \\
188499552 \\
2827431 \\
188499 \\
2198 \\
21 \\
\hline
3100628485
\end{array}
$$

130. Le raisonnement que nous venons de faire conduit à cette conséquence : Pour que la règle du n° 129 soit exacte, il faut, dans le cas où tous les chiffres du multiplicateur ont été employés, que la somme de ces chiffres ne surpasse pas 100; et, dans le cas où tous les chiffres du multiplicateur n'ont pas été employés, il faut que la somme des chiffres employés, augmentée du premier chiffre à gauche du multiplicande et d'une unité, ne surpasse pas 100. Cette condition est le plus souvent remplie; lorsqu'elle ne l'est pas, la règle doit subir les deux modifications que voici :

1° *Le chiffre des unités du multiplicateur doit être écrit au-dessous du chiffre du multiplicande qui représente des unités mille fois plus petites que celle qui exprime le degré d'approximation demandé.*

2° *La somme des produits partiels du multiplicande par les divers chiffres du multiplicateur ayant été formée, conformément à la règle, il faut supprimer les trois derniers chiffres à droite de cette somme et augmenter le chiffre précédent d'une unité.*

La règle ainsi modifiée satisfait à tous les cas qui peuvent se présenter dans la pratique.

On voit aussi qu'on peut simplifier la règle dans le cas où la somme des chiffres du multiplicateur est inférieure à 10. On peut alors effectivement calculer un chiffre de moins dans chaque produit partiel; cette simplification est évidente, et nous n'insisterons pas d'avantage.

DIVISION ABRÉGÉE.

131. Ainsi qu'on l'a vu au n° 116, pour diviser l'un par l'autre deux nombres décimaux, il faut multiplier ces nombres par l'unité suivie d'autant de zéros qu'il y a de décimales dans le diviseur et faire ensuite la division des nombres résultants; le diviseur devient alors un nombre entier.

En outre, dans la division d'un nombre entier ou décimal par un entier, on peut toujours faire en sorte que l'unité qui exprime le degré d'approximation demandé soit une unité simple. Supposons, par exemple, qu'il s'agisse de trouver le quotient de 3471,326 par 7 à un centième près; le quotient demandé contiendra évidemment autant de centièmes qu'il y a d'unités dans un quotient 100 fois plus grand; il suffira donc de chercher le quotient de 347132,6 par 7 à une unité près et de faire exprimer des centièmes au résultat. De même, si l'on veut se borner à évaluer le quotient de 3471,326 par 7 à une dizaine près, on remarquera que le quotient demandé contient autant de dizaines qu'il y a d'unités dans un quotient 10 fois plus petit; il faudra donc évaluer le quotient de 347,1326 par 7 à une unité près et faire exprimer ensuite des dizaines au résultat.

On voit par là que tous les cas de la division peuvent se ramener au cas où il s'agit de trouver, à une unité près, le quotient d'un nombre entier ou décimal par un entier. On peut même toujours faire en sorte que le dividende soit un nombre entier, en supprimant la virgule et en écrivant à la droite du diviseur autant de zéros qu'il y a de décimales dans le dividende; mais ces zéros ne jouent aucun rôle dans les calculs et il vaut mieux ne pas les écrire.

132. La division d'un nombre entier ou décimal par un entier peut s'effectuer d'une manière abrégée au moyen de la règle suivante :

RÈGLE. — *Pour obtenir, à une unité près, le quotient d'un nombre entier ou décimal par un entier, on commence par déterminer le nombre des chiffres du quotient.*

On prend sur la gauche du diviseur assez de chiffres pour que le nombre qu'ils expriment soit au moins égal à 9 fois le nombre des chiffres du quotient; ces chiffres forment le DERNIER DIVISEUR. *On compte encore, à la suite du dernier diviseur, autant de chiffres moins un qu'il doit y en avoir dans le quotient, et l'on efface tous ceux qui suivent; les chiffres qui restent au diviseur forment le* PREMIER DIVISEUR. *Ensuite on efface, sur la droite du dividende, outre les décimales qui peuvent s'y trouver, autant de chiffres qu'il y en a dans le diviseur proposé à la droite du dernier diviseur; la partie conservée au dividende forme le* PREMIER DIVIDENDE.

On divise le premier dividende par le premier diviseur et l'on a ainsi le premier chiffre du quotient; le reste obtenu est le DEUXIÈME DIVIDENDE. *On efface le dernier chiffre à droite du premier diviseur et l'on a le* DEUXIÈME DIVISEUR. *On divise le deuxième dividende par le deuxième diviseur et l'on obtient le deuxième chiffre du quotient. On continue ainsi jusqu'à ce qu'on ait obtenu tous les chiffres du quotient.*

Le nombre écrit au quotient est, à une unité près, par défaut ou par excès, le quotient des nombres proposés.

Supposons, par exemple, qu'on veuille obtenir le quotient de 2209368217,79 par 802198 à une unité près. Le quotient demandé doit avoir quatre chiffres; le produit de 4 par 9 étant 36, nous prenons, suivant la règle, les deux premiers chiffres 8 et o du diviseur proposé pour former le dernier diviseur; prenant encore 3 chiffres à la droite de ces deux-ci, nous obtenons le premier diviseur 80219, et nous effaçons le chiffre 8 qui suit le premier diviseur. Passant au dividende, nous effaçons les deux décimales et les quatre derniers chiffres de la

partie entière, parce qu'il y a quatre chiffres dans le diviseur
proposé à la droite du dernier diviseur; le premier dividende
est ainsi 220936. Nous disposons l'opération comme il suit, en
marquant d'un astérisque les chiffres qu'on doit effacer tout
d'abord et ceux qu'on efface dans le courant du calcul :

$$
\begin{array}{c|c}
2209368\overset{****}{2}1\overset{**}{7},79 & 802\overset{****}{1}98 \\
60498 & \overline{2754} \\
4351 & \\
341 & \\
21 &
\end{array}
$$

Je dis que le nombre 2754 obtenu conformément à la règle
énoncée est le quotient des nombres proposés à une unité
près.

En effet, dans l'opération qu'on vient d'exécuter, on a retranché successivement du dividende proposé, non pas les produits exacts du diviseur par les différents chiffres écrits au
quotient, mais ces mêmes produits diminués chacun d'une
certaine quantité; l'excès du dividende sur les produits dont
il s'agit est le nombre 218217,79, que l'on forme en écrivant à
la droite du dernier reste 21 les chiffres effacés au dividende.
Il résulte de là que le nombre 2754 est le quotient exact que
l'on obtiendrait en divisant, par le diviseur proposé, le dividende proposé diminué du reste 218217,79 et augmenté des
produits qui ont été négligés dans la multiplication du diviseur
par 2754. Si la somme de ces produits négligés et le reste total 218217,79 sont tous deux inférieurs au diviseur proposé, il
es ● que 2754 sera égal au quotient exact que l'on obtien-
dr● divisant, par le diviseur proposé, le dividende proposé
augmenté ou diminué d'un nombre inférieur au diviseur,
nombre qui peut même se réduire à zéro. Par conséquent,
dans l'hypothèse admise, le dividende proposé contiendra au
moins 2753 fois le diviseur proposé et ne le contiendra pas
2755 fois; le quotient demandé sera donc 2754 à une unité près,
par défaut ou par excès.

Tout est donc ramené à prouver, 1° que le reste total 218217,79
est inférieur au diviseur proposé; 2° que la somme des produits négligés dans la multiplication du diviseur proposé par
les chiffres écrits au quotient est aussi moindre que le diviseur.

Le premier point est évident; car le dernier reste 21 est
nécessairement moindre que le dernier diviseur 80; d'ail-

leurs les chiffres effacés dans la partie entière du dividende sont en même nombre que les chiffres qui suivent le dernier diviseur, dans le diviseur proposé. Donc le reste total 218217,79 est moindre que le diviseur 802198.

Pour établir le second point, il faut apprécier la valeur des produits négligés dans la multiplication du diviseur proposé par le nombre écrit au quotient. En multipliant le diviseur par le premier chiffre du quotient, nous n'avons pas eu égard aux chiffres qui suivent le premier diviseur; de même, en multipliant le diviseur par le deuxième chiffre du quotient, nous avons négligé les chiffres qui suivent le deuxième diviseur, et ainsi de suite. En un mot, nous avons opéré, comme nous l'eussions fait s'il eût été question de multiplier, d'après la méthode abrégée, le diviseur proposé par le quotient. Dans cette multiplication abrégée, le chiffre 4 des unités du quotient renversé serait écrit au-dessous du dernier chiffre o du dernier diviseur 8o, chiffre qui occupe la place des dizaines de mille; l'erreur qui affecte la somme des produits partiels obtenus dans la multiplication abrégée dont il s'agit est donc inférieure au nombre formé d'autant de dizaines de mille qu'il y a d'unités dans la somme des chiffres du quotient (n° 129). Le nombre des chiffres du quotient étant 4, l'erreur dont il s'agit est, à plus forte raison, moindre que 4×9 dizaines de mille. Or, le dernier diviseur 8o est, d'après la règle, au moins égal à 4×9; donc la somme des produits négligés, en multipliant le diviseur proposé par les chiffres écrits au quotient, est moindre que 8o dizaines de mille; cette somme est donc, à plus forte raison, moindre que le diviseur proposé 802198.

On se dispense habituellement d'écrire les chiffres supprimés tout d'abord au dividende et au diviseur; l'opération est alors disposée comme il suit :

$$
\begin{array}{r|l}
220936 & 80219 \\
60498 & 2754 \\
4351 & \\
341 & \\
21 & \\
\end{array}
$$

133. Il peut arriver que, dans une division abrégée, l'un des dividendes successifs contienne 10 fois le diviseur correspondant; la règle suivante se rapporte à ce cas particulier :

Lorsqu'en appliquant la règle du n° 132, *on obtient un divi-*

dende qui contient 10 fois le diviseur correspondant, on termine l'opération en augmentant d'une unité le dernier chiffre écrit au quotient et en mettant à la droite de ce chiffre autant de zéros qu'il reste de chiffres à écrire.

Supposons, par exemple, qu'on demande le quotient de 4851729235 par 782543 à une unité près..

$$
\begin{array}{c|l}
485\overset{****}{1}729235 & \overset{****}{782543} \\
15648 & \overline{61(10)0} \\
7823 & \\
3 &
\end{array}
$$

On obtient pour troisième dividende le nombre 7823 qui contient 10 fois le troisième diviseur 782 ; écrivons le nombre (10) à la place des dizaines du quotient, comme si ce nombre n'avait qu'un seul chiffre, et continuons l'opération. Comme le deuxième reste 7823 qui sert de troisième dividende est moindre que le deuxième diviseur 7825, et que ce troisième dividende contient 10 fois le troisième diviseur 782, il est évident que le troisième reste n'aura qu'un seul chiffre. D'ailleurs, le dernier diviseur a au moins deux chiffres : donc tous les chiffres qu'il reste à écrire au quotient sont des zéros. Le raisonnement du n° 132 s'applique sans modification à notre exemple ; ainsi le quotient demandé est 61 (10)0 ou 6200 à une unité près. A la vérité, dans l'appréciation de l'erreur commise en multipliant le diviseur par les chiffres écrits au quotient, ou a remplacé (n° 132) chaque chiffre par sa limite supérieure qui est 9, tandis qu'ici l'un de ces chiffres est censé contenir 10 unités. Mais le raisonnement dont nous avons fait usage suppose seulement que la somme des chiffres du quotient soit inférieure à 9 fois le nombre de ces chiffres ; il ne pourrait donc rester d'incertitude que dans le cas où l'on serait conduit à écrire 10 pour le dernier chiffre du quotient, les chiffres précédents étant tous égaux à 9 : dans ce cas notre règle donne pour le quotient demandé l'unité suivie de plusieurs zéros et on reconnaîtra immédiatement si ce résultat est exact ou s'il faut le diminuer d'une unité.

134. Lorsqu'il n'y a pas assez de chiffres dans le diviseur proposé pour former, suivant la règle du n° 132, le premier diviseur, il est nécessaire de déterminer le premier chiffre ou quelques-uns des premiers chiffres du quotient, par la méthode vulgaire, avant d'employer la méthode abrégée. On pourrait à

la vérité écrire un même nombre de zéros à la droite du dividende et du diviseur, de manière à compléter les chiffres nécessaires pour former le premier diviseur, mais il est aisé de
voir que cette seconde manière d'opérer est identique à la première.

Supposons, par exemple, qu'on demande le quotient de
31415,926535897 par 27,1828 à 0,001 près. D'après ce qui a
été dit au n° 131, il faut supprimer la virgule au diviseur, la
reculer de sept rangs vers la droite dans le dividende, chercher
le quotient des nombres obtenus à une unité près et faire exprimer des millièmes au résultat. Le quotient des nombres
314159265358,97 et 271828 contient sept chiffres; mais il est
aisé de voir qu'on ne pourra déterminer que les quatre derniers chiffres par la méthode abrégée. Le dernier diviseur
sera 271, et comme il a trois chiffres à sa droite dans le diviseur proposé, les trois derniers chiffres de la partie entière du
dividende ne seront pas employés; il est donc inutile d'écrire
ces chiffres et l'opération sera disposée comme il suit :

$$
\begin{array}{r|l}
314159265 & 271\overset{***}{8}28 \\
423312 & 1155728 \\
1514846 & \\
1557065 & \\
197925 & \\
7651 & \\
2215 & \\
47 & \bullet
\end{array}
$$

Les trois premiers chiffres du quotient ont été déterminés par
la méthode vulgaire, les quatre derniers par la méthode abrégée. Le quotient demandé est 1155,728 à un millième près.

CHAPITRE XI.

CALCUL DES NOMBBES APPROCHÉS.

DES QUESTIONS QUI SE PRÉSENTENT DANS LE CALCUL DES NOMBRES APPROCHÉS.

135. Nous avons supposé jusqu'ici qu'on n'avait à opérer que sur des nombres donnés exactement; mais le plus souvent, dans la pratique, il n'en est pas ainsi. La mesure des grandeurs, quelque soin qu'on y apporte, ne conduit presque jamais à des nombres exacts. Il y a d'ailleurs des nombres qu'on peut évaluer avec une approximation aussi grande qu'on le veut, mais dont il est impossible d'obtenir la valeur exacte en décimales; la réduction des fractions ordinaires en fractions décimales en offre un exemple.

On est conduit ici à résoudre, pour chacune des quatre opérations fondamentales, les deux questions suivantes :

1° *Avec quelle approximation peut-on obtenir le résultat d'une opération à exécuter sur des nombres qui sont donnés chacun avec un certain degré d'approximation ?*

2° *Avec quelle approximation est-il nécessaire d'évaluer les données d'un calcul, pour obtenir le résultat avec un degré d'approximation déterminé ?*

Pour ce qui regarde l'addition et la soustraction, la solution de la deuxième question est donnée immédiatement par les règles des n°ˢ 127 et 128; la première question n'offre pas plus de difficultés. Dans l'addition, il est évident que les erreurs s'ajoutent ou se retranchent, suivant qu'elles sont de *même sens* ou de *sens contraires;* donc l'erreur dont une somme est affectée est au plus égale à la somme des erreurs des parties qui la composent : si, par exemple, on a à additionner dix nombres au plus, et que ces nombres soient approchés à 0,001 près par défaut, l'erreur commise sur la somme sera moindre que 0,001 × 10 ou que 0,01; on aura donc cette somme à 0,01 près, en supprimant le chiffre des millièmes et en augmentant d'une unité le chiffre précédent, ainsi que cela a été expliqué au n° 127. Dans la soustraction, les erreurs s'ajoutent ou se retranchent, suivant qu'elles sont de sens contraires ou de même sens; donc l'erreur qui affecte la différence de deux nombres est au plus égale à la somme des erreurs commises sur ces nombres.

La solution des mêmes questions, pour ce qui concerne la multiplication et la division, se déduit très-simplement de la considération des *erreurs relatives* dont nous allons nous occuper.

DES ERREURS RELATIVES.

136. L'erreur dont un nombre approché est affecté, est dite l'*erreur absolue* de ce nombre; cette erreur absolue est ainsi égale à la différence du nombre approché et du nombre exact.

On nomme *erreur relative* d'un nombre approché, le quotient de la division de l'erreur absolue par le nombre exact. Il s'ensuit que l'erreur absolue est égale au produit de l'erreur relative par le nombre exact.

C'est d'après l'erreur relative, et non d'après l'erreur absolue, qu'il faut juger du degré de précision obtenu dans la mesure d'une grandeur. Supposons qu'ayant eu à mesurer deux longueurs, l'une de 1000 mètres et l'autre de 100 mètres, on ait commis dans chaque cas une erreur absolue de 1 mètre. Partageons la longueur de 1000 mètres en dix parties égales de 100 mètres chacune, et distribuons uniformément l'erreur de 1 mètre sur chaque partie, l'erreur sera de 1 dixième de mètre pour chacune. Donc, quoique dans les deux mesures dont il s'agit, l'erreur absolue soit la même, la première mesure doit être regardée comme plus précise que la seconde; c'est ce qu'on aperçoit immédiatement en considérant l'erreur relative qui est $\frac{1}{1000}$ dans le premier cas et $\frac{1}{100}$ dans le second.

137. Il est utile de savoir assigner immédiatement une limite supérieure de l'erreur relative d'un nombre approché, quand on connaît une limite supérieure de l'erreur absolue; tel est l'objet de la proposition suivante qui est fondamentale :

Si, dans un nombre approché, le premier chiffre significatif à gauche est exact, et qu'à partir de ce chiffre il y ait encore 1, ou 2, ou 3, etc., chiffres exacts, l'erreur relative sera moindre que l'unité divisée par le premier chiffre à gauche du nombre, suivi de 1, ou 2, ou 3, etc., zéros.

Considérons, par exemple, le nombre exact 5467,342376. Si nous ne conservons que les trois premiers chiffres à gauche, nous obtenons le nombre approché 5460. L'erreur absolue est moindre que 10, le nombre exact est d'ailleurs plus grand que 5000; donc l'erreur relative est moindre que $\dfrac{10}{5000}$ ou

que $\dfrac{1}{500}$, comme l'indique la proposition énoncée.

Si, dans le même nombre exact 5467,342376, nous conservons les six premiers chiffres à gauche, nous obtenons le nombre approché 5467,34. Ici l'erreur absolue est moindre que 0,01, le nombre exact étant d'ailleurs plus grand que 5000, l'erreur relative est moindre que $\dfrac{0,01}{5000}$ ou que $\dfrac{1}{50000}$.

Considérons encore le nombre 0,00853, qui est approché à une unité près de l'ordre de son dernier chiffre à droite. L'erreur absolue de ce nombre est moindre que 0,00001; d'ailleurs le nombre exact est plus grand que 0,00800; donc l'erreur relative est moindre que $\dfrac{0,00001}{0,00800}$ ou que $\dfrac{1}{800}$.

Remarque. — Le premier chiffre à gauche d'un nombre approché figure seul, comme on le voit, dans notre limite de l'erreur relative. Souvent, pour plus de simplicité, on substitue 1 à ce chiffre. Ainsi le nombre 0,00853, dont les cinq chiffres sont exacts, est affecté d'une erreur relative moindre que $\dfrac{1}{800}$; cette erreur relative est, à plus forte raison, moindre que $\dfrac{1}{100}$.

138. Nous avons encore besoin, pour l'objet que nous avons en vue, de savoir assigner immédiatement une limite supérieure de l'erreur absolue d'un nombre approché, quand on connaît une limite supérieure de l'erreur relative. La solution de cette seconde question est renfermée dans la proposition suivante :

Si l'erreur relative d'un nombre approché est moindre que l'unité divisée par un chiffre suivi de 1, ou 2, ou 3, etc., zéros, on pourra compter sur l'exactitude du premier chiffre significatif à gauche du nombre approché, ou des deux premiers chiffres, ou des trois premiers, etc.; quelquefois même on pourra compter sur un chiffre de plus.

Supposons que l'erreur relative d'un nombre approché soit inférieure à $\dfrac{1}{70000}$; je dis que si le premier chiffre à gauche du nombre approché est inférieur à 7, on peut compter sur l'exactitude des cinq premiers chiffres à gauche, c'est-à-dire que l'erreur absolue, dont le nombre est affecté, est moindre qu'une unité de l'ordre du cinquième chiffre. Si, au contraire, le premier chiffre à gauche du nombre approché est égal ou supérieur à 7, on ne peut compter que sur les quatre premiers chiffres.

1° Soit le nombre approché 5467,342376, dont l'erreur relative est inférieure à $\dfrac{1}{70000}$. L'erreur absolue de ce nombre est moindre que la 70000° partie du nombre exact; d'ailleurs celui-ci est moindre que 7000; donc l'erreur absolue est moindre que $\dfrac{1}{70000} \times 7000$, c'est-à-dire moindre que 0,1.

Puisqu'on ne peut pas répondre de l'exactitude des cinq derniers chiffres à droite du nombre 5467,342376, il est inutile de conserver ces chiffres. À la vérité, en substituant 5467,3 à 5467,342376, on commet une nouvelle erreur qui s'ajoute à l'erreur dont ce dernier nombre est affecté, ou qui s'en retranche, suivant que le nombre est approché par défaut ou par excès. Dans le premier cas, il faut augmenter de 1 le dernier chiffre conservé; dans le second cas, au contraire, on doit prendre ce chiffre tel qu'il est. Si l'on ignore le sens de l'erreur qui affecte le nombre 5467,342376, on lui substituera l'un quelconque des deux nombres 5467,3 et 5467,4; dans ce cas, on pourra commettre une erreur supérieure à 0,1, mais cette erreur sera certainement plus petite que 0,2.

2° Soit le nombre approché 789,342376, dont l'erreur relative est inférieure à $\dfrac{1}{70000}$. Le nombre exact étant inférieur à 7000, l'erreur absolue est moindre que $\dfrac{1}{70000} \times 7000$, c'est-à-dire moindre que 0,1. On peut donc compter sur l'exactitude des quatre premiers chiffres à gauche, dans le sens qui a été indiqué plus haut.

ERREUR RELATIVE D'UN PRODUIT OU D'UN QUOTIENT.

139. *L'erreur relative du produit de deux facteurs, l'un exact, l'autre approché, est égale à l'erreur relative du facteur approché.*

En effet, considérons le produit $3,14 \times 2,71$ dont les deux facteurs sont exacts. Substituons au premier facteur une valeur approchée par défaut, 3,11 par exemple; l'erreur absolue de ce facteur sera 0,03, et l'erreur relative sera $\dfrac{0,03}{3,14}$ ou $\dfrac{3}{314}$. Cela posé, le produit $3,14 \times 2,71$ est égal à 314×271 dix-millièmes, et quand on substitue 311 à 314, on commet une erreur absolue égale à 3×271 dix-millièmes; l'erreur relative du produit $3,11 \times 2,71$ est donc $\dfrac{3 \times 271}{314 \times 271}$ ou $\dfrac{3}{314}$, ce qui démontre la proposition énoncée.

Dans le produit considéré, le facteur inexact est approché par défaut; mais il est évident que notre raisonnement s'applique également au cas où ce facteur serait approché par excès.

140. *L'erreur relative du produit de deux facteurs approchés par défaut est moindre que la somme des erreurs relatives des facteurs.*

En effet, considérons le produit $3,14 \times 2,71$ dont les deux facteurs sont exacts. Substituons au premier facteur la valeur approchée $3,11$ dont l'erreur relative est $\dfrac{3}{314}$; l'erreur relative du produit $3,11 \times 2,71$ sera aussi égale à $\dfrac{3}{314}$ (n° **139**), et, par conséquent, en substituant le deuxième produit $3,11 \times 2,71$, au premier produit $3,14 \times 2,71$, on commettra une erreur absolue égale aux $\dfrac{3}{314}$ de ce premier produit. Substituons maintenant au deuxième facteur $2,71$ la valeur approchée $2,69$ dont l'erreur relative est $\dfrac{2}{271}$; le raisonnement que nous venons de faire prouve qu'en prenant le troisième produit $3,11 \times 2,69$, au lieu du deuxième produit $3,11 \times 2,71$, on commettra une erreur absolue égale aux $\dfrac{2}{271}$ de ce deuxième produit; cette erreur sera donc moindre que les $\dfrac{2}{271}$ du premier produit $3,14 \times 2,71$. On voit par là qu'en substituant au produit exact $3,14 \times 2,71$ le produit approché $3,11 \times 2,69$, on commet une erreur absolue qui est moindre qu'une fraction du produit exact égale à $\dfrac{3}{314} + \dfrac{2}{271}$; donc l'erreur relative du produit approché est moindre que la somme des erreurs relatives des facteurs.

Remarque. — Il est aisé de déterminer l'excès de la somme des erreurs relatives des facteurs sur l'erreur relative du produit. Dans notre exemple, quand on passe du premier produit $3,14 \times 2,71$ au deuxième produit $3,11 \times 2,71$, on commet une erreur absolue égale aux $\dfrac{3}{314}$ du premier produit, et quand on passe du deuxième produit au troisième produit $3;11 \times 2,69$, on commet une erreur absolue égale aux $\dfrac{2}{271}$ du deuxième produit; cette dernière erreur est évidemment égale aux $\dfrac{2}{271}$ du premier produit moins les $\dfrac{2}{271}$ des $\dfrac{3}{314}$ de ce premier produit : donc l'erreur relative du produit approché $3,11 \times 2,69$ est précisément égale à $\dfrac{3}{314} + \dfrac{2}{271} - \dfrac{3}{314} \times \dfrac{2}{271}$. Ainsi

L'erreur relative du produit de deux facteurs approchés par défaut est égale à la somme des erreurs relatives des facteurs diminuée du produit de ces mêmes erreurs.

On démontrerait, par un raisonnement identique à celui dont nous avons fait usage, que :

L'erreur relative du produit de deux facteurs approchés par excès est égale à la somme des erreurs relatives des facteurs, augmentée du produit de ces mêmes erreurs;

Et que :

L'erreur relative du produit de deux facteurs approchés, l'un par défaut, l'autre par excès, est égale à la différence des erreurs relatives des facteurs, augmentée ou diminuée du produit de ces mêmes erreurs.

141. Dans les calculs qui exigent une grande précision, les erreurs relatives des nombres approchés, sur lesquels on doit opérer, sont généralement des fractions très-petites, et alors le produit de deux de ces erreurs est très-petit relativement à chacune d'elles. Si l'on néglige ce produit, on obtient la proposition suivante qui s'applique à tous les cas :

L'erreur relative d'un produit de deux facteurs est égale à la somme ou à la différence des erreurs relatives des facteurs.

L'inexactitude dont cette proposition paraît entachée ne peut avoir aucune influence dans les applications que l'on en fait. On sait d'ailleurs quelle est la quantité que l'on néglige et il serait aisé, dans chaque cas, de vérifier qu'elle n'a aucune importance.

On déduit immédiatement de là que :

L'erreur relative d'un produit d'un nombre quelconque de facteurs est égale à la somme des erreurs relatives des facteurs ou à la somme de quelques-unes de ces erreurs, diminuée de la somme de toutes les autres.

En effet, soit le produit $3,14 \times 2,71 \times 9,87$; supposons que les deux premiers facteurs soient approchés par défaut et le troisième par excès. L'erreur relative du produit considéré sera égale à la différence des erreurs relatives du produit $3,14 \times 2,71$ et du facteur $9,87$; elle sera donc égale à la différence qui existe entre la somme des erreurs relatives des facteurs $3,14$, $2,71$ et l'erreur relative du troisième facteur $9,87$.

142. Il résulte de ce qui précède que :

L'erreur relative d'un quotient est égale à la somme ou à la différence des erreurs relatives du dividende et du diviseur.

Car le dividende étant le produit du diviseur par le quotient, l'erreur relative du dividende est égale à la somme ou à la différence des erreurs relatives du diviseur et du quotient.

Si le dividende est exact, son erreur relative est nulle; l'erreur relative du quotient est alors égale à l'erreur relative du diviseur.

Si le diviseur est exact, l'erreur relative du quotient est rigoureusement égale à l'erreur relative du dividende, ainsi que cela résulte du principe démontré au n° 139.

MULTIPLICATION DES NOMBRES APPROCHÉS.

143. Pour connaître le degré de l'approximation avec laquelle on peut obtenir le produit de deux nombres approchés, il suffit de déterminer (n° 137) une limite supérieure de l'erreur relative de chaque facteur; on connaîtra ainsi (n° 141) une limite supérieure de l'erreur relative du produit et on saura, par cette limite (n° 138), combien de chiffres exacts on pourra calculer dans le produit.

Supposons, par exemple, qu'on ait à multiplier l'un par l'autre les nombres $24,257$ et $3,1415$ qui sont donnés à une unité près de l'ordre de leur dernier chiffre à droite. Les erreurs relatives des facteurs sont respectivement moindres que $\frac{1}{2 \times 10^4}$ et $\frac{1}{3 \times 10^4}$; la somme de ces fractions est moindre que $\frac{1}{10^4}$. Par conséquent, l'erreur relative du produit est moindre que $\frac{1}{10^4}$ et l'on pourra compter sur les quatre premiers chiffres à gauche. Il est aisé de voir que le produit a 2 chiffres à sa partie entière; on pourra donc calculer ce produit à un centième près.

Il convient d'appliquer ici le procédé de la multiplication abrégée; l'opération doit être alors disposée comme il suit :

$$
\begin{array}{r}
242570 \\
51413 \\
\hline
727710 \\
24257 \\
9700 \\
242 \\
120 \\
\hline
762029
\end{array}
$$

En prenant 76,2029 pour le produit des nombres approchés donnés, on commet une erreur absolue moindre que $(4 + 1 + 5) \times 0,0001$ ou que 10 dix-millièmes (n° 129); car les produits partiels du multiplicande par les deux premiers chiffres du multiplicateur ne sont affectés d'aucune erreur. Le produit $24,257 \times 3,1415$ est donc compris entre 76,2029 et 76,2039, par conséquent (n° 138), le produit demandé est 76,21 ou 76,20 à 0,01 près, suivant que les facteurs 24,257 et 3,1415 sont approchés tous deux par défaut ou tous deux par excès.

Remarque I. — En opérant comme il vient d'être indiqué, il y a des cas où le produit cherché ne peut être obtenu qu'à deux unités près de l'ordre du dernier chiffre. Si l'on tient à connaître ce produit à une unité près de l'ordre du dernier chiffre, il faut calculer un chiffre de plus dans le résultat de la multiplication abrégée.

Remarque II. — Si l'on a à multiplier un nombre approché donné par un nombre susceptible d'être calculé avec une approximation indéfinie, on devra se borner à évaluer celui-ci de manière que l'erreur relative du résultat ne soit pas supérieure à celle du facteur donné.

144. Si l'on a deux facteurs susceptibles d'être évalués avec une approximation aussi grande qu'on le veut et qu'on demande leur produit avec un degré d'approximation déterminé, il faudra évaluer, d'après l'erreur absolue, une limite supérieure de l'erreur relative du produit. On calculera ensuite chaque facteur avec une erreur relative moindre que la moitié de la limite que l'on aura obtenue.

Supposons, par exemple, qu'on veuille calculer à 0,001 près le produit des nombres 9,8696070733 ... et 0,3183090 ..., qu'on peut évaluer avec autant de décimales qu'on le veut. Le produit demandé n'a qu'un chiffre à sa partie entière, il faut donc trouver ses quatre premiers chiffres; on voit qu'il suffit que l'erreur relative du produit soit moindre que $\frac{1}{10^4}$.

On devra donc calculer les deux facteurs avec une erreur relative moindre que $\frac{1}{2 \times 10^4}$, et l'on est conduit ainsi à multiplier 9,8696 par 0,31830 :

$$
\begin{array}{r}
98696 \\
3813 \\
\hline
296088 \\
9869 \\
7888 \\
264 \\
\hline
314139 \\
\end{array}
$$

Dans cette multiplication abrégée, le produit du multiplicande par le chiffre des dixièmes du multiplicateur n'est entaché d'aucune erreur; l'erreur totale commise est donc moindre que $1 + 8 + 3$ dix-millièmes. Il suit de là que le produit de nos deux facteurs approchés est compris entre 3,14139 et 3,14151; le produit demandé est donc 3,142 à 0,001 près.

DIVISION DES NOMBRES APPROCHÉS.

145. Pour connaître le degré de l'approximation avec laquelle on peut obtenir le quotient de deux nombres approchés, il suffit de déterminer (n° 137) une limite supérieure de l'erreur relative du dividende et du diviseur; on connaîtra ainsi (n° 142) une limite supérieure de l'erreur relative du quotient et l'on saura, par cette limite (n° 138), combien de chiffres exacts on pourra obtenir au quotient.

Supposons, par exemple, qu'on ait à diviser 3,1415926535 par 3,183098; chacun de ces nombres est connu à une unité près de l'ordre de son dernier chiffre. Les erreurs relatives des nombres proposés sont respectivement moindres que $\frac{1}{3 \times 10^{10}}$

et $\dfrac{1}{3 \times 10^6}$; la somme de ces fractions est inférieure à $\dfrac{1}{10^6}$; donc l'erreur relative du quotient est moindre que $\dfrac{1}{10^6}$. Comme les plus hautes unités du quotient sont des dixièmes, on pourra pousser le calcul jusqu'au chiffre des millionièmes. En appliquant le procédé de la division abrégée, l'opération sera disposée comme il suit :

$$
\begin{array}{r|l}
3{,}14159265 & 3{,}183098 \\
27680445 & 986960 \\
2215661 & \\
305807 & \\
19337 & \\
239 & \\
\end{array}
$$

Le nombre 0,986960 exprime, à une unité près du sixième ordre décimal, le quotient des nombres approchés donnés : or ce quotient est lui-même affecté d'une erreur absolue moindre que 1 millionième; l'erreur totale peut donc surpasser 1 millionième, mais elle est certainement moindre que 2 millionièmes.

Remarque. — Si l'un des deux nombres qu'il s'agit de diviser est donné avec une certaine approximation, et que l'autre nombre soit susceptible d'être calculé avec une approximation indéfinie, il faudra se borner à évaluer celui-ci de manière que l'erreur relative du résultat ne soit pas supérieure à celle du nombre donné.

146. Si l'on a deux nombres susceptibles d'être évalués avec une approximation aussi grande qu'on le veut et qu'on demande leur quotient avec un degré d'approximation déterminé, il faudra évaluer, d'après l'erreur absolue, une limite supérieure de l'erreur relative du quotient. On calculera ensuite le dividende et le diviseur avec une erreur relative moindre que la moitié de la limite que l'on aura obtenue.

Supposons, par exemple, qu'on demande de calculer à 0,001 près le quotient de 3,1415926535897.. par 2,71828.., le dividende et le diviseur pouvant être évalués avec autant de décimales qu'on le veut. Le quotient demandé n'a qu'un chiffre à sa partie entière, il faut donc trouver ses quatre premiers chiffres : on voit qu'il suffit que l'erreur relative du quotient soit moindre que $\dfrac{1}{10^4}$; on devra donc calculer le dividende et le diviseur avec une erreur relative moindre que $\dfrac{1}{2 \times 10^4}$. On est conduit ainsi à diviser 3,1415 par 2,7182, ce qui donne le quotient 1,155.

QUESTIONS PROPOSÉES.

I. Calculer avec dix décimales exactes le produit des nombres 0,43429 44819 03251.... et 0,69314 71805 59945....

II. Les deux nombres 4897,85 et 235,786 sont l'un et l'autre affectés d'une erreur qui peut aller jusqu'à 2 unités de l'ordre du dernier chiffre, en plus ou en moins. On demande de multiplier ces deux nombres en se bornant à calculer les chiffres sur l'exactitude desquels on peut compter.

III. Calculer avec dix décimales exactes le quotient du nombre 0,30102 99956 63981.... par 0,69314 71805 59945....

IV. Les deux nombres 5784,29 et 732,268 sont l'un et l'autre affectés d'une erreur qui peut aller jusqu'à 3 unités de l'ordre du dernier chiffre, en plus ou en moins. On demande d'effectuer la division du premier nombre par le second en se bornant à calculer les chiffres sur l'exactitude desquels on peut compter.

CHAPITRE XII.

DU SYSTÈME MÉTRIQUE.

DES MESURES LÉGALES.

147. Les principales grandeurs que considèrent les mathématiques sont les *longueurs*, les *surfaces*, les *volumes* et les *poids*. Les unités ou *mesures* employées par les géomètres et les physiciens sont aussi celles dont on se sert exclusivement aujourd'hui en France pour les usages vulgaires; leur ensemble constitue le *système métrique* ou système des mesures légales.

Les travaux des savants chargés de l'établissement du système métrique furent terminés en 1799, et le 22 juin de la même année les prototypes du *mètre* et du *kilogramme* (unités de longueur et de poids) furent déposés aux Archives.

MESURES DE LONGUEUR.

148. L'unité de longueur a reçu le nom de MÈTRE. C'est l'unité *fondamentale* de laquelle dérivent les unités employées pour la mesure de toutes les autres grandeurs.

Le mètre est la *dix-millionième* partie de la distance du pôle à l'équateur terrestre, mesurée sur la surface de l'Océan.

L'*étalon*, déposé aux Archives, est une règle de platine. Il donne la longueur *légale* du mètre lorsqu'il est à la température de la glace fondante.

149. Les subdivisions du mètre sont : le *décimètre* qui est la dixième partie du *mètre*; le *centimètre* qui est la dixième partie du *décimètre*; le *millimètre* qui est la dixième partie du *centimètre*. Les dixièmes du millimètre n'ont pas reçu de nom particulier.

Les multiples du mètre sont : le *décamètre* qui vaut *dix mètres*; l'*hectomètre* qui vaut *dix décamètres*; le *kilomètre* qui vaut *dix hectomètres*; le *myriamètre* qui vaut *dix kilomètres*. Les multiples du myriamètre n'ont pas reçu de nom particulier.

Les subdivisions du mètre, le mètre et ses multiples forment un système d'unités de dix en dix fois plus grandes, qui est complétement en harmonie avec les usages de la numération décimale. Chacune de ces unités est employée suivant les cas. L'unité qu'on adopte ne doit être ni trop grande ni trop petite, relativement à la longueur qu'on veut évaluer.

Les physiciens, dont les mesurés portent le plus souvent sur de petites longueurs, prennent habituellement le *millimètre* ou le *centimètre* pour unité. Dans l'évaluation des distances itinéraires, on adopte pour unité le *kilomètre* ou le *myriamètre*. Enfin, dans l'arpentage et dans le levé des terrains de petite étendue, on choisit, suivant les cas, le *décamètre* ou l'*hectomètre*.

150. Pour mesurer les longueurs on se sert de règles. Les petites longueurs se mesurent à l'aide d'une règle dont la longueur est de 1 décimètre, plus souvent de 2 centimètres (*double décimètre*). Cette règle est divisée en centimètres et en millimètres. On peut très-aisément évaluer une petite longueur à $\frac{1}{2}$ millimètre près. Les physiciens, dans les expériences qui exigent une grande précision, parviennent à évaluer des dixièmes et même des centièmes de millimètre.

Dans le levé des plans, on fait usage de règles en sapin ou en métal ; la longueur de ces règles est de 1, 2, 4 ou 6 mètres. On se sert aussi de la chaîne d'arpenteur, dont la longueur est de 10 ou 20 mètres, c'est-à-dire de 1 ou 2 décamètres.

MESURES DE SUPERFICIE.

151. On prend pour unité de *surface* ou de *superficie* les *carrés* qui ont pour côté les diverses unités de longueur.

Les unités de surfaces sont ainsi :

Le *millimètre carré* (carré dont chaque côté est de 1 millimètre), le *centimètre carré*, le *décimètre carré*, le *mètre carré* (unité principale), le *décamètre carré*, l'*hectomètre carré*, le *kilomètre carré* et le *myriamètre carré*.

Chacune de ces unités contient 100 fois la précédente. Par exemple, si l'on divise 1 mètre en 10 parties égales et que l'on place 1 décimètre carré sur chacune de ces parties, on formera une surface qui aura 1 mètre de longueur sur 0m,1 de largeur; cette surface est la dixième partie d'un mètre carré, et, par suite, le mètre carré vaut 100 décimètres carrés.

152. Le décamètre carré est employé dans l'arpentage. On lui donne le nom d'*are*. La seule subdivision de l'are qui soit usitée est le *centiare* ou la centième partie de l'are; le centiare n'est autre chose que le mètre carré. Le seul multiple de l'are qui soit usité est l'*hectare* qui vaut cent ares; l'hectare n'est autre qu'un hectomètre carré.

Remarque. — Les surfaces ne sont jamais mesurées directement. La Géométrie ramène effectivement l'évaluation d'une surface à la mesure d'une ou de plusieurs longueurs.

MESURES DE VOLUME OU DE CAPACITÉ.

153. On prend pour unités de volume les *cubes* qui ont pour arêtes les diverses unités de longueur. Un cube est un corps terminé par six faces qui sont toutes des carrés. La figure d'un dé à jouer, par exemple, est celle d'un cube.

Les unités de volume sont ainsi :

Le *millimètre cube* (cube donc chaque arête est de 1 millimètre et dont chaque face est un millimètre carré), le *centimètre cube*, le *décimètre cube*, le *mètre cube* (unité principale), etc.

Chacune de ces unités contient 1000 fois la précédente. Par exemple, l'une des faces d'un mètre cube étant 1 mètre carré, on peut décomposer cette face en 100 décimètres carrés; si sur chacun de ces 100 décimètres carrés on place un décimètre cube, on remplira un espace dont la base sera 1 mètre carré et dont la hauteur sera 1 décimètre : cet espace est la dixième partie du mètre cube; et par suite le mètre cube vaut 1000 décimètres cubes.

154. Le mètre cube prend le nom de *stère* lorsqu'il est destiné à la mesure des bois. On fait aussi usage du *double stère*, du *décastère* qui vaut dix stères, et du *demi-décastère* qui vaut cinq stères.

155. L'unité employée pour la mesure des liquides et des grains est le *litre*, dont la capacité est celle d'un décimètre cube.

Les subdivisions du litre sont : le *décilitre* qui est la dixième partie d'un litre, et le *centilitre* qui est la dixième partie d'un décilitre.

Les multiples du litre sont : le *décalitre* qui vaut dix litres et l'*hectolitre* qui vaut dix décalitres.

156. Pour la mesure des liquides, on se sert de vases cylindriques en étain dont la hauteur est double du diamètre ; les capacités de ces vases sont : 1 *litre*, 5 *décilitres*, 2 *décilitres*, 1 *décilitre*, 5 *centilitres*, 2 *centilitres*, 1 *centilitre.*

Pour la mesure des grains, on se sert de vases cylindriques en bois dont la hauteur est égale au diamètre ; les capacités de ces vases sont : 1 *hectolitre*, 5 *décalitres*, 2 *décalitres*, 1 *décalitre*, 5 *litres*, 2 *litres*, 1 *litre*, 5 *décilitres*, 2 *décilitres*, 1 *décilitre.*

MESURES DE POIDS.

157. L'unité de poids est le *gramme :* c'est ce que pèse, dans le vide, 1 centimètre cube d'eau distillée, à la température de 4 degrés centigrades. A cette température, l'eau atteint son maximum de densité.

Les subdivisions du gramme sont : le *décigramme* qui est la dixième partie du gramme ; le *centigramme* qui est la dixième partie du décigramme ; le *milligramme* qui est la dixième partie du centigramme. Les dixièmes de milligramme n'ont pas reçu de nom particulier.

Les multiples du gramme sont : le *décagramme* qui vaut dix grammes ; l'*hectogramme* qui vaut dix décagrammes ; le *kilogramme* qui vaut dix hectogrammes ; le *quintal métrique* qui vaut cent kilogrammes ; et le *millier* qui vaut mille kilogrammes.

Il est bon d'observer que le kilogramme est le poids d'un litre d'eau distillée, à la température de 4 degrés centigrades ; le millier est le poids du mètre cube d'eau et du *tonneau* de mer.

158. Le gramme étant trop petit, c'est le kilogramme qui a été déposé aux Archives comme le régulateur des poids en France. Ce kilogramme est en platine ; sa forme est celle d'un cylindre dont la hauteur est égale au diamètre.

Les poids adoptés pour peser les marchandises sont en fonte de fer ou en cuivre. On les distingue en trois séries : les *gros poids*, qui dépassent 1 kilogramme ; les *poids moyens,* qui vont du kilogramme au gramme ; les *petits poids*, qui commencent à partir du gramme.

Les poids en fonte de fer sont de 50 kilogrammes, de 20 kilogrammes, de 10 kilogrammes, de 5 kilogrammes, de 2 kilogrammes, de 1 kilogramme, de 5 hectogrammes, de 2 hectogrammes, de 1 hectogramme et de 5 décagrammes.

Les poids en cuivre sont de 20 kilogrammes, de 10 kilogrammes, de 5 kilogrammes, de 2 kilogrammes, de 1 kilogramme, de 2 hectogrammes, de 1 hectogramme, de 5 décagrammes, de 2 décagrammes, de 1 décagramme, de 5 grammes, de 2 grammes, de 1 gramme, de 5 décigrammes, de 2 décigrammes, de 1 décigramme, de 5 centigrammes, de 2 centigrammes, de 1 centigramme, de 5 milligrammes, de 2 milligrammes et de 1 milligramme.

Les poids au-dessous du gramme sont surtout employés dans les analyses chimiques et dans les expériences de physique; ils sont quelquefois en argent ou en platine; leur forme est celle d'une plaque carrée et mince dont un des angles est relevé, afin qu'on puisse les saisir avec une pince.

MONNAIES.

159. L'unité monétaire est le *franc*. Le franc (loi du 7 germinal an XI) est une pièce qui pèse 5 grammes; il contient les neuf dixièmes de son poids en argent pur et l'autre dixième en cuivre.

Les subdivisions du franc sont: le *décime* qui est le dixième d'un franc; le *centime* qui est le dixième d'un décime.

Les multiples du franc n'ont pas reçu de nom particulier.

160. Les monnaies françaises multiples ou sous-multiples du franc sont assujetties à la loi décimale. On passe du franc aux pièces de 10 et de 100 francs et on descend aux pièces de 0fr,1 et de 0fr,01, c'est-à-dire aux pièces de 10 centimes et de 1 centime. La division par les facteurs 2 et 5 des pièces de 10 et de 100 francs donne les pièces de 2, 5, 20 et 50 francs; enfin la divison par 2 et 5 du décime et du franc donne les pièces de 2, 5, 20 et 50 centimes. On a ainsi les pièces de 2, 5, 10, 20, 50 et 100 francs pour les multiples décimaux du franc, et les pièces de 1, 2, 5, 10, 20, 50 centimes pour les subdivisions du franc.

Les pièces de 1, 2, 5, 10 centimes sont en bronze (loi du 19 avril 1852).

La pièce de 20 centimes (décret du 19 avril 1852) et les pièces de 50 centimes, de 1 franc, de 2 francs et de 5 francs (loi du 7 germinal an XI) sont en argent.

Les pièces d'or sont: la pièce de 100 francs (décret du 12 décembre 1854); la pièce de 50 francs (décret du 12 décembre 1854); la pièce de 20 francs (loi du 7 germinal an XI); la pièce de 10 francs (décrets des 3 mai 1848, 12 janvier 1854 et 7 avril

8

1855); enfin la pièce de 5 francs (décrets des 12 janvier 1854 et 7 avril 1855).

Les pièces de monnaies sont encore assujetties au système métrique décimal sous le rapport de leur poids et de leur *module* ou diamètre. On trouvera dans le tableau suivant le poids et le diamètre de chaque pièce ainsi que la *tolérance* du poids admise par la loi.

Tableau du poids et du diamètre des pièces de monnaie.

Dénomination des pièces.	Poids exact ou droit.	Tolérance en millièmes du poids.	POIDS AVEC LA TOLÉRANCE.		Diamètre ou module en millimètres
			En plus.	En moins.	
Or.					
fr. c.	gr.	mill.	gr.	gr.	mm
100 00	32,258	1	32,290258	32,225742	35
50 00	16,129	2	16,161258	16,096742	28
20 00	6,45161	2	6,46451	6,43871	21
10 00	3,22580	2,5	3,23386	3,21773	19
5 00	1,61290	3	1,61774	1,60806	17
Argent.					
5 00	25	3	25,075	24,925	37
2 00	10	3	10,03	9,97	27
1 00	5	5	5,025	4,975	23
0 50	2,50	7	2,5175	2,4825	18
0 20	1	10	1,01	0,99	15
Bronze.					
0 10	10	10	10,100	9,900	30
0 5	5	10	5,050	4,950	25
0 2	2	15	2,030	1,970	20
0 1	1	15	1,015	0,985	15

La valeur légale des monnaies d'or est quinze fois et demie celle des monnaies d'argent, sous le même poids. La valeur légale des monnaies de bronze est le vingtième de celle des monnaies d'argent sous le même poids.

Il est bon de remarquer que les pièces de monnaie peuvent servir de poids usuels; ainsi

1 pièce de bronze de 1 centime.....	1 gramme
1 pièce de bronze de 2 centimes.....	2 grammes
1 pièce d'argent de 1 franc...........	5 grammes
1 pièce d'argent de 2 francs.........	10 grammes
4 pièces d'argent de 5 francs.........	100 grammes
40 pièces d'argent de 5 francs ou 155 pièces d'or de 20 francs............	1 kilogramme
Sac de 1000 francs (200 pièces d'argent de 5 francs)......	5 kilogrammes

161. Le résultat de la fonte de plusieurs métaux est un alliage; tout fragment d'un métal ou d'un alliage se nomme un *lingot*. Le *titre* d'un lingot, relativement à l'un des métaux qui le composent, est la fraction du poids total du lingot qui exprime le poids du métal dont il s'agit. Si, par exemple, un lingot contient les 9 dixièmes de son poids en or pur, l'autre dixième étant composé de métaux différents quelconques, le titre du lingot en question est 0,9 par rapport à l'or.

Le titre monétaire s'exprime en millièmes; il est de 900 millièmes avec une tolérance de 2 millièmes en plus ou en moins pour les monnaies d'or et d'argent (loi du 7 germinal an XI, et décret du 22 mai 1849); ces monnaies contiennent les 9 dixièmes de leur poids en or ou en argent, l'autre dixième est en cuivre. Les monnaies de bronze sont composées de 95 parties de cuivre, de 4 d'étain et de 1 de zinc.

CALCUL DES GRANDEURS RAPPORTÉES AUX MESURES LÉGALES.

162. Les multiples et les subdivisions de chaque espèce d'unité principale étant soumis à la loi décimale, on peut immédiatement rapporter à l'unité principale une grandeur primitivement mesurée avec une ou plusieurs unités quelconques. La grandeur dont il s'agit sera alors représentée par un nombre entier ou décimal.

Exemples.—1° Soit une longueur renfermant 7 décamètres, 8 mètres, 2 décimètres et 9 millimètres. Cette longueur, rapportée à l'unité principale, le mètre, sera représentée par le nombre 78,209; en d'autres termes, la longueur dont il s'agit sera $78^m,209$ (*).

(*) Quelques auteurs distinguent les nombres en nombres *concrets* et en nombres *abstraits*. Un nombre est dit *concret* lorsqu'on désigne l'espèce de ses unités; il est dit *abstrait* dans le cas contraire. Ainsi $78^m,209$ est un nombre

8.

2° Soit une surface renfermant 17 mètres carrés, 75 décimètres carrés et 8 centimètres carrés; la valeur de cette surface sera 17^{mq},7508. En effet, les décimètres carrés et les centimètres carrés sont des centièmes et des dix-millièmes de mètre carré.

3° Soit un volume renfermant 172 mètres cubes, 82 décimètres cubes et 3 centimètres cubes; la valeur de ce volume sera 172^{mc},082003. En effet, les décimètres cubes et les centimètre cubes sont des millièmes et des millionièmes de mètre cube.

4° Soit un volume renfermant 8 hectolitres, 9 litres, 3 décilitres et 4 centilitres; la valeur de ce volume sera 809^{lit},34.

Réciproquement, si une grandeur est rapportée à l'unité principale, le nombre entier ou décimal qui la représente indique aussi combien cette grandeur renferme d'unités de chaque espèce:

1° S'il s'agit d'une longueur rapportée au mètre, les chiffres de la partie décimale du nombre qui représente cette longueur expriment respectivement des décimètres, des centimètres, etc.; les chiffres de la partie entière, en allant de droite à gauche, expriment des mètres, des décamètres, des hectomètres, etc.

Exemple. — Une longueur rapportée au mètre et représentée par le nombre 78,209 renferme 7 décamètres, 8 mètres, 2 décimètres et 9 millimètres.

2° S'il s'agit d'une surface rapportée au mètre carré, imaginons qu'on décompose le nombre qui représente cette surface en tranches de deux chiffres, à partir de la virgule, en allant vers la droite et vers la gauche. Les tranches de la partie décimale expriment des décimètres carrés, des centimètres carrés, etc. Les tranches de la partie entière, en allant de droite à gauche, expriment des mètres carrés, des décamètres carrés, etc. Il faut observer que si la dernière tranche à droite de la partie décimale n'a qu'un seul chiffre, on doit la compléter en écrivant un zéro.

Exemple. — Une surface rapportée au mètre carré, et représentée par le nombre 31415,92653, renferme trois hectomètres

---

concret, tandis que 78,209 est un nombre abstrait. Nous croyons devoir mentionner ces dénominations que nous n'avons pas adoptées, par la raison qu'un nombre concret n'est pas un nombre, mais une grandeur.

carrés, 14 décamètres carrés, 15 mètres carrés, 92 décimètres carrés, 65 centimètres carrés et 30 millimètres carrés.

3° S'il s'agit d'un volume rapporté au mètre cube, imaginons qu'on décompose le nombre qui représente ce volume en tranches de trois chiffres, à partir de la virgule, en allant vers la droite et vers la gauche. Les tranches de la partie décimale expriment des décimètres cubes, des centimètres cubes, etc. Les tranches de la partie entière, en allant de droite à gauche, expriment des mètres cubes, des décamètres cubes, etc. Il faut observer que si la dernière tranche à droite de la partie décimale a moins de trois chiffres, on doit la compléter à l'aide de zéros.

Exemple. — Un volume rapporté au mètre cube, et représenté par le nombre 3,14159265, renferme 3 mètres cubes, 141 décimètres cubes, 592 centimètres cubes, 650 millimètres cubes.

4° S'il s'agit d'un volume rapporté au litre ou d'un poids rapporté au gramme, chacun des chiffres du nombre qui représente ce volume ou ce poids exprime des unités de l'ordre immédiatement inférieur à celui du chiffre précédent.

163. Si une grandeur est rapportée à l'unité principale ou à une autre unité quelconque, et que l'on veuille rapporter cette même grandeur à une autre unité plus petite ou plus grande, il suffira de multiplier ou de diviser le nombre qui représente la grandeur dont il s'agit par la puissance de 10, qui exprime combien l'unité de la plus grande espèce contient d'unités de la plus petite espèce.

Exemples. — 1° Si une longueur est égale à $0^m,7683$, et que l'on veuille l'évaluer en millimètres, il suffira de reculer la virgule de trois rangs vers la droite, dans le nombre 0,7683; car 1 mètre contient 1000 millimètres. La longueur dont il s'agit sera donc $768^{mm},3$.

2° Si une surface est égale à $0^{mq},76837$ et qu'on veuille l'évaluer en centimètres carrés, il suffira de reculer la virgule de quatre rangs vers la droite, dans le nombre 0,76837; car 1 mètre carré contient 10000 centimètres carrés. La surface dont il s'agit sera donc $7683^{cq},7$.

164. Les questions que l'on peut se proposer sur les grandeurs rapportées aux nouvelles unités se ramènent immédiatement à des calculs de nombres entiers ou décimaux.

Exemples. — 1° *Sachant qu'un hectolitre de houille pèse 80 kilogrammes, on demande quel sera le poids de 7 hectolitres, 2 décalitres, 8 litres.*

Puisqu'un hectolitre pèse 80 kilogrammes, il est évident que $7^{\text{hectol}},28$ de houille pèseront $7,28 \times 80$ kilogrammes, c'est-à-dire $582^{\text{kil}},4$.

2° *Sachant que $7^{\text{hectol}},28$ de houille pèsent $582^{\text{kil}},4$, on demande quel est le poids d'un hectolitre de houille:*

Puisque $7^{\text{hectol}},28$ de houille pèsent $582^{\text{kil}},4$, il est évident que 1 hectolitre pèsera $\dfrac{582,4}{7,28}$ ou 80 kilogrammes.

DES ANCIENNES MESURES DE FRANCE.

165. Nous allons faire connaître ici les mesures employées en France avant l'établissement du système métrique décimal.

UNITÉS DE LONGUEUR. — La principale unité de longueur était la *toise* ($1^m,94904$). La toise était subdivisée en six *pieds*, le pied en douze *pouces*, le pouce en douze *lignes* et la ligne en douze *points*. L'unité employée pour la mesure des étoffes était l'*aune* (6322 points). Pour mesurer les distances itinéraires, on se servait du *mille* (1000 toises) et de la *lieue de poste* (2 milles).

UNITÉS DE SUPERFICIE. — On employait comme unités de superficie des carrés ayant pour côtés les diverses unités de longueur. Pour les mesures agraires, on employait : 1° la *perche* des eaux et forêts (carré ayant 22 pieds de côté); 2° la *perche* de Paris (carré ayant 18 pieds de côté); 3° l'*arpent* des eaux et forêts (100 perches de 22 pieds de côté); 4° l'*arpent* de Paris (100 perches de 18 pieds de côté).

UNITÉS DE VOLUME ET DE CAPACITÉ. — On employait comme unités de volume les cubes ayant pour arêtes les diverses unités linéaires. Pour la mesure des bois à brûler, on employait la *voie* (56 pieds cubes) et la *corde* des eaux et forêts (2 voies). Le bois de charpente se mesurait en *solives;* la solive valait 3 pieds cubes. Pour la mesure des liquides, on employait : 1° la *pinte* ($0^{\text{litre}},9313$); 2° la *velte* (8 pintes); 3° le *quartaut* (9 veltes); 4° la *feuillette* (2 quartauts); 5° le *muid* (2 feuillettes). Enfin, pour la mesure des matières sèches, on employait : 1° le *litron* ($0^{\text{litre}},8130$); 2° le *boisseau* (16 litrons); 3° le *setier* (12 boisseaux).

Unités de poids. — La principale unité était la *livre poids* (0^{kil},48951). La livre se subdivisait en 2 *marcs*, le marc en 8 *onces*, l'once en 8 *gros*, le gros en 3 *deniers* ou *scrupules*, le denier en 24 *grains*. On employait aussi le *quintal*, qui valait 100 livres.

Unité monétaire. — L'unité monétaire était la *livre tournois* (0^{fr},98765). La livre se subdivisait en 20 *sous*, le sou en 4 *liards* et le liard en 3 *deniers*.

CONVERSION DES MESURES ANCIENNES EN MESURES NOUVELLES.
— TABLES DE CONVERSION.

166. Des opérations entreprises pour la détermination du mètre, il résulte que la distance du pôle à l'équateur terrestre est de 5130740 toises; la longueur du mètre est donc 0^{toise},5130740. Pour réduire ce nombre fractionnaire de toises en pieds, il suffit de le multiplier par 6, on voit alors que le mètre vaut 3^{pieds},07844; la partie décimale de ce nombre de pieds est inférieure à $\frac{1}{12}$; pour lui faire exprimer des lignes, il suffit de la multiplier par 12×12, c'est-à-dire par 144; on trouve ainsi que le mètre vaut 3^{pieds}, 11^{lignes},295936 ou, plus simplement, $3^{pieds} 11^{lignes}$,296.

De ce que 5130740 toises valent 10000000 mètres, il résulte que 1 toise vaut la 5130740ième partie de 10000000 mètres; en effectuant la division que l'on peut pousser jusqu'à la sixième décimale, on trouve que

$$1 \text{ toise vaut } 1^m,949037;$$

on aura la valeur du pied en divisant par 6 celle de la toise; on aura ensuite la valeur du pouce en divisant par 12 celle du pied, etc. On trouve ainsi que :

$$1 \text{ pied} \quad \text{vaut} \quad 0^m,324839,$$
$$1 \text{ pouce vaut } 0,027070,$$
$$1 \text{ ligne} \quad \text{vaut} \quad 0,002256.$$

Ces résultats permettent de rapporter au mètre une longueur évaluée en toises, pieds, pouces et lignes.

Supposons, par exemple, qu'il s'agisse d'évaluer en mètres une longueur égale à 259^{toises}, 1^{pied}, 3^{pouces}, 11^{lignes}; on multipliera la valeur de la toise en mètres par 259, celle du pied par 1, celle du pouce par 3, celle de la ligne par 11, et on ajoutera les résultats. On trouve ainsi que

$$259 \text{ toises valent } 5o4,\overset{m}{8}oo583$$
$$1 \text{ pied vaut } \qquad o,3a483g$$
$$3 \text{ pouces valent } \quad o,o8{\scriptstyle 1}2{\scriptstyle 1}o$$
$$11 \text{ lignes valent } \quad o,o2481\,6$$
$$\overline{\text{Somme}\ldots 5o5,2314\,48}$$

L'erreur commise dans ce calcul est moindre que

$$259 + 1 + 3 + 11$$

ou 274 unités du sixième ordre décimal ; en négligeant les trois dernières décimales de la somme obtenue, on commettra une nouvelle erreur de 448 unités du sixième ordre décimal, et l'erreur totale sera moindre que 274 + 448 ou 722 unités du sixième ordre. Donc

$$259^{\text{toises}} \,_1{}^{\text{pied}} 3^{\text{pouces}} {}_1{}^{\text{lignes}} \text{ valent } 5o5^m,231,$$

à un millimètre près.

Pour faciliter ces calculs de conversion, on construit une fois pour toutes une Table renfermant les valeurs en mètres des différents nombres de toises, pieds, pouces et lignes, depuis 1 toise jusqu'à 9 toises, depuis 1 pied jusqu'à 9 pieds, etc. Voici cette Table :

Table pour la conversion des anciennes mesures de longueur en mesures nouvelles.

NOMBRES.	TOISES en mètres.	PIEDS en mètres.	POUCES en mètres.	LIGNES en mètres.
1	1,94904	0,32484	0,027070	0,002256
2	3,89807	0,64968	0,054140	0,004512
3	5,84711	0,97452	0,081210	0,006767
4	7,79615	1,29936	0,108280	0,009023
5	9,74518	1,62420	0,135350	0,011279
6	11,69422	1,94904	0,162420	0,013535
7	13,64326	2,27388	0,189490	0,015791
8	15,59229	2,59872	0,216560	0,018047
9	17,54133	2,92355	0,243630	0,020302

Supposons que l'on veuille, au moyen de cette Table, obtenir la valeur de 259^toises, 1^pied, 3^pouces, 11^lignes. La Table donne immédiatement les valeurs de 200 toises, de 50 toises, de 9 toises, de 1 pied, de 3 pouces, de 10 lignes et d'une ligne ; il suffira donc d'ajouter tous ces résultats. Voici le calcul :

$$
\begin{array}{rr}
200 \text{ toises valent.}\ldots & 389,807^m \\
50\ldots\ldots\ldots\ldots & 97,4518 \\
9\ldots\ldots\ldots\ldots & 17,54133 \\
1 \text{ pied}\ldots\ldots\ldots & 0,32484 \\
3 \text{ pouces}\ldots\ldots & 0,08121 \\
10 \text{ lignes}\ldots\ldots & 0,02256 \\
1 \text{ ligne}\ldots\ldots & 0,00226 \\
\hline
& 505,23100
\end{array}
$$

On ne peut compter sur les deux derniers chiffres du résultat ; on prendra donc pour la valeur cherchée 505^m,231 ; c'est le résultat que nous avons obtenu plus haut.

167. Tous les calculs de conversion des mesures anciennes en mesures nouvelles se font au moyen de Tables analogues à celle que nous avons donnée au numéro précédent ; la manière d'opérer est trop simple pour qu'il y ait lieu d'insister davantage : mais nous croyons utile de placer ici les Tables de conversion relatives aux mesures de superficie, de volume et de poids, ainsi que celle qui se rapporte aux monnaies.

Table pour la conversion des anciennes mesures de superficie en mesures nouvelles.

NOMBRES.	TOISES CARRÉES en mètres carrés.	PIEDS CARRÉS en mètres carrés.	POUCES CARRÉS en mètres carrés.	LIGNES CARRÉES en mètres carrés.
1	3,798743	0,105521	0,00073278	0,000005089
2	7,597485	0,211041	0,00146556	0,000010178
3	11,396228	0,316562	0,00219835	0,000015266
4	15,194970	0,422083	0,00293113	0,000020355
5	18,993713	0,527603	0,00366391	0,000025444
6	22,792455	0,633124	0,00439669	0,000030533
7	26,591198	0,738644	0,00512947	0,000035621
8	30,389940	0,844165	0,00586226	0,000040710
9	34,188683	0,949686	0,00659504	0,000045799

Table pour la conversion des anciennes mesures de volume en mesures nouvelles.

NOMBRES.	TOISES CUBES en mètres cubes.	PIEDS CUBES en mètres cubes.	POUCES CUBES en mètres cubes.	LIGNES CUBES en mètres cubes.
1	7,40389	0,0342773	0,000019836	0,0000001148
2	14,80777	0,0685545	0,000039673	0,00000002296
3	22,21166	0,1028318	0,000059509	0,00000003444
4	29,61555	0,1371090	0,000079345	0,00000004592
5	37,01944	0,1713863	0,000099182	0,00000005740
6	44,42332	0,2056635	0,000119018	0,00000006888
7	51,82721	0,2399408	0,000138855	0,00000008036
8	59,23110	0,2742180	0,000158691	0,00000009184
9	66,63498	0,3084953	0,000178527	0,00000010331

Table pour la conversion des anciens poids en poids nouveaux.

NOMBRES.	LIVRES en kilogrammes.	ONCES en grammes.	GROS en grammes	GRAINS en grammes.	QUINTAUX en myriagrammes
1	0,48951	30,59	3,824	0,053	4,8951
2	0,97901	61,19	7,649	0,106	9,7901
3	1,46852	91,78	11,473	0,159	14,6852
4	1,95802	122,38	15,297	0,212	19,5802
5	2,44753	152,97	19,121	0,266	24,4753
6	2,93704	183,56	22,946	0,319	29,3704
7	3,42654	214,16	26,770	0,372	34,2654
8	3,91605	244,75	30,594	0,425	39,1605
9	4,40555	275,35	34,418	0,478	44,0555

Table pour la conversion des anciennes monnaies en nouvelles.

NOMBRES.	LIVRES EN FRANCS.	SOUS EN FRANCS.	DENIERS EN FRANCS.
1	0,987 650 943	0,049 382 547	0,004 115 212
2	1,975 301 885	0,098 765 094	0,008 230 425
3	2,962 952 828	0,148 147 641	0,012 345 637
4	3,950 603 771	0,197 530 189	0,016 460 849
5	4,938 254 713	0,246 912 736	0,020 576 061
6	5,925 905 656	0,296 295 283	0,024 691 274
7	6,913 556 598	0,345 677 830	0,028 806 486
8	7,901 207 541	0,395 060 377	0,032 921 698
9	8,888 858 484	0,444 442 924	0,037 036 910

MESURE DU TEMPS. — DIVISION DE LA CIRCONFÉRENCE.

168. Le temps employé par la terre pour exécuter une ré-
volution complète autour de son axe est ce qu'on nomme un
jour (*).

Le jour se subdivise en 24 *heures*, chaque heure en 60 *minutes*, chaque minute en 60 *secondes* et chaque seconde en
60 *tierces*.

Les heures, minutes, secondes et tierces se représentent
par les notations abrégées ^{h}, ^{m}, ^{s}, ^{t}. Ainsi un intervalle de temps
composé de 7 heures 32 minutes 25 secondes 6 tierces, se
représente comme il suit :

$$7^h\, 32^m\, 25^s\, 6^t.$$

La seconde est l'intervalle de temps adopté pour *unité* par
les astronomes et les physiciens. On fait rarement usage des
tierces et l'on évalue en fraction décimale de la seconde les
intervalles de temps moindres qu'une seconde.

169. On a souvent besoin de comparer entre eux des arcs de
circonférence. A cet effet, on est convenu de partager la circonférence entière du cercle en 360 parties égales appelées
degrés; chaque degré se subdivise en 60 *minutes*, chaque minute en 60 *secondes*, chaque seconde en 60 *tierces*. Le quart de
la circonférence a reçu le nom de *quadrant*.

Les degrés, minutes, secondes et tierces se représentent par
les notations abrégées °, ′, ″, ‴. Ainsi un arc composé de 7 degrés 32 minutes 25 secondes et 6 tierces se représente comme
il suit :

$$7°\, 32'\, 25''\, 6''',$$

mais on ne fait plus guère aujourd'hui usage des tierces et l'on
évalue en fraction décimale de la seconde les arcs plus petits
qu'une seconde (**).

170. Les calculs où figurent des intervalles de temps évalués en heures, minutes et secondes ou des arcs de circonférence évalués en degrés, minutes, etc., ne présentent aucune
difficulté. Nous allons en donner des exemples.

(*) Le jour ainsi défini est le jour *sidéral*, le jour civil surpasse le jour sidéral d'environ 4 minutes.

(**) A l'époque de l'établissement du système métrique, on voulut assujettir
à la loi décimale les subdivisions du jour et de la circonférence; on doit re-
gretter que la division nouvelle n'ait pas prévalu.

1° On demande d'ajouter les intervalles de temps suivants :
$7^h 32^m 25^s, 9$, $6^h 59^m 58^s, 8$, $3^h 34^m 39^s, 7$.

$$
\begin{array}{r}
7^h\ 32^m\ 25^s,9 \\
6\ \ 59\ \ 58\ \ ,8 \\
3\ \ 34\ \ 39\ \ ,7 \\
\hline
18^h\ 7^m\ 4^s,4
\end{array}
$$

La somme des secondes étant 124,4, on écrit seulement $4^s,4$, et l'on augmente de 2 unités la somme des minutes. Pareillement, la somme des minutes étant 127, on écrit seulement 7^m, et l'on augmente de deux unités la somme des heures.

2° On demande de retrancher $7^h 32^m 25^s,9$ de $18^h 7^m 4^s,4$.

On réduira en minutes l'une des 18 heures du deuxième temps, ce qui donnera 67^m; on réduira l'une de ces minutes en secondes, ce qui donnera $64^s,4$. On aura donc à soustraire $7^h 32^m 25^s,9$ de $17^h 66^m 64^s,4$.

$$
\begin{array}{r}
17^h\ 66^m\ 64^s,4 \\
7\ \ 32\ \ 25\ \ ,9 \\
\hline
10^h\ 34^m\ 38^s,5
\end{array}
$$

3° Étant donné l'intervalle de temps $7^h 32^m 25^s,9$, on demande de trouver un intervalle de temps 9 fois plus grand.

$$
\begin{array}{r}
7^h 32^m 25^s,9 \\
9 \\
\hline
67^h 51^m 53^s,1
\end{array}
$$

Le nombre des secondes trouvé au produit est 233,1; on écrit seulement $53^s,1$, et l'on ajoute 3 au nombre des minutes du produit. Ce nombre de minutes est alors 291; on écrit seulement $51'$, et l'on ajoute 4 au nombre des heures, qui est alors 67.

4° Étant donné l'intervalle de temps $67^h 51^m 53^s,1$, on demande de trouver un intervalle de temps 9 fois plus petit.

Le temps demandé est

$$
\frac{67^h}{9} \quad \frac{51^m}{9} \quad \frac{53^s,1}{9}.
$$

En effectuant la division de 67 par 9, on trouve 7 pour quotient, et 4 pour reste; par conséquent,

$$
\frac{67^h}{9} = 7^h + \frac{4^h}{9} \quad \text{ou} \quad \frac{67^h}{9} = 7^h + \frac{240^m}{9}.
$$

Le temps cherché est donc

$$7^h \frac{291^m}{9} \frac{53^s,1}{9}.$$

En effectuant la division de 291 par 9, on trouve pour quotient 32, et pour reste 3; par conséquent,

$$\frac{291^m}{9} = 32^m + \frac{3^m}{9} \quad \text{où} = 32^m + \frac{180^s}{9}.$$

Le temps cherché est donc

$$7^h 32^m \frac{233^s,1}{9},$$

ou, en effectuant la division de 233,1 par 9,

$$7^h 32^m 25^s,9.$$

171. Avant qu'on fît usage du nouveau système métrique, on était conduit à exécuter sur les grandeurs d'une espèce quelconque, des calculs analogues à ceux que nous venons d'effectuer. Ce qui précède suffit pour montrer comment on devait opérer dans chaque cas. Nous ajouterons cependant que, lorsqu'on avait à traiter des questions plus composées que celles que nous venons de résoudre, on avait soin de rapporter à une seule unité les grandeurs qu'on avait à considérer et qui avaient été d'abord évaluées à l'aide de plusieurs unités. Ainsi une longueur ayant été évaluée en *toises, pieds, pouces, lignes,* on exprimait cette longueur par un nombre de toises, ou de pieds, ou de pouces, ou enfin de lignes.

Au reste, cette marche est celle qu'il convient d'employer dans les problèmes où figurent à la fois des intervalles de temps et des arcs de circonférence. Supposons par exemple qu'un mobile qui se meut d'un mouvement uniforme sur une circonférence ait décrit un arc de $8°27'35''$ en $2^h 25^m 37^s$ et qu'on demande l'arc qui est décrit en 1 heure. On exprimera l'arc donné en degrés et le temps donné en heures, et l'on trouvera ainsi les résultats $\frac{30455}{3600}$ et $\frac{8737}{3600}$. La valeur de l'arc demandé en degrés s'obtiendra en divisant le premier de ces nombres par le deuxième; on trouve ainsi $\frac{30455°}{8737}$ ou $3°29'8'',7$ à un dixième de seconde près.

QUESTIONS PROPOSÉES.

I. Pour ensemencer 1 hectare, il faut moyennement 204^{litres},8 de blé; combien faudrait-il de mètres cubes pour ensemencer 1 kilomètre carré?

II. Quand la température s'élève de 0 à 100 degrés, une barre de fer de 1 mètre augmente de 0^m,00125833, une barre de cuivre de 1 mètre augmente de 0^m,0018750o,. et une barre de plomb de 1 mètre augmente de 0^m,00286667. Cela posé, on a soudé ensemble bout à bout une barre de fer, une de cuivre et une de plomb; les longueurs de ces trois parties à 0 degré sont respectivement de 2^m,579, 3^m,875 et 1^m,214. On demande de calculer la longueur totale de la barre à 100 degrés, les données étant supposées exactes à une demi-unité près de l'ordre du dernier chiffre.

III. On demande le poids de l'air déplacé par 314^{kil},159 de fer. On sait que le poids de 1 décimètre cube de fer est 7^{kil},788 et que 1 litre d'air pèse 1^{gr},293187.

IV. On demande combien il y a de centimètres cubes dans un lingot d'or valant 19754 francs. On sait que 1 décimètre cube d'or pèse 19^{kil},26 et que le kilogramme d'or vaut 3100 francs.

V. Un litre de charbon de terre pèse 1^{kil},33; combien y a-t-il de stères dans 80 quintaux métriques de charbon?

VI. L'aune valait 3^{pieds}7^{pouces}10^{lignes}10^{points}; on demande sa longueur à moins de 1 millimètre.

VII. Calculer à 1 litre près la capacité de 3 muids, 1 feuillette, 1 quartaut, 7 veltes, 6 pintes.

CHAPITRE XIII.

DE LA RACINE CARRÉE.

DU CARRÉ ET DE LA RACINE CARRÉE.

172. Le *carré* ou la deuxième puissance d'un nombre (n° 36) est le produit de deux facteurs égaux à ce nombre; ainsi le carré de 5 est 5×5 ou 25; le carré de $\frac{2}{3}$ est $\frac{2}{3} \times \frac{2}{3}$ ou $\frac{4}{9}$. Il est évident que, pour élever une fraction au carré, il faut élever ses deux termes au carré.

On désigne le carré d'un nombre (n° 36) en écrivant l'*exposant* 2 au-dessus de ce nombre et à droite. Ainsi 5^2, $\left(\frac{2}{3}\right)^2$ désignent les carrés de 5 et de $\frac{2}{3}$.

La *racine carrée* d'un nombre est le nombre qu'il faut élever au carré pour reproduire le premier nombre. Ainsi 25 étant le carré de 5, la racine carrée de 25 est 5. Pareillement, $\frac{4}{9}$ étant le carré de $\frac{2}{3}$, la racine carrée de $\frac{4}{9}$ est $\frac{2}{3}$.

Pour représenter la racine carrée d'un nombre, on écrit d'abord ce nombre, et l'on place à sa gauche le signe $\sqrt{}$ nommé *radical*. Ainsi $\sqrt{25}$, $\sqrt{\frac{4}{9}}$ représentent respectivement les racines carrées de 25 et de $\frac{4}{9}$.

L'opération par laquelle on détermine la racine carrée d'un nombre est dite *extraction de la racine carrée*.

COMPOSITION DU CARRÉ D'UNE SOMME DE DEUX PARTIES.

173. *Le carré d'une somme de deux parties est égal au carré de la première partie, plus deux fois le produit de la première partie par la seconde, plus le carré de la seconde partie.*

En effet, soit la somme $7+5$. Son carré $(7+5)^2$ est la somme de $7+5$ nombres égaux à $7+5$; or la somme de 7 nombres égaux à $7+5$ est évidemment $7 \times 7 + 5 \times 7$ ou $7^2 + 5 \times 7$; la somme de 5 nombres égaux à $7+5$ est de même $7\times5+5\times5$ ou $7\times5+5^2$; donc $(7+5)^2$ est égal à $7^2+7\times5+5\times7+5^2$. D'ailleurs les produits 7×5 et 5×7 sont égaux; par conséquent

$$(7+5)^2 = 7^2 + 2\times7\times5 + 5^2.$$

On conclut de là en particulier que *le carré d'un nombre entier formé de dizaines et d'unités est égal au carré des dizaines, plus deux fois le produit des dizaines par les unités, plus le carré des unités.*

EXTRACTION DE LA RACINE CARRÉE D'UN NOMBRE ENTIER.

174. Tous les nombres entiers ne sont pas des carrés; aussi nous nous proposons simplement ici de trouver la racine carrée du plus grand carré entier contenu dans un nombre donné. L'excès du nombre donné sur le plus grand carré dont il s'agit est dit le *reste* de l'opération; ce reste est zéro quand le nombre donné est un carré.

Lorsque le nombre donné est moindre que 100 ou 10×10, la racine demandée s'obtient par la simple inspection de la Table des carrés des 9 premiers nombres

$$1, \quad 2, \quad 3, \quad 4, \quad 5, \quad 6, \quad 7, \quad 8, \quad 9,$$

qui sont

$$1, \quad 4, \quad 9, \quad 16, \quad 25, \quad 36, \quad 49, \quad 64, \quad 81.$$

Veut-on, par exemple, la racine carrée du plus grand carré entier contenu dans 58? Le nombre donné est compris entre 49 et 64; la racine carrée de 49 est 7 : par conséquent 7 est la racine demandée et le reste de l'opération est $58-49$ ou 9.

Nous examinerons maintenant le cas où le nombre donné est supérieur à 100.

175. Soit le nombre 585916 et proposons-nous d'extraire la racine carrée du plus grand carré entier contenu dans ce nombre.

Le nombre donné étant plus grand que 100, la racine demandée est au moins égale à 10. On peut donc supposer cette racine décomposée en dizaines et en unités, et, par conséquent, son carré se composera (n° **173**) du carré des dizaines, de deux fois le produit des dizaines par les unités et du carré des unités. Or, le carré du nombre des dizaines est contenu dans le nombre 5859 des centaines du nombre proposé, et celui-ci peut d'ailleurs renfermer quelques centaines provenant des deux autres parties du carré de la racine et du reste ; donc en extrayant la racine carrée du plus grand carré entier contenu dans 5859, on aura le nombre des dizaines de la racine cherchée ou un nombre trop fort. Or il est aisé de voir que ce nombre ne peut être trop fort. En effet, supposons que 76 soit la racine du plus grand carré entier contenu dans 5859 : le carré de 76 pouvant se retrancher de 5859, le carré de 760 pourra évidemment se retrancher de 585900 et, par suite, de 585916.

On voit par là que le nombre des dizaines de la racine demandée est égal à la racine du plus grand carré contenu dans le nombre des centaines du nombre donné. Nous sommes ainsi conduits à chercher d'abord la racine du plus grand carré entier contenu dans 5859.

Le nombre 5859 étant lui-même plus grand que 100, la racine qu'il faut trouver est supérieure à 10 et l'on voit, par un raisonnement identique à celui qui vient d'être fait, que le nombre des dizaines de cette racine est égal à la racine du plus grand carré contenu dans le nombre 58 des centaines de 5859. Nous sommes ainsi conduits à chercher d'abord la racine du plus grand carré entier contenu dans 58.

Le nombre 58 étant plus petit que 100, la racine qu'il faut trouver est moindre que 10 ; on trouve (n° 174) que cette racine est 7.

La racine du plus grand carré contenu dans 5859 renferme donc 7 dizaines ; nous allons chercher le chiffre des unités de cette racine. L'excès du nombre 58 sur le carré 49 de 7 étant 9, il est évident que si l'on retranche de 5859 le carré de 7 dizaines, c'est-à-dire 49 centaines, le reste contiendra 9 centaines et 59 unités ; il sera donc 959. Or, je dis que si l'on divise le nombre 95 des dizaines de ce reste par le double 14 du nombre des dizaines de la racine demandée, le quotient obtenu sera égal ou supérieur au chiffre des unités de cette racine. En effet, le nombre 5859 contient, 1° le carré des dizaines de la racine demandée ; 2° le double produit des dizaines par les unités ; 3° le carré des unités ; 4° le reste de l'opération. Si donc on retranche de 5859 la première de ces quatre parties, le reste obtenu 959 contiendra encore les trois autres parties ; le nombre 95 des dizaines de ce reste est donc au moins égal au produit que l'on formerait en multipliant le double 14 du nombre des dizaines de la racine demandée par le chiffre des unités de cette racine. Par conséquent, le quotient 6 que l'on trouve en divisant 95 par 14 est le chiffre des unités de la racine ou un chiffre trop fort. Pour reconnaître si le chiffre des unités de la racine est effectivement 6, il faut voir si le carré de 76 peut être retranché de 5859. Or le carré de 76 ou de $70+6$ est égal à $70^2 + 2 \times 70 \times 6 + 6^2$ ou égal à $4900 + 140 \times 6 + 6^2$; en retranchant de 5859 la première de ces trois parties, savoir 4900, nous avons trouvé pour reste 959; il suffit donc de chercher si, de ce reste, on peut encore soustraire $140 \times 6 + 6^2$ ou $(140 + 6) \times 6$ ou enfin 146×6. Le produit de 146 par 6 est 876, nombre inférieur à 959; par conséquent, le chiffre des unités de la racine demandée est 6. L'excès du nombre 5859 sur le carré de 76 est évidemment égal à l'excès de 959 sur 146×6 lequel est 83.

Revenons maintenant au nombre donné 535916; la racine du plus grand carré entier contenu dans ce nombre renferme 76 dizaines; il reste à trouver le chiffre des unités de la racine. Comme l'excès de 5859 sur 76^2 est 83, l'excès de 585916 sur le carré de 76 dizaines, c'est-à-dire sur 76^2 centaines, contiendra 83 centaines et 16 unités; cet excès est donc 8316. En répétant ici un raisonnement déjà fait plus haut, on prouvera que si l'on divise le nombre 831 des dizaines de 8316 par le double 152 du nombre des dizaines de la racine, le quotient obtenu 5 doit être égal ou supérieur au chiffre des unités de la racine demandée. Pour reconnaître si le chiffre des unités de la racine est effectivement 5, il faut voir si le carré de 765 peut être retranché de 585916. Or le carré de 765 ou de $760+5$ est égal à $760^2 + 2 \times 760 \times 5 + 5^2$; en retranchant de 585916 la première de ces trois parties, savoir 760^2, nous avons trouvé pour reste 8316; il suffit donc d'examiner si, de ce reste, on peut encore soustraire $2 \times 760 \times 5 + 5^2$ ou $1520 \times 5 + 5^2$, ou enfin 1525×5. Le produit de 1525 par 5 est 7625, nombre inférieur à 8316; la racine demandée est donc 765. Quant au reste de l'opération, il est égal à l'excès de 8316 sur 7625, c'est-à-dire égal à 691.

On dispose l'opération de l'une des deux manières suivantes :

585916	765			585916	765		
49	146	1525		959	146	1525	
959	6	5		8316	6	5	
876				691			
8316							
7625							
691							

En adoptant la seconde disposition, on retranche, sans les écrire, les produit 7×7, 146×6, 1525×5 des nombres 58, 959, 8316 respectivement, comme nous l'avons indiqué en traitant de la division.

176. Ce qui précède conduit à la règle suivante :

Pour extraire la racine carrée d'un nombre entier, on le partage en tranches de deux chiffres à partir de la droite. Le nombre de ces tranches, dont la première à gauche peut n'avoir qu'un seul chiffre, est égal au nombre des chiffres de la racine.

On extrait la racine du plus grand carré entier contenu dans le nombre formé par la première tranche à gauche; on a ainsi le premier chiffre de la racine.

On retranche le carré de ce chiffre du nombre exprimé par la première tranche à gauche : on obtient ainsi un premier reste à la droite duquel on abaisse la deuxième tranche. On sépare le dernier chiffre à droite du nombre ainsi formé, et l'on divise la partie à gauche par le double du premier chiffre de la racine. Le quotient entier de cette division est égal ou supérieur au deuxième chiffre de la racine. Pour essayer ce chiffre, on l'écrit à la droite du double du premier chiffre de la racine, et l'on multiplie le résultat par le chiffre essayé. On retranche le produit, du nombre formé par le premier reste suivi de la deuxième tranche : si la soustraction peut se faire, le chiffre essayé est exact; sinon, on essaye de la même manière le chiffre inférieur d'une unité, et ainsi de suite, jusqu'à ce qu'on ait trouvé le chiffre exact.

Le deuxième chiffre de la racine étant trouvé, on abaisse la troisième tranche pour l'écrire à la droite du deuxième reste. On sépare le dernier chiffre à droite du nombre ainsi formé, et l'on divise la partie gauche par le double du nombre formé par les deux premiers chiffres de la racine. Le quotient entier de cette division est égal ou supérieur au troisième chiffre de la racine. Pour essayer ce chiffre, on l'écrit à droite du double du nombre formé par les deux premiers chiffres de la racine et l'on multiplie le résultat par le chiffre essayé. On retranche le produit du nombre formé par le deuxième reste suivi de la troisième tranche : si la soustraction peut se faire, le chiffre essayé est exact; sinon, on essaye de la même manière le chiffre inférieur d'une unité.

On continue de cette manière jusqu'à ce que toutes les tran-

ches aient été successivement abaissées. Le dernier reste obtenu
est le reste de l'opération.

Remarque. — Il peut arriver que, dans l'une des divisions
dont il vient d'être question, le quotient entier soit zéro : dans
ce cas, le chiffre correspondant de la racine est zéro. Le reste
correspondant à ce chiffre est alors le dernier reste obtenu
suivi de la dernière tranche abaissée; on abaisse une nouvelle
tranche et l'on continue l'opération d'après la règle.

177. Tous les chiffres de la racine carrée d'un nombre, ex-
cepté celui des plus hautes unités, s'obtiennent par une division qui peut conduire à un chiffre trop fort. Si l'on diminue
successivement d'une unité le chiffre reconnu trop fort, on
arrive sûrement au véritable, mais souvent, pour abréger, on
diminue le chiffre de plusieurs unités et l'on peut se trouver
conduit de la sorte à un chiffre trop faible. Pour reconnaître
s'il en est ainsi, il suffit de remarquer que le reste auquel conduit l'extraction de la racine carrée doit toujours être inférieur
au double de la racine, augmenté d'une unité.

En effet, supposons qu'ayant eu à extraire la racine du plus
grand carré contenu dans un nombre donné, on ait trouvé 765
pour la valeur de cette racine. Si le reste était égal ou supérieur
à $2 \times 765 + 1$, le nombre donné serait égal ou supérieur à
$765^2 + 2 \times 765 + 1$, c'est-à-dire égal ou supérieur (n° **173**) au
carré de $765 + 1$. Par conséquent, 765 ne serait pas la racine
du plus grand carré contenu dans le nombre donné.

EXTRACTION DE LA RACINE CARRÉE D'UN NOMBRE ENTIER A UNE UNITÉ PRÉS D'UN ORDRE DÉCIMAL DONNÉ.

178. Lorsqu'un nombre entier n'est pas un carré exact, on
peut, d'après ce qui précède, obtenir la racine du plus grand
carré entier contenu dans ce nombre. Mais il n'est pas moins
utile de savoir déterminer le plus grand nombre entier de
dixièmes, ou de centièmes, etc., dont le carré soit contenu
dans le nombre donné. Nous allons nous occuper ici de cette
recherche.

Supposons, par exemple, qu'on demande le plus grand nombre de dixièmes dont le carré soit contenu dans 7. Le carré de
ce nombre de dixièmes est un nombre de centièmes qui doit
pouvoir se retrancher de 7 ou de 700 centièmes; on obtiendra
donc le résultat demandé en extrayant la racine du plus grand
carré entier contenu dans 700 et en faisant exprimer des
dixièmes à la racine trouvée.

On déduit de là la règle suivante :

*Pour avoir le plus grand nombre de dixièmes ou de cen-
tièmes, etc., dont le carré soit contenu dans un entier donné,
il faut écrire deux ou quatre, etc., zéros à la droite du nombre
donné, extraire la racine du plus grand carré entier contenu
dans le résultat et séparer un ou deux, etc., chiffres décimaux
sur la droite de la racine obtenue.*

Si l'on veut avoir le plus grand nombre de dix-millièmes dont
le carré soit contenu dans 7, il faudra, d'après la règle, extraire
la racine du plus grand carré contenu dans 7×10000^2 ou
700000000 et séparer quatre chiffres décimaux sur la droite
de la racine obtenue.

700000000	2,6457			
300	46	524	5285	52907
2400	6	4	5	7
30400				
397500				
27151				

2,6457 exprime le nombre de dix-millièmes demandé.

179. Souvent on se dispense d'écrire des zéros à la droite du
nombre donné, mais on opère comme si ces zéros étaient
écrits; ainsi, après avoir extrait la racine du plus grand carré
entier contenu dans le nombre donné, on place une virgule à
la droite de cette racine et on continue l'opération en écrivant
deux zéros à la droite du dernier reste obtenu et des suivants,
jusqu'à ce qu'on ait obtenu à la racine tous les chiffres demandés. On forme ainsi successivement les plus grands nombres d'unités, de dixièmes, de centièmes, etc., dont les carrés
soient contenus dans le nombre donné; l'opération peut être
prolongée indéfiniment.

Conservons l'exemple du nombre 7; le calcul sera disposé
comme il suit :

7	2,6457....			
300	46	524	5285	52907
2400	6	5	5	7
30400				
397500				
27151				
⋮				

On voit que le nombre 7 est plus grand que les carrés des nombres

(1)   2   2,6   2,64   2,645   2,6457...,

et que ce même nombre 7 est plus petit que les carrés des nombres

(2)   3   2,7   2,65   2,646   2,6458....

La différence entre l'un des nombres de la suite (1) et le correspondant de la suite (2) peut devenir moindre que toute quantité assignable, et il en est de même de la différence des carrés de ces nombres. Pour établir ce dernier point, considérons deux termes correspondants quelconques des suites (1) et (2), par exemple ceux qui occupent le 3ᵉ rang. Comme la différence des carrés des entiers 265 et 264 est $2 \times 264 + 1$ (n° 173), la différence des carrés des nombres 2,65 et 2,64 qui est 10000 fois plus petite sera $2 \times 2,64 \times 0,01 + 0,0001$ ou $2 \times 2,65 \times 0,01 - 0,0001$; cette différence est donc moindre que $2 \times 2,65 \times 0,01$ et, à plus forte raison, moindre que $2 \times 3 \times 0,01$ ou que 0,06. On ferait voir de même que la différence des carrés des nombres qui occupent dans les suites (1) et (2) le 4ᵉ rang est inférieure à 0,006, que celle des carrés des nombres qui occupent le 5ᵉ rang est inférieure à 0,0006, etc. Il résulte de là que les carrés des nombres (1) et ceux des nombres (2) s'approchent indéfiniment du nombre 7 qui est, pour ces deux suites de carrés, une *limite* commune. Les suites (1) et (2) ont elles-mêmes une limite commune, et cette limite est ce que l'on nomme la *racine carrée* du nombre 7. Les nombres qui forment les suites (1) et (2) sont les valeurs de $\sqrt{7}$ à une unité près, à un dixième près, etc., par défaut et par excès (*).

180. Lorsqu'on cherche ainsi à évaluer en décimales la racine carrée d'un entier qui n'est pas le carré d'un autre entier, l'opération ne peut jamais se terminer, et le nombre décimal que l'on écrit à la racine n'est pas périodique. En d'autres

---

(*) Les nombres ne sont que la représentation des grandeurs; aussi quand nous disons que les suites (1) et (2) ont une limite, nous entendons par là que si l'on conçoit une infinité de grandeurs d'une même espèce quelconque, des longueurs par exemple, qui soient exactement mesurées par les nombres de la suite (1) ou de la suite (2), ces longueurs s'approchent indéfiniment d'une certaine limite. Cette limite est une longueur qui est *exactement mesurée par le nombre* $\sqrt{7}$.

termes, *un nombre entier qui n'est pas le carré d'un nombre entier, ne peut être le carré d'une fraction.* En effet, les deux termes d'une fraction irréductible sont premiers entre eux ; par suite leurs carrés sont eux-mêmes premiers entre eux. Donc le carré d'une fraction irréductible est une seconde fraction irréductible qui ne peut, en conséquence, se réduire à un nombre entier.

Les racines carrées des nombres qui ne sont pas des carrés exacts appartiennent à la classe des nombres *incommensurables.* Un nombre est dit incommensurable lorsque la grandeur dont il exprime la mesure n'est pas égale à un multiple de l'unité ou à un multiple d'une partie aliquote de l'unité.

181. Le calcul qu'on exécute pour évaluer en décimales la racine carrée d'un entier peut donner cette racine à une demi-unité près de l'ordre de son dernier chiffre. Effectivement, si le reste de l'opération n'est pas supérieur au nombre formé par les chiffres écrits à la racine, on a cette racine à une demi-unité près de l'ordre de son dernier chiffre. Si, au contraire, le reste est supérieur au nombre formé par les chiffres écrits à la racine, on aura cette racine à une demi-unité près de l'ordre de son dernier chiffre, en augmentant d'une unité le dernier chiffre obtenu.

En effet, la racine étant trouvée avec le nombre de chiffres désigné, supposons qu'on veuille obtenir un chiffre de plus. D'après la règle du n° 176, il est évident que ce nouveau chiffre sera inférieur à 5, si le dernier reste obtenu est égal ou inférieur au nombre formé par les chiffres déjà écrits à la racine. Au contraire, le nouveau chiffre sera égal ou supérieur à 5, si le dernier reste est supérieur au nombre écrit à la racine.

EXTRACTION DE LA RACINE CARRÉE DES FRACTIONS ORDINAIRES ET DÉCIMALES.

182. Lorsque les deux termes d'une fraction sont des carrés, la racine carrée de cette fraction s'obtient exactement en extrayant la racine carrée du numérateur et celle du dénominateur.

Lorsque les deux termes d'une fraction irréductible ne sont pas l'un et l'autre des carrés, la fraction ne peut être le carré d'une autre fraction et sa racine carrée est un nombre incommensurable. Les considérations dont nous avons fait usage pour définir la racine carrée d'un entier qui n'est pas un carré exact, peuvent être appliquées sans modification au cas d'un

nombre fractionnaire et même au cas d'un nombre incommensurable. Ainsi l'on obtiendra des valeurs de plus en plus approchées de la racine carrée d'un nombre quelconque donné, en
cherchant les plus grands nombres d'unités, de dixièmes, de
centièmes, etc., dont les carrés soient contenus dans le nombre
donné; en outre, la limite de ces valeurs approchées sera la
valeur exacte de la racine carrée du nombre donné.

183. Proposons-nous d'abord d'extraire la racine carrée d'un
nombre fractionnaire à une unité près. Soit, par exemple, le
nombre $41,75$; il s'agit d'avoir la racine du plus grand carré
entier contenu dans ce nombre. Le plus grand carré entier
contenu dans $41,75$ ne peut surpasser 41; il est donc égal au
plus grand carré entier contenu dans 41, c'est-à-dire égal à 36. La
racine de 36 est 6, par conséquent 6 est la valeur $\sqrt{41,75}$ à une
unité près, par défaut. Il résulte de là que :

*Pour obtenir, à une unité près, par défaut, la racine carrée
d'un nombre fractionnaire, il suffit d'extraire, à une unité
près, par défaut, la racine carrée de l'entier contenu dans le
nombre fractionnaire.*

184. Supposons, en second lieu, qu'on ait à extraire la racine carrée d'un nombre décimal à une unité près d'un ordre
décimal déterminé. Soit, par exemple, le nombre $3,14159265$
dont on demande la racine carrée à $0,001$ près. Il s'agit de
trouver le plus grand nombre de millièmes dont le carré soit
contenu dans $3,14159265$; en répétant ici textuellement
le raisonnement dont nous avons fait usage au n° **178**, on
prouvera que le résultat demandé s'obtiendra en extrayant la
racine du plus grand carré entier contenu dans le nombre
$3,14159265 \times 1000^2$, ou $3141592,65$ et en séparant trois chiffres
décimaux sur la droite de la racine trouvée. On est donc ramené
(n° **183**) à extraire la racine carrée de 3141592 à une unité
près.

$$
\begin{array}{l|lll}
3141592 & 1772 & & \\
\hline
214 & 27 & 347 & 3542 \\
2515 & 7 & 7 & 2 \\
8692 & & & \\
1608 & & &
\end{array}
$$

La racine demandée est $1,772$ à $0,001$ près par défaut. On peut
ainsi énoncer la règle suivante :

Pour extraire la racine carrée d'un nombre décimal à une

unité près d'un ordre décimal déterminé, on conserve dans ce nombre deux fois autant de décimales qu'on en veut avoir à la racine et l'on néglige toutes les décimales suivantes ; on supprime ensuite la virgule ; on extrait à une unité près la racine carrée du résultat et l'on fait exprimer à cette racine des unités du même ordre que celui de l'unité qui désigne le degré d'approximation demandé.

Remarque. — Il peut arriver que le nombre des chiffres décimaux du nombre donné soit inférieur au double du nombre des chiffres décimaux demandés à la racine ; dans ce cas, il faut, avant d'appliquer la règle, compléter par des zéros les décimales manquantes.

185. Supposons enfin qu'on ait à extraire la racine carrée d'une fraction ordinaire à une unité près d'un ordre décimal déterminé. Soit, par exemple, la fraction $\frac{5}{7}$ dont on demande la racine carrée à 0,001 près. Réduisons la fraction $\frac{5}{7}$ en décimales ; on obtient pour résultat 0,714285..... Pour extraire la racine carrée de ce nombre décimal à 0,001 près, il ne faut conserver que six décimales, supprimer la virgule, extraire la racine du résultat 714285 à une unité près et faire exprimer des millièmes au résultat. La racine de 714285 est 845 à une unité près, par défaut ; donc 0,845 est la valeur de $\sqrt{\dfrac{5}{7}}$ à 0,001 près, par défaut. On voit que :

Pour extraire la racine carrée d'une fraction ordinaire à une unité près d'un ordre décimal déterminé, il suffit de réduire la fraction ordinaire en fraction décimale et de calculer un nombre de chiffres décimaux double du nombre de ceux que l'on veut avoir à la racine. On est ramené alors à extraire la racine carrée du nombre décimal obtenu.

EXTRACTION DE LA RACINE CARRÉE DES NOMBRES APPROCHÉS.

186. D'après le principe du n° 141, *l'erreur relative du carré d'un nombre approché est égale au double de l'erreur relative du nombre donné.* Il suit de là que *l'erreur relative de la racine carrée d'un nombre approché est égale à la moitié de l'erreur relative du nombre donné.*

Ce principe permet de résoudre très-aisément toutes les

questions qui se rapportent à l'extraction de la racine carrée des nombres approchés; nous allons donner quelques exemples :

1° Le nombre 3,141 étant connu à une unité près de l'ordre de son dernier chiffre, on demande avec quelle approximation on peut calculer sa racine carrée. L'erreur relative du nombre 3,141 est moindre que $\dfrac{1}{3 \times 10^3}$; donc l'erreur relative de $\sqrt{3,141}$ est moindre que $\dfrac{1}{6 \times 10^3}$, et, comme le premier chiffre de cette racine est moindre que 6, on pourra compter sur l'exactitude des quatre premiers chiffres. La racine du nombre approché 3,141 ou 3,141000 est 1,772 à 0,001 près.

2° On demande de calculer $\sqrt{867 + \sqrt{13}}$ à 0,001 près. On voit aisément que le nombre demandé doit avoir quatre chiffres; on voit aussi qu'il suffit de calculer $\sqrt{13}$ à 0,1 près. En effet, l'erreur relative de la valeur approchée de $867 + \sqrt{13}$ sera alors moindre que $\dfrac{1}{8 \times 10^3}$; par suite l'erreur relative de la racine sera moindre que $\dfrac{1}{16 \times 10^3}$, et l'on pourra compter sur les quatre premiers chiffres de cette racine. La valeur de $\sqrt{13}$ est 3,6 à 0,1 près; celle de $\sqrt{870,6}$ ou de $\sqrt{870,6000}$ est 29,50 à 0,01 près. Le nombre demandé est donc 29,50 à 0,01 près.

3° On demande de calculer $\sqrt{86742 + \sqrt{13}}$ à 0,1 près. Ici l'on peut négliger complètement $\sqrt{13}$. En effet, l'erreur relative du nombre approché 86742 est alors moindre que $\dfrac{1}{8 \times 10^3}$, puisque les quatre premiers chiffres de 86742 sont exacts; l'erreur relative de $\sqrt{86742}$ est donc moindre que $\dfrac{1}{16 \times 10^3}$ et, par suite, les quatre premiers chiffres de cette racine sont aussi les quatre premiers chiffres de la racine demandée.

C'est ici l'occasion de faire remarquer qu'on peut simplifier notablement la règle donnée au n° 185, pour l'extraction de la racine carrée des fractions ordinaires à une unité près d'un ordre décimal déterminé. Dans la réduction préalable de la fraction donnée en décimales, la règle prescrit de calculer un nombre de chiffres décimaux double du nombre de ceux qu'on veut avoir à la racine. Il suffit évidemment que le nombre des chiffres calculés soit tel, que l'erreur relative du résultat ne surpasse pas le double de celle qui doit affecter la racine. Par exemple, pour avoir $\sqrt{\dfrac{5}{7}}$ à 0,001 près, on peut substituer 0,714000 à $\dfrac{5}{7}$ et l'on trouve (n° 138) pour résultat 0,845 comme au n° 185.

PROPRIÉTÉS RELATIVES A LA THÉORIE DE LA RACINE CARRÉE.

187. La proposition fondamentale par laquelle il est permis d'intervertir l'ordre des facteurs d'un produit, s'applique au cas où les facteurs sont incommensurables. En effet, soit le produit $\sqrt{2} \times \sqrt{3} \times \sqrt{5}$. Pour calculer ce produit, il faut substituer aux facteurs des valeurs commensurables approchées; on obtient ainsi un produit approché qui est indépendant de l'ordre des facteurs. Donc on peut intervertir l'ordre des facteurs du produit proposé.

Il résulte de là que pour multiplier un nombre par un produit de plusieurs facteurs quelconques, il suffit de multiplier successivement par les facteurs du produit.

Ces propositions conduisent à des remarques utiles :

1° *Le produit des racines carrées de plusieurs nombres est égal à la racine carrée du produit de ces nombres.*

Soit en effet le produit $\sqrt{2} \times \sqrt{3} \times \sqrt{5}$; son carré sera $\sqrt{2} \times \sqrt{3} \times \sqrt{5} \times \sqrt{2} \times \sqrt{3} \times \sqrt{5}$, ou $\sqrt{2} \times \sqrt{2} \times \sqrt{3} \times \sqrt{3} \times \sqrt{5} \times \sqrt{5}$, ou enfin $2 \times 3 \times 5$; donc le produit proposé est égal à $\sqrt{2 \times 3 \times 5}$.

2° *Le quotient des racines carrées de deux nombres est égal à la racine carrée du quotient de ces nombres.*

Soit en effet le quotient $\dfrac{\sqrt{2}}{\sqrt{3}}$; comme 2 est égal à $\dfrac{2}{3} \times 3$, $\sqrt{2}$ sera égal à $\sqrt{\dfrac{2}{3}} \times \sqrt{3}$; donc $\sqrt{\dfrac{2}{3}}$ est égal au quotient de $\sqrt{2}$ par $\sqrt{3}$.

3° *Pour multiplier une racine carrée par un nombre, il suffit de multiplier le nombre qui est sous le radical par le carré du nombre dont il s'agit.*

Soit le produit $3 \times \sqrt{2}$; comme 3 est égal à $\sqrt{9}$, le produit donné est égal à $\sqrt{9} \times \sqrt{2}$ ou à $\sqrt{9 \times 2}$.

Quand on remplace le produit $3 \times \sqrt{2}$ par $\sqrt{9 \times 2}$, on dit qu'on fait *entrer le facteur* 3 *sous le radical*. Au contraire, quand on remplace $\sqrt{9 \times 2}$ par $3\sqrt{2}$, on fait *sortir le facteur du radical*.

QUESTIONS PROPOSÉES.

I. Démontrer qu'un nombre entier terminé par un des chiffres 2, 3, 7, 8 ne peut être un carré parfait.

II. Démontrer que si un nombre entier terminé par 5 est un carré parfait, le chiffre des dizaines est 2.

III. Démontrer que si un nombre entier est un carré parfait, les exposants des facteurs premiers dont il est composé sont pairs, et réciproquement.

IV. Calculer les deux nombres $\sqrt{2 + \sqrt{3}}$ et $\sqrt{2 - \sqrt{3}}$ à 0,001 près chacun. Avec combien de décimales faut-il extraire la racine carrée de 3 dans chaque cas.

V. Démontrer que si une fraction est un carré parfait, le produit de ses deux termes est aussi un carré parfait, et réciproquement.

VI. Démontrer que tous les carrés impairs diminués d'une unité sont divisibles par 8.

CHAPITRE XIV.

DE LA RACINE CUBIQUE.

DU CUBE ET DE LA RACINE CUBIQUE.

188. Le *cube* ou la troisième puissance d'un nombre (n° 36) est le produit de trois facteurs égaux à ce nombre; ainsi le cube de 5 est $5 \times 5 \times 5$ ou 125; le cube de $\frac{2}{3}$ est $\frac{2}{3} \times \frac{2}{3} \times \frac{2}{3}$ ou $\frac{8}{27}$. Il est évident que, pour élever une fraction au cube, il faut élever ses deux termes au cube.

On désigne le cube d'un nombre (n° 36), en écrivant l'exposant 3 au-dessus de ce nombre et à droite. Ainsi 5^3, $\left(\frac{2}{3}\right)^3$ désignent les cubes de 5 et de $\frac{2}{3}$.

La *racine cubique* d'un nombre est le nombre qu'il faut élever au cube pour reproduire le premier nombre. Ainsi 125 étant le cube de 5, la racine cubique de 125 est 5. Pareillement, $\frac{8}{27}$ étant le cube de $\frac{2}{3}$, la racine cubique de $\frac{8}{27}$ est $\frac{2}{3}$.

Pour représenter la racine cubique d'un nombre, on écrit d'abord ce nombre, et l'on place à sa gauche le radical $\sqrt[3]{}$ dans l'ouverture duquel est placé le chiffre 3. Ainsi $\sqrt[3]{125}$, $\sqrt[3]{\frac{8}{27}}$ représentent respectivement les racines cubiques de 125 et de $\frac{8}{27}$.

L'opération par laquelle on obtient la racine cubique d'un nombre est dite *extraction de la racine cubique*.

COMPOSITION DU CUBE D'UNE SOMME DE DEUX PARTIES.

189. *Le cube d'une somme de deux parties est égal au cube de la première partie, plus trois fois le produit du carré de la première partie par la seconde, plus trois fois le produit de la première partie par le carré de la seconde, plus le cube de la seconde partie.*

Soit la somme $7 + 5$: le carré de cette somme est égal à $7^2 + 2$ fois $7 \times 5 + 5^2$; en multipliant ce carré par $7 + 5$, on obtiendra le cube de $7 + 5$. Le produit du carré de $7 + 5$ par 7 est ainsi $7^3 + 2$ fois $7^2 \times 5 + 7 \times 5^2$; le produit du même carré par 5 est $7^2 \times 5 + 2$ fois $7 \times 5^2 + 5^3$; en réunissant les deux produits partiels, on obtient le cube de $7 + 5$ qui est $7^3 + 3$ fois $7^2 \times 5 + 3$ fois $7 \times 5^2 + 5^3$.

EXTRACTION DE LA RACINE CUBIQUE D'UN NOMBRE ENTIER.

190. Tous les nombres entiers ne sont pas des cubes; aussi nous nous proposons seulement de trouver la racine cubique du plus grand cube entier contenu dans un nombre donné. L'excès du nombre donné sur le plus grand cube dont il s'agit est dit le *reste* de l'opération; ce reste est zéro quand le nombre donné est un cube.

Lorsque le nombre donné est moindre que 1000 ou 10^3, la racine demandée s'obtient par la simple inspection de la Table des cubes des 9 premiers nombres

qui sont

$$1, \ 2, \ 3, \ 4, \ 5, \ 6, \ 7, \ 8, \ 9,$$

$$1, \ 8, \ 27, \ 64, \ 125, \ 216, \ 343, \ 512, \ 729.$$

Veut-on, par exemple, la racine cubique du plus grand cube entier contenu dans 487? Le nombre donné est compris entre 343 et 512; la racine de 343 est 7; par conséquent 7 est la racine demandée et le reste de l'opération est $487 - 343$ ou 144.

Nous examinerons maintenant le cas où le nombre donné est supérieur à 1000.

191. Soit le nombre 43725658, et proposons-nous d'extraire la racine cubique du plus grand cube entier contenu dans ce nombre.

Le nombre proposé étant plus grand que 1000, la racine demandée est supérieure à 10; en répétant ici le raisonnement que nous avons fait à l'occasion de la racine carrée, on prouvera que le nombre des dizaines de la racine demandée est égal à la racine cubique du plus grand cube entier contenu dans le nombre 43725 des mille de 43725658. Il faut donc chercher d'abord la racine du plus grand cube contenu dans 43725.

Le nombre 43725 étant lui-même plus grand que 1000, la racine qu'il faut trouver est supérieure à 10; et, par le raisonnement déjà rappelé, on voit que le nombre des dizaines de cette racine est égal à la racine cubique du plus grand cube entier contenu dans le nombre 43 des mille de 43725. Il faut donc chercher d'abord la racine du plus grand cube contenu dans 43.

Le nombre 43 étant plus petit que 1000, la racine qu'il faut trouver n'a qu'un seul chiffre. On trouve (n° 190) que cette racine est 3.

La racine du plus grand cube contenu dans 43725 renferme donc 3 dizaines; nous allons chercher le chiffre des unités de cette racine. L'excès du nombre 43 sur le cube 27 de 3 étant 16, il est évident que, si l'on retranche de 43725 le cube de 3 dizaines, c'est-à-dire 27 mille, le reste contiendra 16 mille et 725 unités; il sera donc 16725. Or, en répétant encore ici un raisonnement déjà employé à l'occasion de la racine carrée, on prouvera que, si l'on divise le nombre 167 des centaines du reste 16725 par trois fois le carré du nombre des dizaines de la racine, c'est-à-dire par 3×9 ou 27, le quotient obtenu 6 est égal ou supérieur au chiffre des unités de la racine; donc la racine du plus grand cube contenu dans 43725 est égale ou inférieure à 36. Pour reconnaître si le chiffre des unités de la racine est effectivement 6, il faut former le cube de 36 et voir si ce cube peut être retranché de 43725. En élevant 36 au cube, on trouve pour résultat 46656, nombre supérieur à 43725; on en conclut que le chiffre 6 est trop fort. Il faut alors essayer de la même manière le chiffre 5. En élevant 35 au cube, on trouve pour résultat 42875, nombre inférieur à 43725. On en conclut que 35 est la racine cherchée.

Revenons maintenant au nombre proposé 43725658. Sa racine cubique contient 35 dizaines; nous allons chercher le chiffre des unités de cette racine. L'excès de 43725 sur 42875, cube de 35, étant 850, il est évident que, si l'on retranche de 43725658 le cube de 35 dizaines, c'est-à-dire 42875 mille, le reste contiendra 850 mille et 658 unités; il sera donc 850658. Or, par le raisonnement rappelé plus haut, on voit que, si l'on divise le nombre 8506 des centaines de ce reste par trois fois le carré du nombre des dizaines de la racine, c'est-à-dire par 3×35^2 ou 3675, le quotient obtenu 2 sera égal ou supérieur au chiffre des unités de la racine; donc la racine demandée est égale ou inférieure à 352. Pour reconnaître si le chiffre des unités de la racine est effectivement 2, il faut former le cube de 352 et voir si ce cube peut être soustrait de 43725658. En élevant 352 au cube, on trouve pour résultat 43614208, nombre inférieur à 43725658; on en conclut que 352 est effectivement la racine du plus grand cube entier contenu dans le nombre donné. L'excès du nombre donné 43725658 sur le cube 43614208 de 352 est 111450.

Voici le détail des calculs :

43725658	352		35		352
27			35		352
167	27 = 3 × 3²		175		704
	3675 = 3 × 35²		105		1760
43725			1225		1056
42875			35		123904
8506			6125		352
			3675		247808
43725658			42875		619520
43614208					371712
111450					43614208

REMARQUE SUR LES RACINES EN GÉNÉRAL.

192. En général, lorsqu'un nombre est une puissance d'un autre nombre, le second nombre est dit une *racine* du premier. Ainsi 32 étant la cinquième puissance de 2, ce nombre 2 est la *racine cinquième* de 32 ; 5 est le *degré* ou l'*indice* de la racine. Pour indiquer une racine d'un nombre, on place à gauche de ce nombre le radical $\sqrt{}$ dans l'ouverture duquel on écrit l'indice de la racine ; ainsi $\sqrt[5]{32}$ représente la racine cinquième de 32 ; mais lorsqu'il s'agit d'une racine carrée, on se dispense d'écrire l'indice.

Les racines des nombres qui ne sont pas des puissances exactes d'un degré égal à l'indice sont des nombres incommensurables. Le calcul des valeurs approchées de ces racines se ramènerait immédiatement à l'extraction des racines des nombres entiers, ainsi que nous l'avons expliqué avec détails pour ce qui concerne les racines carrées. Mais l'extraction directe des racines de degré supérieur au deuxième n'est pas une opération pratique ; c'est au moyen des *logarithmes* que cette extraction doit être effectuée, ainsi que nous le montrerons plus loin. Le but que nous nous sommes proposé, en traitant sommairement de la racine cubique des nombres entiers, est simplement de donner une idée de la généralisation des méthodes d'extraction des racines.

193. Il est important de remarquer que l'extraction d'une racine quatrième peut se ramener à l'extraction de deux racines carrées. Soit, par exemple, $\sqrt[4]{2}$. On a $\sqrt[4]{2} \times \sqrt[4]{2} \times \sqrt[4]{2} \times \sqrt[4]{2} = 2$; il suit de là que 2 est le carré de $\sqrt[4]{2} \times \sqrt[4]{2}$. On a ainsi $\sqrt[4]{2} \times \sqrt[4]{2} = \sqrt{2}$. Cela montre que $\sqrt{2}$ est le carré de $\sqrt[4]{2}$; donc on a $\sqrt[4]{2} = \sqrt{\sqrt{2}}$.

On verrait de même que l'extraction des racines huitièmes, seizièmes, etc., se ramène à l'extraction de trois, de quatre, etc., racines carrées. On peut de même ramener l'extraction d'une racine sixième à l'extraction d'une racine carrée et à celle d'une racine cubique.

Remarquons encore que, par un raisonnement identique à celui dont nous avons fait usage (n° **187**), on établit les propositions suivantes :

Le produit des racines cubiques, quatrièmes, etc., de plusieurs nombres est égal à la racine cubique, quatrième, etc., du produit de ces nombres.

Le quotient des racines cubiques, quatrièmes, etc., de deux nombres est égal à la racine cubique, quatrième, etc., du quotient de ces nombres.

Pour multiplier une racine cubique, quatrième, etc., par un nombre, il suffit de multiplier le nombre qui est sous le radical par le cube, la quatrième puissance, etc., du nombre dont il s'agit.

QUESTIONS PROPOSÉES.

I. Démontrer que si le reste de la division d'un nombre entier par 9 est 2, 3, 4, 5, 6 ou 7, ce nombre n'est pas un cube parfait.

II. Démontrer les règles suivantes :

Pour extraire la racine cubique d'un nombre entier à un dixième près ou à un centième près, ou etc., il faut écrire trois zéros ou six zéros, ou etc., à la droite du nombre donné, extraire la racine cubique du plus grand cube contenu dans le résultat et séparer un, ou deux, ou etc., chiffres décimaux sur la droite de la racine obtenue.

Pour extraire la racine cubique d'un nombre décimal à une unité près d'un ordre décimal déterminé, on conserve dans ce nombre trois fois autant de décimales qu'on en veut avoir à la racine; on supprime la virgule; on extrait à une unité près la racine cubique du résultat, et l'on fait exprimer à cette racine des unités du même ordre que celui de l'unité qui désigne l'approximation demandée.

Pour extraire la racine cubique d'une fraction ordinaire à une unité près d'un ordre décimal déterminé, on évalue la fraction en décimales et l'on applique ensuite la règle précédente. Avec combien de décimales est-il nécessaire d'évaluer ainsi la fraction ordinaire ?

III. Extraire à 0,001 près la racine cubique des nombres $9 + 4\sqrt{5}$, $9 - 4\sqrt{5}$ et faire ensuite la somme des résultats.

CHAPITRE XV.

DES RAPPORTS ET DE LEURS USAGES.

DES RAPPORTS.

194. On nomme *rapport* d'une grandeur à une autre grandeur de même espèce le nombre qui mesure la première grandeur lorsque la seconde est prise pour unité.

Si deux grandeurs sont multiples d'une même troisième grandeur, celle-ci est dite une *commune mesure* des deux premières.

Lorsque deux grandeurs ont été mesurées avec la même unité, on obtient leur rapport en divisant le nombre qui mesure la première grandeur par le nombre qui mesure la seconde.

En effet, supposons d'abord que les nombres qui mesurent les grandeurs dont il s'agit soient entiers, et qu'ils soient 25 et 18, par exemple. L'unité employée est alors une commune mesure des deux grandeurs et il est clair que la première grandeur est égale aux $\frac{25}{18}$ de la seconde. Par conséquent, si la seconde grandeur est prise pour unité, la première sera mesurée par le nombre $\frac{25}{18}$; ce nombre exprime donc, d'après la définition, le rapport de la première grandeur à la seconde.

Supposons en second lieu que les nombres qui mesurent les deux grandeurs soient fractionnaires, et qu'ils soient $\frac{3}{4}$ et $\frac{5}{7}$. Si l'on réduit ces fractions au même dénominateur, elles deviennent $\frac{3 \times 7}{4 \times 7}$ et $\frac{5 \times 4}{4 \times 7}$: la fraction de l'unité égale à $\frac{1}{4 \times 7}$ est une commune mesure des deux grandeurs, qui est contenue 3×7 fois dans la première et 5×4 fois dans la seconde; il en résulte que la première grandeur est égale à $\frac{3 \times 7}{4 \times 5}$ de la seconde. Le rapport de la première grandeur à la seconde est donc égal à $\frac{3 \times 7}{4 \times 5}$, c'est-à-dire égal à $\frac{3}{4} : \frac{5}{7}$.

10.

Le rapport de deux grandeurs étant égal au quotient des nombres qui mesurent ces grandeurs, on est conduit à nommer *rapport d'un nombre à un autre* le quotient du premier nombre par le second. Ainsi le rapport du nombre $\frac{3}{4}$ au nombre $\frac{5}{7}$ est $\dfrac{\left(\frac{3}{4}\right)}{\left(\frac{5}{7}\right)}$; le premier nombre $\frac{3}{4}$ est dit *numérateur* du rapport, le deuxième nombre $\frac{5}{7}$ est le *dénominateur*. Ces dénominations sont naturelles : on a vu effectivement que les fractions ordinaires à termes entiers ne sont autre chose que des quotients ou des rapports.

Deux rapports sont dits *inverses* l'un de l'autre lorsque le numérateur de l'un est égal au dénominateur de l'autre, et réciproquement. Ainsi $\dfrac{\left(\frac{3}{4}\right)}{\left(\frac{5}{7}\right)}$ et $\dfrac{\left(\frac{5}{7}\right)}{\left(\frac{3}{4}\right)}$ sont des rapports inverses.

195. *Un rapport ne change pas de valeur quand on multiplie ou quand on divise ses deux termes par un même nombre.*

En effet, soient les rapports $\dfrac{\left(\frac{3}{4}\right)}{\left(\frac{5}{7}\right)}$ et $\dfrac{\left(\frac{3}{4}\times\frac{2}{9}\right)}{\left(\frac{5}{7}\times\frac{2}{9}\right)}$. D'après les règles du calcul des fractions, le premier rapport est égal à $\frac{3\times 7}{4\times 5}$; le deuxième est égal à $\dfrac{\left(\frac{3\times 2}{4\times 9}\right)}{\left(\frac{5\times 2}{7\times 9}\right)}$ ou à $\frac{3\times 2\times 7\times 9}{4\times 9\times 5\times 2}$, ou enfin à $\frac{3\times 7}{4\times 5}$. Par conséquent, les deux rapports sont égaux. Il s'ensuit que le premier des rapports considérés ne change pas quand on multiplie ses deux termes par $\frac{2}{9}$ ou, ce qui revient au même, que le second rapport ne change pas quand on divise ses deux termes par $\frac{2}{9}$.

Il résulte de là que l'on peut réduire plusieurs rapports au même dénominateur par la règle employée pour les fractions ordinaires à termes entiers. On voit aussi qu'on peut appliquer aux rapports les règles de l'addition et de la soustraction des fractions.

196. *Pour avoir le produit de plusieurs rapports, il suffit de les multiplier termes à termes.*

Soient les deux rapports $\dfrac{\left(\dfrac{3}{4}\right)}{\left(\dfrac{5}{7}\right)}$ et $\dfrac{\left(\dfrac{8}{11}\right)}{\left(\dfrac{2}{9}\right)}$; il s'agit de démon-

trer l'égalité

$$\frac{\left(\dfrac{3}{4}\right)}{\left(\dfrac{5}{7}\right)} \times \frac{\left(\dfrac{8}{11}\right)}{\left(\dfrac{2}{9}\right)} = \frac{\left(\dfrac{3}{4}\right) \times \left(\dfrac{8}{11}\right)}{\left(\dfrac{5}{7}\right) \times \left(\dfrac{2}{9}\right)},$$

et pour cela il suffit de réduire chacun de ces nombres à la forme fractionnaire ordinaire, en faisant usage des règles relatives au calcul des fractions. On trouve ainsi que les deux nombres en question sont égaux l'un et l'autre à $\dfrac{3 \times 7 \times 8 \times 9}{4 \times 5 \times 11 \times 2}$.

Il est évident que pour diviser un rapport par un autre, il suffit de multiplier le rapport dividende par le rapport inverse du rapport diviseur.

197. *Dans une suite de rapports égaux, la somme des numérateurs et celle des dénominateurs forment un rapport égal aux premiers.*

En effet, considérons plusieurs rapports tous égaux à $\dfrac{5}{7}$.

Chaque numérateur vaut les $\dfrac{5}{7}$ du dénominateur correspondant.

Donc la somme de tous les numérateurs est les $\dfrac{5}{7}$ de la somme des dénominateurs; en d'autres termes, le rapport de la somme des numérateurs à la somme des dénominateurs est égal à $\dfrac{5}{7}$.

Remarque. — On ferait voir de même que *si deux rapports sont égaux, la différence des numérateurs et celle des dénominateurs forment un rapport égal aux premiers.*

198. *Quand deux rapports sont égaux, on obtient des résultats égaux en multipliant le numérateur de chacun d'eux par le dénominateur de l'autre.*

Soient les deux rapports égaux $\dfrac{\left(\dfrac{2}{3}\right)}{\left(\dfrac{5}{7}\right)}$ et $\dfrac{\left(\dfrac{7}{3}\right)}{\left(\dfrac{5}{2}\right)}$. En les réduisant

au même dénominateur, ils deviennent

$$\frac{\left(\dfrac{2}{3}\times\dfrac{5}{2}\right)}{\left(\dfrac{5}{7}\times\dfrac{5}{2}\right)},\quad \frac{\left(\dfrac{7}{3}\times\dfrac{5}{7}\right)}{\left(\dfrac{5}{2}\times\dfrac{5}{7}\right)};$$

ces deux rapports égaux ayant le même dénominateur, les numérateurs sont égaux. On a donc

$$\frac{2}{3}\times\frac{5}{2}=\frac{7}{3}\times\frac{5}{7}.$$

DES GRANDEURS QUI VARIENT DANS LE MÊME RAPPORT OU DANS UN RAPPORT INVERSE.

199. Lorsque deux grandeurs varient simultanément et de telle manière que deux valeurs quelconques de la première grandeur soient dans le même rapport que les valeurs correspondantes de la seconde, on dit que les grandeurs dont il s'agit sont *proportionnelles* l'une à l'autre, ou qu'*elles varient dans le même rapport.*

Ainsi le salaire d'un ouvrier est proportionnel à la durée de son travail.

L'espace parcouru par un corps qui se meut avec une vitesse constante est proportionnel à la durée du mouvement.

La longueur de la circonférence du cercle est proportionnelle au diamètre.

Dans les exemples précédents, comme dans tous ceux que nous citerons dans ce chapitre, nous admettons la proportionnalité des grandeurs considérées comme un fait connu ou résultant d'une convention. La démonstration de cette proportionnalité n'est pas du ressort de l'arithmétique ; elle appartiendrait, dans chaque cas, à la science qui traite des grandeurs que l'on considère. Nous croyons cependant devoir indiquer une proposition qui permettra souvent de s'assurer que deux grandeurs sont proportionnelles l'une à l'autre.

Lorsque deux grandeurs sont telles, que, si l'une d'elles devient un certain nombre de fois plus grande ou plus petite, l'autre devienne le même nombre de fois plus grande ou plus petite, ces deux grandeurs sont proportionnelles l'une à l'autre.

En effet, supposons qu'on fasse varier la première grandeur dans le rapport de 5 à 7, c'est-à-dire de manière que le rapport de la nouvelle valeur que prend cette grandeur à la valeur première soit $\frac{5}{7}$; je dis que la seconde grandeur variera aussi dans le rapport de 5 à 7. Pour le prouver, remarquons que, par hypothèse, la seconde grandeur devient 5 fois plus grande quand on rend la première 5 fois plus grande; les deux grandeurs dont il s'agit se trouvant l'une et l'autre multipliées par 5, si l'on rend la première 7 fois plus petite, la seconde deviendra aussi 7 fois plus petite. Dans ce nouvel état, chaque grandeur se trouve réduite aux $\frac{5}{7}$ de sa valeur primitive; donc les deux grandeurs considérées ont varié l'une et l'autre dans le rapport de 5 à 7.

200. Lorsque deux grandeurs varient simultanément et de telle manière que le rapport de deux valeurs quelconques de la première grandeur soit l'inverse du rapport des valeurs correspondantes de la seconde, on dit que les grandeurs dont il s'agit sont *inversement proportionnelles* l'une à l'autre ou qu'*elles varient dans un rapport inverse.*

Ainsi, le temps nécessaire à l'accomplissement d'un certain travail est inversement proportionnel au nombre des ouvriers employés.

Le temps employé pour parcourir un espace donné, par un corps qui se meut d'un mouvement uniforme, est inversement proportionnel à la vitesse.

La force en vertu de laquelle la terre et les autres planètes se meuvent dans leurs orbites est inversement proportionnelle au carré de leur distance au soleil.

La proposition suivante permet, dans bien des cas, de s'assurer que deux grandeurs sont inversement proportionnelles l'une à l'autre.

Lorsque deux grandeurs sont telles, que, si l'une d'elles devient un certain nombre de fois plus grande ou plus petite, l'autre devienne le même nombre de fois plus petite ou plus grande, ces deux grandeurs sont inversement proportionnelles l'une à l'autre.

Supposons qu'on fasse varier la première grandeur dans le

rapport de 5 à 7, je dis que la seconde grandeur variera dans le rapport inverse de 7 à 5. En effet, si la première grandeur devient 5 fois plus grande, la seconde se réduit à $\frac{1}{5}$ de sa valeur;

cela étant, si la première grandeur est réduite à $\frac{1}{7}$ de sa nouvelle valeur, la seconde grandeur devient 7 fois plus grande.

Dans ce nouvel état, la première grandeur est réduite aux $\frac{5}{7}$

de sa valeur primitive et la seconde grandeur aux $\frac{7}{5}$ de sa première valeur; donc les grandeurs ont varié dans un rapport inverse.

201. Il est rare qu'une grandeur dépende exclusivement d'une autre grandeur; plusieurs éléments concourent le plus souvent à déterminer sa valeur. Par exemple, le poids d'une barre de métal dépend à la fois de sa longueur, de sa largeur, de son épaisseur et de la densité du métal.

Lorsqu'une grandeur dépend ainsi de plusieurs autres, si l'on dit qu'elle est proportionnelle ou inversement proportionnelle à l'une des grandeurs dont elle dépend, on sous-entend que les autres éléments qui la déterminent sont alors considérés comme invariables.

Par exemple, si l'on dit : le poids d'une barre métallique est proportionnel à la densité du métal, on sous-entend que les dimensions de la barre sont considérées comme invariables.

DES QUESTIONS QUI SE RAPPORTENT AUX GRANDEURS PROPORTIONNELLES OU INVERSEMENT PROPORTIONNELLES.

202. Les questions dont nous allons nous occuper peuvent être énoncées généralement de la manière suivante :

1° *Connaissant des valeurs simultanées de deux grandeurs, proportionnelles ou inversement proportionnelles, trouver la valeur de la première grandeur qui correspond à une nouvelle valeur donnée de la seconde.*

2° *Connaissant des valeurs simultanées d'un nombre quelconque de grandeurs proportionnelles à l'une d'entre elles, trouver la valeur que prend celle-ci quand on donne de nouvelles valeurs à toutes les autres grandeurs.*

Nous allons présenter quelques exemples.

203. Problème I. — *Une manufacture a consommé 37000*

kilogrammes de charbon pour produire 26700 *kilogrammes de porcelaine. Combien brûlera-t-elle de charbon pour produire* 75350 *kilogrammes de porcelaine?*

Les grandeurs qui figurent dans cette question sont la quantité de porcelaine fabriquée et la quantité de charbon brûlé; nous supposerons ces grandeurs proportionnelles.

Pour résoudre la question proposée, on dira : puisque

pour produire 26700^{kil} de porcel., il a fallu 37000^{kil} de charb.,

pour.   1   . . . . il faudra $\dfrac{37000}{26700}$ . . . ;

donc pour... 75370   . . . . il faudra $\dfrac{37000}{26700} \times$ 75350...

Ainsi le nombre de kilogrammes de charbon demandé est

$$\frac{37000}{36700} \times 75350 \quad \text{ou} \quad 37000 \times \frac{75350}{26700},$$

c'est-à-dire 104417,61 à 0,01 près.

Remarque. — Le nombre demandé qui exprime la valeur de la première grandeur (la quantité de charbon brûlé) dans son second état, est égal, comme on le voit, au nombre qui exprime cette même grandeur dans son premier état, multiplié par le rapport des valeurs que prend la seconde grandeur (la quantité de porcelaine fabriquée) dans son deuxième et dans son premier état. Cette remarque permet de résoudre immédiatement les questions du genre de celles que nous venons de traiter, sans qu'il soit besoin de refaire les mêmes raisonnements.

204. PROBLÈME II. — *Il a fallu 8 heures à 12 ouvriers pour faire un certain ouvrage. Combien 17 ouvriers mettront-ils de temps à faire le même ouvrage?*

Ici les grandeurs considérées sont le temps nécessaire pour faire un certain ouvrage et le nombre des ouvriers qui y sont employés. Nous supposerons ces grandeurs inversement proportionnelles.

Pour résoudre la question proposée, on dira :

Puisque 12 ouvriers emploient   8   heures,

1 ouvrier emploiera   8 × 12 heures;

Par suite 17 ouvriers emploieront $\dfrac{8 \times 12}{17}$ heures;

le nombre d'heures demandé est donc $\dfrac{8 \times 12}{17}$ ou $8 \times \dfrac{12}{17}$.

Remarque. — Le nombre demandé qui exprime la valeur de la première grandeur (le temps employé) dans son second état est égal, comme on voit, au nombre qui exprime cette même grandeur dans son premier état, multiplié par l'inverse du rapport des valeurs que prend la deuxième grandeur (le nombre des ouvriers) dans son second et dans son premier état.

205. Problème III. — *Il a fallu 96 heures à 35 ouvriers pour élever un mur qui a 15 mètres de longueur, $4^m,50$ de hauteur et $0^m,75$ d'épaisseur, Combien 42 ouvriers emploieront-ils de temps pour élever un mur ayant 19 mètres de longueur, 3 mètres de hauteur et $1^m,20$ d'épaisseur?*

Nous supposons ici que le nombre d'heures de travail soit proportionnel à chacune des dimensions du mur et inversement proportionnel au nombre des ouvriers.

Par hypothèse, il faut 96 heures à 35 ouvriers pour élever un mur dont les dimensions sont 15 mètres, $4^m,50$ et $0^m,75$ respectivement; donc, pour élever le même mur, 42 ouvriers emploieraient un nombre d'heures égal à $96 \times \dfrac{35}{42}$ (n° 204, *Remarque*), car le nombre d'heures de travail est inversement proportionnel au nombre des ouvriers. Ainsi, il faut $96 \times \dfrac{35}{42}$ heures à 42 ouvriers pour élever un mur ayant 15 mètres de longueur, $4^m,50$ de hauteur et $0^m,75$ d'épaisseur. Le nombre d'heures de travail étant proportionnel à la longueur du mur, si cette longueur est portée de 15 à 19 mètres, le nombre d'heures sera multiplié par $\dfrac{19}{15}$ (n° 203; *Remarque*). Donc il faut $96 \times \dfrac{35}{42} \times \dfrac{19}{15}$ heures à 42 ouvriers pour élever un mur ayant 19 mètres de longueur, $4^m,50$ de hauteur et $0^m,75$ d'épaisseur. On voit de même que, si l'on porte successivement la hauteur du mur de $4^m,50$ à 3 mètres et l'épaisseur de $0^m,75$ à $0^m,20$, le nombre d'heures de travail se trouvera multiplié d'abord par $\dfrac{3}{4,50}$, puis par $\dfrac{1,20}{0,75}$. Donc, pour élever un mur ayant 19 mètres de longueur, 3 mètres de hauteur et $1^m,20$ d'épaisseur, 42 ouvriers emploieront un nombre d'heures égal à $96 \times \dfrac{35}{42} \times \dfrac{19}{15} \times \dfrac{3}{4,50} \times \dfrac{1,20}{0,75}$, c'est-à-dire $108 + \dfrac{4}{45}$ heures:

Remarque I. — On voit que généralement, dans les questions du genre de la précédente, le nombre demandé qui exprime la valeur d'une première grandeur dans son second état, est égal au nombre qui exprime cette même grandeur dans son premier état, multiplié successivement par les rapports des valeurs que prennent les autres grandeurs dans le deuxième et dans le premier état, ou par ces mêmes rapports renversés. L'un des rapports dont il s'agit doit être renversé quand la grandeur qui lui correspond est inversement proportionnelle à la première grandeur.

Remarque II. — La règle qui sert à résoudre les problèmes du genre de ceux que nous venons d'étudier, est quelquefois désignée sous le nom de *règle de trois*. La méthode dont nous avons fait usage pour établir cette règle est dite *méthode de réduction à l'unité.*

DES INTÉRÊTS SIMPLES.

206. L'*intérêt* d'une somme d'argent ou d'un capital est le bénéfice que se réserve celui qui prête ce capital. Ce bénéfice est proportionnel à la somme prêtée ; il dépend, en outre, du temps pendant lequel on la prête, et d'un troisième élément, nommé *taux de l'intérêt*, qui est l'intérêt dont on est convenu pour une somme de 100 francs placée pendant un an.

On dit que l'intérêt est *simple* lorsqu'il est proportionnel à la durée du placement.

Les problèmes auxquels donne lieu la considération des intérêts simples appartiennent à la classe de ceux que nous venons d'étudier et ils peuvent tous se résoudre à l'aide d'une règle générale que nous ferons connaître.

Nous commencerons par indiquer la manière de calculer l'intérêt que rapporte, au bout d'un certain temps, un capital placé à un taux donné.

PROBLÈME I. — *On demande l'intérêt d'une somme de 2340 francs, prêtée pendant 7 mois au taux de 4 pour 100 par an.*

Cet énoncé peut-être remplacé par le suivant :

100 francs produisent 4 francs d'intérêt en 12 mois ; combien 2340 francs produiront-ils en 7 mois ?

L'intérêt du capital étant proportionnel à ce capital, au taux convenu et à la durée du prêt, la solution de la question proposée est contenue dans la *Remarque I* du n° **205**. On trouve ainsi que l'intérêt demandé est égal à

$$4 \times \frac{2340}{100} \times \frac{7}{12} \text{ francs,}$$

c'est-à-dire égal à $54^{fr},60$.

On peut résoudre directement la question proposée, en raisonnant comme il suit :

1° Puisque 100 francs rapportent.... 4 francs en 12 mois,

1 franc rapportera..... $\frac{4}{100}$, »

donc 2340 francs rapporteront.. $\frac{4}{100} \times 2340$ »

2° Puisque 2340 francs rapportent $4 \times \frac{2340}{100}$ francs en 12 mois,

ils rapporteront $4 \times \frac{2340}{100} \times \frac{1}{12}$ fr. en 1 mois;

donc ils rapporteront $4 \times \frac{2340}{100} \times \frac{7}{12}$ fr. en 7 mois.

207. *Formule générale donnant la solution de toutes les questions relatives aux intérêts composés.* — Nous allons considérer de nouveau le problème que nous venons de résoudre au numéro précédent; mais, afin que la solution se présente avec un plus grand caractère de généralité, nous représenterons par une simple lettre chacune des quantités qui figurent dans la question, ainsi qu'on a l'habitude de le faire en algèbre.

Soient donc a le nombre de francs qui composent le capital donné, t le nombre entier ou fractionnaire d'années qui exprime la durée du prêt, r le taux de l'intérêt, enfin i l'intérêt du capital a.

Si l'on veut calculer l'intérêt i en supposant connues les quantités a, r et t, on dira :

1° Puisque 100 francs rapportent.. r francs en 1 an,

1 franc rapportera... $\frac{r}{100}$ francs en 1 an;

donc a francs rapporteront $\frac{r}{100} \times a$ francs en 1 an;

l'intérêt de a francs en 1 an est donc $\frac{r}{100} \times a$ ou $\frac{a \times r}{100}$.

2° Puisque a francs rapportent.... $\dfrac{a \times r}{100}$ francs en 1 an,

ils rapporteront $\dfrac{a \times r}{100} \times t$ francs en t ans;

l'intérêt demandé est donc $\dfrac{a \times r}{100} \times t$ ou $\dfrac{a \times r \times t}{100}$. Ainsi l'on a

(1) $$i = \dfrac{a \times r \times t}{100}.$$

Cette égalité est ce que l'on nomme en algèbre une *formule*. Cette formule donne immédiatement la solution de toutes les questions relatives aux intérêts simples. Par exemple, pour avoir la solution du problème du n° 206, il suffira de remplacer, dans notre formule, a par 2340, r par 4 et t par $\dfrac{7}{12}$.

On tire de la formule (1)

$$i \times 100 = a \times r \times t;$$

si l'on divise de part et d'autre, d'abord par $a \times t$, puis par $r \times t$, puis par $a \times r$, on obtient

(2) $$r = \dfrac{i \times 100}{a \times t},$$

(3) $$a = \dfrac{i \times 100}{r \times t},$$

(4) $$t = \dfrac{i \times 100}{a \times r}.$$

208. Les formules (2), (3), (4) ne sont autre chose que la formule (1) écrite d'une autre manière. Au moyen de ces quatre formules, on peut calculer l'une quelconque des quantités a, r, t, i, quand on connaît les trois autres. Nous allons donner des exemples.

Problème II. — *Une somme de 3750 francs a rapporté 719^{fr},25 en 2 ans et 6 mois. On demande quel est le taux de l'intérêt.*

Ici l'on a

$$a = 3750, \quad i = 719,25, \quad t = 2 + \dfrac{6}{12} = \dfrac{5}{2},$$

L'inconnue *r* sera donnée par la formule (2); on trouve ainsi

$$r = \frac{719,25 \times 100}{3750 \times \dfrac{5}{2}} = \frac{2877}{375} = 7,672.$$

Le taux demandé est de $7^{\text{fr}},672$ pour 100.

Problème III. — *Un certain capital prêté pendant 2 ans et 3 mois au taux de 6 pour 100 par an a produit* $1312^{\text{fr}},65$ *d'intérêt. On demande la valeur de ce capital.*

On a

$$i = 1312,65, \quad r = 6, \quad t = 2 + \frac{3}{12} = \frac{9}{4}.$$

L'inconnue *a* sera donnée par la formule (3); on trouve ainsi

$$a = \frac{1312,65 \times 100}{6 \times \dfrac{9}{4}} = 9723,33.$$

Le capital demandé est 9723^{fr}, 33 à un centime près.

Problème IV. — *Un capital de* 480000 *francs prêté pendant un certain temps au taux de 6 pour 100 par an, a produit un intérêt de* 103200 *francs. On demande la durée du prêt.*

On a

$$a = 480000, \quad i = 103200, \quad r = 6.$$

L'inconnue *t* sera donnée par la formule (4). On trouve ainsi

$$t = \frac{103200 \times 100}{480000 \times 6} = 3 + \frac{7}{12};$$

le temps demandé est donc de 3 ans et 7 mois.

209. On peut avoir à résoudre des questions dans lesquelles figure, au lieu de l'intérêt, la valeur du capital placé augmenté de son intérêt. Nous allons en donner un exemple.

Problème. — *Quel capital faut-il placer au taux de 5 pour 100 par an, pendant 3 ans et 9 mois, pour avoir une somme de 4800 francs, intérêt et capital réunis?*

La question proposée n'est pas du genre de celles qui dépendent immédiatement de la règle de trois, mais on peut cependant la résoudre très-aisément par le moyen de cette règle.

Remarquons d'abord qu'un capital de 100 francs placé pendant

3 ans 9 mois, au taux 5, produit un intérêt égal à $5 \times \left(3 + \frac{9}{12}\right)$ francs, c'est-à-dire égal à 18^{fr},75 ; le capital et son intérêt donnent donc une somme de 118^{fr},75. D'après cela, la question proposée se trouve ramenée à la suivante :

Sachant qu'il faut placer 100 francs à un certain taux et pendant un certain temps pour avoir 118^{fr},75, quelle est la somme qu'il faut placer au même taux et pendant le même temps pour avoir 4800 francs.

Réduite à ces termes, la question se résout immédiatement par la règle du n° 203, et l'on trouve que le capital cherché est

$$100^{fr} \times \frac{4800}{118,75} \text{ ou } 4042^{fr}, 10 \text{ à un centime près.}$$

DE L'ESCOMPTE.

210. Quand on veut hâter l'époque du payement d'une somme, on subit une retenue qui porte le nom d'*escompte*. Cette retenue, telle qu'on la fait dans le commerce, est l'intérêt de la somme, calculé pendant le temps qui devrait s'écouler jusqu'à son payement. Les questions relatives à l'escompte ne diffèrent pas alors de celles qui sont relatives aux intérêts simples. Nous allons donner un exemple.

Problème. — *Un billet de 1500 francs est payable dans trois mois, quel sera l'escompte si l'on veut être payé immédiatement? On suppose que le taux de l'intérêt ou de l'escompte soit 5 pour 100 par an.*

L'escompte cherché est, par convention, l'intérêt de 1500 fr. pendant 3 mois, ou $\frac{1}{4}$ d'année : il est donc $\dfrac{1500 \times 5 \times \frac{1}{4}}{100}$ francs, ou 18^{fr},75.

211. Les billets que l'on escompte dans le commerce sont payables après un temps généralement assez court, et qui se compte en jours. Pour plus de simplicité, on suppose l'année composée de 360 jours seulement, et l'opération de l'escompte s'exécute comme nous allons l'expliquer.

Supposons que l'on demande de calculer l'escompte d'un billet de 750 francs payable dans 77 jours, le taux de l'escompte étant 6.

L'intérêt du capital 750 francs au taux 6 pendant $\frac{77}{360}$ d'année est $\dfrac{750 \times 6 \times 77}{100 \times 360}$ ou $750 \times 77 \times \dfrac{6}{36000}$ ou $\dfrac{750 \times 77}{\left(\dfrac{36000}{6}\right)}$, ou encore

$\dfrac{750 \times 77}{6000}$ ou $9^{fr},625$. De là on tire cette règle pratique :

Pour calculer l'escompte d'un billet, au taux 6, on multiplie la somme inscrite sur le billet par le nombre de jours qu'il a à courir, et l'on divise le produit par 6000.

Ce nombre 6000 est nommé le *diviseur;* il est égal au quotient de 36000 par le taux de l'escompte. Si donc le taux de l'escompte est 1, 2, 3, 4, 5, le diviseur sera 36000, 18000, 12000, 9000, 7200.

212. Nous terminerons ce qui concerne l'escompte commercial par la solution d'une question qui se présente assez fréquemment.

Problème. — *Un négociant a souscrit trois billets, le premier de 2100 francs payable le 20 avril 18.., le deuxième de 2400 francs payable le 12 mai, le troisième de 1800 francs payable le 31 mai. Il demande à remplacer ces trois billets par un seul billet de* (2100 + 2400 + 1800) *francs ou de 6300 francs, et l'on veut connaître le jour de l'échéance de ce billet unique.*

On détermine l'échéance du billet unique de 6300 francs par la condition que l'escompte de ce billet relatif à une époque antérieure arbitraire soit égal à la somme des escomptes des trois billets primitifs. Supposons que le taux de l'escompte soit 6, et choisissons le 31 mars pour l'époque arbitraire dont nous venons de parler. La somme des escomptes des trois billets, s'ils étaient payés le 31 mars, serait

$$\frac{2100 \times 20 + 2400 \times 42 + 1800 \times 61}{6000},$$

et ce résultat doit être égal à l'escompte du billet unique, c'est-à-dire égal au produit de $\dfrac{6300}{6000}$ par le nombre de jours qui s'écoulent depuis le 31 mars jusqu'à l'échéance inconnue. Ce nombre de jours sera donc égal au quotient des nombres

$$\frac{2100 \times 20 + 2400 \times 42 \times 1800 \times 61}{6000} \quad \text{et} \quad \frac{6300}{6000},$$

c'est-à-dire égal à

$$\frac{2100 \times 20 + 2400 \times 42 + 1800 \times 61}{6300} \quad \text{ou à} \quad \frac{2526}{63};$$

la partie entière contenue dans cette fraction est 40. Par conséquent, l'échéance du billet doit avoir lieu 40 jours après le 31 mars, c'est-à-dire le 10 mai.

Remarque. — Il est évident que le résultat auquel on arrive en suivant cette marche est indépendant du taux de l'escompte; il ne dépend pas non plus de l'époque arbitraire pour laquelle on calcule l'escompte des billets; car si, dans notre exemple, on substitue au 31 mars une époque antérieure ou postérieure quelconque, les nombres 20, 42 et 61 qui figurent dans nos calculs seront diminués ou augmentés d'un même nombre, ce qui produira exactement la même diminution ou augmentation dans la valeur du nombre de jours cherché. Dans la pratique, on calcule les escomptes à partir du jour de l'échéance du billet qui doit être payé le premier.

DES RENTES SUR L'ÉTAT.

213. La *dette inscrite* du trésor public résulte d'emprunts faits par le Gouvernement, qui reçoit les versements des prêteurs à des conditions habituellement fixées par une adjudication publique, avec la clause expresse de n'acquitter que l'intérêt annuel de ces capitaux et de ne contracter aucun engagement formel pour leur remboursement. Les intérêts des capitaux ainsi empruntés sont payables par semestre et portent le nom de *rentes sur l'État*. Ces rentes sont actuellement de trois espèces, le *quatre et demi pour cent*, le *quatre pour cent* et le *trois pour cent*, en sorte que 4^{fr},50 de rente de la première espèce, 4 francs de rente de la deuxième espèce et 3 francs de rente de la troisième espèce représentent le même capital *nominal* de 100 francs. Ces diverses rentes sont toutes négociables d'après le mode adopté par la loi; leur prix varie suivant les circonstances, et il constitue ce qu'on nomme le *cours* de la rente. On dit que la rente est *au pair* lorsqu'elle est au cours de 100 francs; le remboursement par l'État, s'il a lieu, doit être fait au pair.

Les principales questions relatives aux rentes sur l'État peuvent se résoudre par la règle de trois.

Problème I. — *A quel taux place-t-on son argent quand on achète de la rente 3 pour 100 au cours de 68^{fr},75?*

Il s'agit de trouver l'intérêt de 100 francs, sachant que

68^{fr}, 75 rapportent 3 francs ; le taux demandé est donc (n° 203) $\frac{3 \times 100}{68,75}$ ou 4,36 à un centime près. On voit que :

Pour connaître le taux de l'intérêt de l'argent placé en rentes sur l'État à un cours donné, il suffit de multiplier par 100 l'intérêt nominal de la rente et de diviser le résultat par le cours.

PROBLÈME II. — *Quelle somme faut-il débourser pour acheter 2000 francs de rente 4 et demi pour 100 au cours de 91^{fr}, 25 ?*

Il s'agit de trouver la somme qui produit 2000 francs d'intérêt, sachant que 91^{fr}, 25 rapportent 4^{fr}, 50 ; cette somme sera donc (n° 203) égale à $\frac{2000 \times 91,25}{4,50}$ francs, c'est-à-dire égale à 40555^{fr}, 55 à un centime près. On voit que :

Pour connaître la valeur, à un moment donné, du capital d'une rente sur l'État, il suffit de multiplier le chiffre de cette rente par le cours et de diviser le résultat par l'intérêt nominal.

PROBLÈME III. — *Quelle est la rente 3 pour 100 que l'on peut acheter au cours de 69^{fr}, 25 avec une somme de 100000 francs ?*

Il s'agit de trouver ce que rapportent 100000 francs, sachant que 69^{fr}, 25 rapportent 3 francs. La rente demandée sera donc (n° 203) $\frac{3 \times 100000}{69,25}$ francs ou 4332^{fr}, 13 à un centime près. On voit que :

Pour connaître la rente qu'on peut acheter avec un capital donné à un cours donné, il suffit de multiplier le capital donné par l'intérêt nominal de la rente et de diviser le résultat par le cours.

PARTAGES PROPORTIONNELS.

214. PROBLÈME. — *Partager une somme en parties proportionnelles à des nombres donnés, c'est-à-dire en parties telles, que leurs rapports aux nombres donnés soient égaux entre eux.*

Supposons qu'on demande de partager 255 parties proportionnelles aux nombres 3, 5, 7 ; la somme des nombres donnés 3, 5, 7 étant 15, il suffit évidemment pour résoudre la question de diviser 255 en quinze parties égales et de prendre successivement 3, 5, 7 de ces parties ; les nombres formés de cette manière sont

$$\frac{255}{15} \times 3 \text{ ou } 51, \quad \frac{255}{15} \times 5 \text{ ou } 85, \quad \frac{255}{15} \times 7 \text{ ou } 119;$$

on voit que la somme de ces trois nombres est bien égale à 255, et que l'on obtient des résultats égaux en les divisant respectivement par 3, 5 et 7. Il résulte de là que :

Pour partager une somme en parties proportionnelles à des nombres donnés, il faut multiplier cette somme par les rapports que l'on obtient en divisant chacun des nombres donnés par la somme de ces nombres.

Cette règle subsiste si les nombres donnés sont fractionnaires. En effet, on peut toujours réduire ces nombres au même dénominateur; supposons donc qu'il s'agisse de diviser 255 en parties proportionnelles aux nombres $\frac{3}{8}, \frac{5}{8}, \frac{7}{8}$. Il est évident qu'on peut substituer à ces nombres des nombres 8 fois plus grands, et la question est ramenée en conséquence à partager 255 en parties proportionnelles à 3, 5, 7. D'après ce qu'on vient de voir, les parties demandées s'obtiennent en multipliant 255 par les rapports $\dfrac{3}{3+5+7}, \dfrac{5}{3+5+7}, \dfrac{7}{3+5+7}$, et ces rapports sont respectivement égaux (n° 195) à $\dfrac{\frac{3}{8}}{\frac{3}{8}+\frac{5}{8}+\frac{7}{8}}$,

$$\dfrac{\frac{5}{8}}{\frac{3}{8}+\frac{5}{8}+\frac{7}{8}}, \quad \dfrac{\frac{7}{8}}{\frac{3}{8}+\frac{5}{8}+\frac{7}{8}}.$$

215. Lorsque plusieurs personnes forment une société, les bénéfices se partagent, en général, proportionnellement à la mise de chacune d'elles. Le calcul des parts des divers associés se ramène alors à la question du numéro précédent.

Il arrive souvent que les droits des associés dépendent à la fois des mises et des temps pendant lesquels ces mises ont été placées. On convient alors, en général, de regarder le bénéfice de chacun comme proportionnel au produit obtenu en multipliant la mise par la durée du placement et l'on opère comme si ces produits représentaient les mises elles-mêmes.

Exemple. — Quatre associés ont placé respectivement, dans une entreprise, 8000 francs pendant 4 ans, 5000 francs pendant 3 ans, 12000 francs pendant 1 an et 20000 francs pendant 6 mois ou $\frac{1}{2}$ année.

On fera le partage comme si les mises étaient 8000 × 4 ou 32000; 5000 × 3 ou 15000; 12000 × 1 ou 12000 et 20000 × $\frac{1}{2}$ ou 10000.

QUESTIONS RELATIVES AUX ALLIAGES.

216. Problème I. — *On a deux lingots d'argent, le premier au titre de o,95o, pesant 6 kilogrammes, le second au titre de o,78o, pesant 2 kilogrammes. On demande quel est le titre de l'alliage obtenu en fondant ensemble ces deux lingots.*

Chaque kilogramme du premier lingot renferme $0^{kil},95o$ d'argent pur, et chaque kilogramme du second en renferme $0^{kil},78o$; la quantité d'argent pur de l'alliage résultant de la fusion sera donc

$$(6 \times 0,95o + 2 \times 0,78o) \text{ kilogrammes};$$

d'ailleurs le poids de cet alliage est de $6 + 2$ kilogrammes; le titre demandé est donc $\dfrac{6 \times 0,95o + 2 \times 0,78o}{6 + 2}$ ou $0,9075$.

En général, pour avoir le titre de l'alliage résultant de la fonte de plusieurs lingots, on multiplie le poids de chaque lingot par son titre et on divise la somme des produits par le poids total de l'alliage.

Problème II. — *On a deux lingots d'argent, le premier au titre de o,885, le second au titre de o,95o. Quelle quantité doit-on prendre de chacun d'eux pour avoir 1 kilogramme d'argent au titre de o,900 ?*

Chaque gramme du premier lingot au titre de $0,885$ contient $0^{gr},o15$ d'argent de moins qu'il ne faudrait pour que le titre fût à $0,900$; au contraire, chaque gramme du second lingot, au titre de $0,95o$, contient $0^{gr},o5o$ d'argent de plus qu'il ne faudrait pour que le titre fût à $0,900$. Il y aura donc compensation, si l'on prend $0^{gr},o5o$ du premier lingot et $0^{gr},o15$ du second; ou, plus généralement, si l'on prend de chaque lingot des quantités dont le rapport soit égal au rapport de $0,o5o$ à $0,o15$. Mais le poids de l'alliage demandé doit être 1 kilogramme; on est donc ramené à partager 1 kilogramme en parties proportionnelles aux nombres $0,o5o$ et $0,o15$. On trouve ainsi qu'il faut prendre $\dfrac{0,o5o}{0,o5o + 0,o15}$ kilogrammes du premier lingot et $\dfrac{0,o15}{0,o5o + 0,o15}$ kilogrammes du second.

MÉTHODE DES HYPOTHÈSES POUR LA SOLUTION DES PROBLÈMES D'ARITHMÉTIQUE.

217. Supposons qu'un problème ait pour objet la détermination d'un nombre inconnu, par la condition que deux nombres qui en dépendent soient égaux entre eux.

On parvient souvent à résoudre la question en faisant deux hypothèses arbitraires et successives sur la valeur du nombre inconnu et en examinant les valeurs correspondantes de la différence des deux nombres qui devraient être égaux d'après l'énoncé du problème. Nous indiquerons cette méthode sur un exemple, la manière de procéder étant la même dans tous les cas.

PROBLÈME. — *On propose de payer 76 francs avec 23 pièces, les unes de 5 francs et les autres de 2 francs.*

Le nombre qu'il faut déterminer est ici le nombre des pièces de 5 francs ; les deux nombres qui en dépendent et qui doivent être égaux d'après l'énoncé, sont 76 d'une part, et d'autre part la valeur des 23 pièces employées.

Supposons d'abord que le nombre des pièces de 5 francs soit 4. S'il y a 4 pièces de 5 francs, le nombre des pièces de 2 francs est 19, et la valeur des 23 pièces est $4 \times 5 + 19 \times 2$ ou 58. Le nombre 4 ne satisfait donc pas, et la différence des nombres qui devraient être égaux entre eux est $76 - 58$ ou 18.

Supposons ensuite que le nombre des pièces de 5 francs soit 7. S'il y a 7 pièces de 5 francs, le nombre des pièces de 2 francs est 16 et la valeur des 23 pièces est $7 \times 5 + 16 \times 2$ ou 67. Le nombre 7 ne satisfait donc pas, mais la différence des deux nombres qui devraient être égaux entre eux est seulement $76 - 67$ ou 9.

En passant de la première hypothèse à la seconde, le nombre des pièces de 5 francs a augmenté de 3 unités, la différence des nombres qui doivent être égaux a diminué de 9 unités. On en conclut que pour diminuer cette différence de 18 unités, c'est-à-dire pour la rendre nulle, il aurait fallu augmenter le nombre des pièces de 5 francs du nombre dont le rapport à 3 est égal au rapport de 18 à 9. Le nombre en question est 6 ; par conséquent on résout le problème proposé en prenant 10 pièces de 5 francs et 13 pièces de 2 francs, résultat facile à vérifier.

La méthode que nous venons d'exposer est connue sous le nom de *méthode de fausse position* ; on voit qu'elle ne conduit en général à un résultat rigoureusement exact que si les variations du nombre inconnu sont proportionnelles aux variations de la différence des nombres dont l'égalité est la condition du problème. Il ne faut pas croire cependant que la méthode de fausse position soit nécessairement restreinte au seul cas dont nous venons de parler; elle peut être appliquée avec avantage comme *méthode d'approximation* dans un très-grand nombre de questions. Lorsqu'en effet les deux hypothèses successives que l'on aura faites sur la valeur du nombre demandé ne s'écarteront pas beaucoup de la valeur réelle, la méthode de fausse position donnera en général une valeur plus approchée, et en poursuivant, s'il est nécessaire, l'application de la même méthode, on pourra calculer le nombre inconnu avec une approximation aussi grande qu'on le voudra; mais ce n'est pas ici le lieu d'entrer à ce sujet dans des détails qui sont essentiellement du ressort de l'algèbre.

DES MOYENNES ARITHMÉTIQUES.

218. *La moyenne arithmétique de plusieurs quantités est le quotient que l'on obtient en divisant la somme de ces quantités par leur nombre.*

Ainsi la moyenne arithmétique des nombres 8, 12, 19 est

$$\frac{8 + 12 + 19}{3}$$

ou 13.

La considération des moyennes est fréquemment employée dans la statistique et dans les sciences d'observation.

Par exemple, on a souvent besoin de calculer la durée de la vie moyenne pour un individu d'un certain âge. Les individus qui meurent chaque année, dans un pays, meurent à différents âges : leur âge moyen ou la durée de la vie moyenne s'obtiendra en divisant par le nombre des décès la somme des âges qu'ils ont vécu.

Lorsqu'il est question de déterminer un nombre expérimentalement, il arrive le plus souvent que des expériences répétées fournissent pour ce nombre des valeurs un peu différentes. On prend alors la moyenne arithmétique des résultats obtenus; en agissant ainsi, l'on admet que les erreurs qui affectent les observations se compensent sensiblement.

En général, on nomme *moyenne* de plusieurs nombres tout nombre compris entre le plus petit et le plus grand des nombres donnés. En particulier, on nomme moyenne *géométrique* de deux nombres, la racine carrée du produit de ces nombres : ainsi la moyenne géométrique des nombres 4 et 9 est $\sqrt{4 \times 9}$ ou 6. Il est aisé de s'assurer que la moyenne géométrique de deux nombres est inférieure à la moyenne arithmétique des mêmes nombres.

QUESTIONS PROPOSÉES.

I. Le nombre des vibrations transversales qu'une corde tendue exécute dans l'unité de temps est proportionnel à la racine carrée du poids qui la tend, et inversement proportionnel à sa longueur, à son diamètre, ainsi qu'à la racine carrée de sa densité: Cela posé, une corde de cuivre ayant $0^m,363$ de longueur, $0^m,0015$ de diamètre et tendue par un poids de $13^{kil},35$, exécute 1999 vibrations en une seconde; on demande combien de vibrations exécutera une corde de platine de $0^m,451$ de longueur, $0^m,00025$ de diamètre, tendue par un poids de $4^{kil},49$. La densité du cuivre est 8,8 et celle du platine 21,5.

II. 100 parties de l'alliage des caractères d'imprimerie contiennent 80 parties de plomb et 20 parties d'antimoine; on demande combien il entre de plomb et d'antimoine dans $6^{kil},37$ de cet alliage.

III. On a $8^{kil},250$ d'argenterie au titre de 0,950; on demande combien de cuivre il faudra ajouter pour obtenir un alliage propre à faire de la monnaie.

IV. Une personne a souscrit trois billets, l'un de 600 francs payable dans 4 mois, le deuxième de 1500 francs payable dans 8 mois, le troisième de 700 francs payable dans 10 mois. Elle désire remplacer ces trois billets par un billet unique à l'échéance d'un an. Quel en sera le montant, le taux de l'intérêt étant 4,5 pour 100 par an?

V. Un billet payable dans cinquante-huit jours a été escompté au taux de 5 pour 100 par an et sa valeur actuelle a été de $1481^{fr},25$. On demande quelle était la valeur nominale du billet.

VI. Un lingot résultant d'un alliage d'or et d'argent pèse 102 grammes dans le vide et $95^{gr},7$ dans l'eau. On demande le poids de l'or et celui de l'argent, sachant 1° qu'un corps plongé dans l'eau perd une partie de son poids égale au poids du volume d'eau qu'il déplace; 2° que l'or et l'argent pèsent respectivement 19,26 et 10,47 fois autant que l'eau.

CHAPITRE XVI.

USAGE DES TABLES DE LOGARITHMES ET DE LA RÈGLE A CALCUL.

DÉFINITION ET PROPRIÉTÉS DES LOGARITHMES.

219. Les *logarithmes* des nombres sont d'autres nombres qui peuvent être définis par la propriété suivante :

Le logarithme d'un produit de plusieurs facteurs est égal à la somme des logarithmes des facteurs (*).

Il y a une infinité de systèmes de logarithmes; aussi les logarithmes des nombres ne sont-ils déterminés complétement que quand on se donne le nombre qui a pour logarithme l'unité : ce nombre est dit la *base* des logarithmes. La base des logarithmes *vulgaires* est 10; ce sont les seuls que nous considérerons.

Nous désignerons les logarithmes des nombres à l'aide des initiales *log* placées à gauche de ces nombres : ainsi log 3 représentera le logarithme de 3.

Tout nombre plus grand que 1 a un logarithme, mais les nombres moindres que 1 n'ont pas de logarithmes. Il résulte de la définition que le logarithme de 1 est 0; en effet, un nombre ne change pas quand on le multiplie par 1, par conséquent son logarithme ne change pas quand on lui ajoute le logarithme de 1; ce dernier logarithme est donc nul.

La propriété par laquelle nous avons défini les logarithmes conduit aux conséquences suivantes :

1° *Le logarithme d'un quotient est égal à l'excès du logarithme du dividende sur le logarithme du diviseur.*

Car le dividende étant le produit du diviseur par le quotient, le logarithme du dividende est égal au logarithme du diviseur augmenté du logarithme du quotient.

_____

(*) La théorie des logarithmes appartient essentiellement à l'algèbre. Aussi nous proposons-nous simplement ici de donner une première idée des Tables de logarithmes et de montrer comment ces Tables permettent d'exécuter rapidement les opérations les plus compliquées de l'arithmétique.

2° *Le logarithme d'une puissance d'un nombre est égal au logarithme de ce nombre multiplié par l'exposant de la puissance.*

Par exemple, 7^5 étant le produit de 5 facteurs égaux à 7, le logarithme de 7^5 sera égal à 5 fois le logarithme de 7.

Remarque. — Le logarithme de 10 étant 1, les puissances de 10, savoir : 100, 1000, 10000, etc., ont pour logarithmes 2, 3, 4, etc.

3° *Le logarithme d'une racine d'un nombre est égal au logarithme de ce nombre divisé par l'indice de la racine.*

Soit, par exemple, $\sqrt[3]{13}$. Le cube de $\sqrt[3]{13}$ étant 13, le logarithme de 13 est égal à 3 fois le logarithme de $\sqrt[3]{13}$; donc on a

$$\log \sqrt[3]{13} = \frac{\log 13}{3}.$$

220. La partie entière d'un logarithme est dite la *caractéristique* de ce logarithme.

Le logarithme d'un nombre augmente quand ce nombre augmente; par exemple, le logarithme de 4 surpasse celui de 3, car on a $4 = 3 \times \frac{4}{3}$, et par conséquent le logarithme de 4 est égal au logarithme de 3 augmenté du logarithme de $\frac{4}{3}$. Et comme les nombres 1, 10, 100, 1000, etc., ont pour logarithmes 0, 1, 2, 3, etc., on voit que la caractéristique d'un logarithme est 0, ou 1, ou 2, etc., suivant que la partie entière du nombre correspondant a 1, ou 2, ou 3, etc., chiffres.

Lorsqu'on multiplie ou qu'on divise un nombre par 10, 100, 1000, etc., la caractéristique du logarithme de ce nombre augmente ou diminue de 1, 2, 3, etc., unités, mais la partie décimale ne change pas. Car, lorsqu'un nombre est multiplié ou divisé par 10, 100, etc., son logarithme augmente ou diminue de log 10, log 100, etc, c'est-à-dire de 1, 2, etc.

USAGE DES TABLES DE LOGARITHMES A CINQ DÉCIMALES.

221. Les Tables de Lalande contiennent les logarithmes des nombres entiers, depuis 1 jusqu'à 10000, calculés avec cinq décimales exactes, c'est-à-dire à $\frac{1}{2}$ unité près du cinquième ordre décimal. Ce sont ces Tables que nous avons reproduites à la fin de cet ouvrage. Seulement nous avons omis les caractéristiques qui sont conservées dans les Tables de Lalande, parce que ces caractéristiques sont connues d'avance et que d'ailleurs elles sont plus gênantes qu'utiles, ainsi que cela ressortira pleinement de l'explication qu'on va lire.

Il faut remarquer qu'on aurait pu se borner à écrire les logarithmes des nombres de 1000 à 10000; aussi se sert-on presque exclusivement de cette dernière partie de la Table. Effectivement les 1000 premiers nombres ont les mêmes logarithmes que leurs décuples, abstraction faite de la caractéristique. En regard des deux logarithmes consécutifs de la Table, on a placé la différence de ces logarithmes, à partir du logarithme de 1000; les différences en question expriment des unités du cinquième ordre décimal.

On peut, au moyen des Tables, trouver le logarithme d'un nombre quelconque et inversement trouver le nombre qui répond à un logarithme donné; nous allons résoudre ces deux questions.

222. Problème I. — *Un nombre quelconque étant donné, trouver son logarithme par le moyen des Tables.*

Premier cas. Le nombre donné est un entier moindre que 10000. La partie décimale du logarithme demandé se trouve écrite dans la Table, à la colonne intitulée *log*, en regard du nombre donné qui est écrit dans la colonne intitulée N. Veut-on par exemple le logarithme de 4869? On trouve dans la Table, à côté du nombre 4869 (page 200), le nombre 68744; c'est la partie décimale du logarithme demandé; ce logarithme est donc 3,68744, car le nombre donné ayant quatre chiffres, la caractéristique de son logarithme est 3.

Deuxième cas. Le nombre donné est un entier plus grand que 10000. Soit, par exemple, le nombre donné 48697. Il suffit de chercher le logarithme du nombre 4869,7 qui est plus petit que 10000 et qu'on obtient en divisant par 10 le nombre donné. Effectivement le logarithme de 4869,7 ne diffère du logarithme demandé que par la caractéristique; or le nombre donné ayant 5 chiffres, on sait d'avance que la caractéristique de son logarithme est 4. Le logarithme de 4869,7 n'est pas dans la Table, mais on y trouve le logarithme de 4869 dont la partie décimale est 68744, et, en jetant les yeux sur la colonne des différences intitulée D, on voit en même temps que ce logarithme *tabulaire* diffère du suivant de 9 unités du cinquième ordre décimal. Pour déduire de là le logarithme de 4869,7 on se sert du principe suivant:

Les petits accroissements simultanés que prennent un nombre et son logarithme sont proportionnels l'un à l'autre.

D'après ce principe, nous sommes ramenés à résoudre cette question : Le logarithme de 4869 croît de 9 unités du cinquième ordre décimal quand ce nombre augmente de 1; quel sera l'accroissement du même logarithme si le nombre croît seulement de 0,7? L'accroissement demandé est évidemment 9×0,7 ou 6,3 unités du cinquième ordre; mais on ne doit point avoir égard au chiffre 3 qui exprime des unités du sixième ordre et l'on ajoutera simplement 6 unités du cinquième ordre au logarithme de 4869. Voici le type du calcul :

log 4869.........	68744	0,7
0,7.......	6	9
log 4869,7...........	68750	6,3

Le logarithme du nombre donné 48697 est ainsi 4,68750.

Proposons-nous, comme second exemple, de trouver le logarithme de 4869789; on cherchera le logarithme de 4869,789, en opérant comme dans l'exemple précédent :

log 4869.........	68744	0,789
0,789...	7	9
log 4869,789........	68751	7,02

Le logarithme demandé est donc 6,68751.

En général, *pour avoir le logarithme d'un entier plus grand que 10000, on place la virgule décimale après le quatrième chiffre du nombre donné, on cherche le logarithme de la partie entière du résultat; on calcule ensuite à $\frac{1}{2}$ unité près le produit de la partie décimale par la différence tabulaire et l'on ajoute au logarithme trouvé autant d'unités du cinquième ordre qu'il y a d'unités dans le produit. Enfin on donne au résultat obtenu la caractéristique convenable.*

On voit que, si le nombre donné a plus de six chiffres, le septième chiffre et les suivants n'ont aucune influence sur la partie décimale du logarithme.

Remarque. — Le principe de la proportionnalité de l'accroissement d'un nombre à l'accroissement de son logarithme n'est pas rigoureusement exact; mais dans les limites où l'on en fait usage, l'erreur que l'on commet ne peut avoir aucune influence sur le résultat cherché. Ce principe peut se vérifier au moyen

des Tables elles-mêmes; on voit que, dans toute l'étendue
d'une page quelconque, surtout vers la fin des Tables, les différences des logarithmes sont sensiblement constantes. Il s'ensuit que, pour des accroissements égaux donnés à un nombre,
le logarithme prend des accroissements sensiblement égaux.

Troisième cas. Le nombre donné est un nombre décimal.
On fera abstraction de la virgule et on cherchera le logarithme
de l'entier résultant; on donnera ensuite à ce logarithme la ca-
ractérisque qu'il doit avoir.

Supposons qu'on demande le logarithme de 48,697. La partie décimale du logarithme de 48697 est 68750; donc le logarithme demandé est 1,68750.

Quatrième cas. Le nombre donné est une fraction ordinaire.
On cherchera le logarithme du numérateur et celui du dénominateur; ensuite on retranchera le second logarithme du premier.

223. PROBLÈME II. — *Un logarithme étant donné, trouver par
le moyen des Tables le nombre auquel il appartient.*

Premier cas. Si la partie décimale du logarithme donné se
trouve dans la Table, on prend le nombre correspondant, et
on fait exprimer à ce nombre des unités de l'ordre indiqué
par la caractéristique du logarithme donné. Proposons-nous,
par exemple, de trouver le nombre qui a pour logarithme
2,43823. La partie décimale 43823 se trouve dans la Table
(page 191) et elle répond au nombre 2743; le nombre demandé
est donc 274,3. Si l'on voulait avoir le nombre qui a pour logarithme 4,43823, on trouverait de même que le nombre demandé est 27430.

Deuxième cas. Supposons que le logarithme donné ne se
trouve pas dans la Table; soit 2,51781 ce logarithme. Nous
prendrons dans la Table le logarithme qui s'approche le plus,
en moins, du logarithme donné, abstraction faite de la caractéristique; on trouve ainsi 51772 (page 194) qui répond au
nombre 3294, et la différence tabulaire correspondante est 14.
La différence des parties décimales du logarithme donné et du
logarithme tabulaire étant de 9 unités du cinquième ordre,
nous sommes ramenés, conformément au principe que nous
avons admis, à résoudre la question suivante : Quand le nombre 3294 croît de 1, le logarithme de ce nombre croît de 14
unités du cinquième ordre : quel sera l'accroissement du nombre 3294, si son logarithme augmente seulement de 9 unités

du cinquième ordre? L'accroissement dont il s'agit est $\frac{9}{14}$ ou
0,64.... Mais nous ne pouvons compter ici que sur le chiffre
des dixièmes, et nous ajouterons seulement 0,6 au nombre
3294. On voit que le nombre 3294,6 répond au logarithme
dont la partie décimale est 51781; par conséquent le nombre
qui répond au logarithme donné est 329,46. Voici le type du
calcul :

51772.....	log 3294	90	14
9.....	0,6	60	0,64
51781.....	log 3294,6	4	

En général : *Pour avoir le nombre correspondant à un logarithme donné, on cherche, dans la partie de la Table qui se
rapporte aux nombres compris entre 1000 et 10000, le logarithme qui approche le plus, en moins, du logarithme donné,
abstraction faite de la caractéristique, et on retranche ce logarithme du logarithme donné, ce qui fournit un reste; on évalue à $\frac{1}{2}$ dixième près le quotient de ce reste par la différence
correspondante au logarithme trouvé dans la Table et on écrit
le chiffre qui représente ces dixièmes à la droite du nombre
qui répond au logarithme tabulaire. Enfin on fait exprimer,
au résultat obtenu, des unités de l'ordre indiqué par la caractéristique du logarithme donné.*

On peut ainsi calculer un nombre, d'après son logarithme,
avec cinq chiffres, à une unité près de l'ordre du cinquième
chiffre. Cette approximation suffit dans la plupart des cas; toutefois, dans les calculs qui exigent une grande précision, il
est indispensable d'employer des Tables à 7 et même à 10 décimales.

DES CALCULS PAR LOGARITHMES.

224. Lorsqu'un nombre doit être obtenu en combinant des
nombres donnés par voie de multiplication, de division, d'élévation à des puissances et d'extraction de racines, on calcule
son logarithme, qu'on obtient à l'aide d'additions, de soustractions, de multiplications et de divisions; puis on revient ensuite du logarithme au nombre lui-même.

Pour qu'on puisse calculer ainsi un nombre *par logarithmes*,
il est nécessaire : 1° que les nombres sur lesquels on opère

soient plus grands que 1; 2° que le résultat de l'opération soit lui-même plus grand que 1.

On peut toujours faire en sorte que la première condition soit remplie. Supposons en effet que l'un des nombres qu'il s'agit de combiner par voie de multiplication ou de division, etc., soit $0,037$; on remplacera ce nombre par $\dfrac{37}{100}$ ou $\dfrac{3,7}{10}$, et l'on n'aura ainsi à opérer que sur des nombres plus grands que 1.

Pour satisfaire à la seconde condition, si le nombre à calculer est plus petit que 1, on calcule un nombre 10, 100, 1000, etc., fois plus grand et on divise ensuite le résultat obtenu par le multiplicateur employé.

Nous allons présenter quelques exemples.

1° On demande de calculer le produit des nombres $3,14159$ et $0,98696$. Le second facteur est seul plus petit que 1, nous calculerons donc le nombre

$$\frac{3,14159 \times 9,8696}{10}$$

qui est plus grand que 1 et que nous désignerons par x. On a

$$\log x = \log 3,14159 + \log 9,8696 - 1.$$

Voici le type du calcul à exécuter pour obtenir d'abord le logarithme du nombre inconnu x et ensuite ce nombre lui-même :

$$
\begin{aligned}
\log 3,14159 \ldots\ldots\; & 0,49715 \\
\log 9,8696 \ldots\ldots\ldots\; & 0,99430 \\
\hline
\log x \ldots\ldots\ldots\ldots\; & 0,49145 \\
x \ldots\ldots\ldots\ldots\; & 3,1006
\end{aligned}
$$

2° On demande de calculer le quotient de $0,318309$ par $0,98696$. Désignons par x le quotient; le dividende et le diviseur étant plus petits que 1, nous les multiplierons l'un et l'autre par 10; en outre, le quotient est moindre que 1, mais il est plus grand que $0,1$, nous calculerons donc un quotient décuple. On a

$$x \times 10 = \frac{31,8309}{9,8696}$$

et

$$\log (x \times 10) = \log 31,8309 - \log 9,8696.$$

Voici le type du calcul à exécuter :

$$\begin{aligned}
\log 31,8309\ldots & \ 1,50285 \\
\log\ \ 9,8696\ldots & \ 0,99430 \\
\hline
\log (x \times 10)\ldots & \ 0,50855 \\
x \times 10\ldots & \ 3,2252 \\
x\ldots\ldots\ldots & \ 0,32252
\end{aligned}$$

3° On demande de calculer la dixième puissance du nombre 2,7183. Soit x cette dixième puissance; on a

$$\log x = \log 2,7183 \times 10.$$

Voici le type du calcul à exécuter :

$$\begin{aligned}
\log 2,7183\ldots\ldots & \ 0,43430 \\
\log x\ldots\ldots\ldots & \ 4,3430 \\
x\ldots\ldots\ldots & \ 22030
\end{aligned}$$

Dans cet exemple, le logarithme du nombre cherché x n'est connu qu'avec quatre décimales. On ne peut dès lors compter que sur les quatre premiers chiffres de x; la valeur de ce nombre est 22030 à une dizaine près.

4° On demande de calculer la racine cubique de 3,14159. Soit x cette racine cubique; on a

$$\log x = \frac{\log 3,14159}{3}.$$

Voici le type du calcul à exécuter :

$$\begin{aligned}
\log 3,14159\ldots & \ 0,49715 \\
\log x\ldots\ldots\ldots & \ 0,16571 \\
x\ldots\ldots\ldots & \ 1,4646.
\end{aligned}$$

5° On demande de calculer $\dfrac{\sqrt[7]{7}}{\sqrt[5]{5}}$. Désignons par x ce nombre;

on a

$$x \times 10 = \frac{10 \times \sqrt[7]{7}}{\sqrt[5]{5}}$$

et

$$\log (x \times 10) = \log 10 + \log \sqrt[7]{7} - \log \sqrt[5]{5} = 1 + \frac{\log 7}{7} - \frac{\log 5}{5}.$$

Voici le type du calcul à exécuter :

$$1 + \frac{\log 7}{7} \ldots\ldots\ldots \quad 1,12073$$

$$\frac{\log 5}{5} \ldots\ldots\ldots \quad 0,13979$$

$$\log (x \times 10) \ldots\ldots \quad 0,98094$$

$$x \times 10 \ldots\ldots\ldots \quad 9,5706$$

$$x \ldots\ldots\ldots\ldots \quad 0,95706$$

EMPLOI DES CARACTÉRISTIQUES NÉGATIVES.

225. Les caractéristiques des logarithmes ne servent qu'à indiquer l'ordre des plus hautes unités dans les nombres correspondants ; aussi en étendant convenablement le sens de la caractéristique, est-il possible d'attribuer des logarithmes aux nombres plus petits que l'unité. Considérons, par exemple, le nombre 2,743 dont le logarithme est 0,43823 ; nous savons que la partie décimale de ce logarithme appartient aussi aux logarithmes des nombres

$$27,43 \quad 274,3 \quad 2743, \quad 27430, \ldots$$

Il est donc naturel d'admettre que les nombres

$$0,2743, \quad 0,02743, \quad 0,002743, \ldots,$$

ont eux-mêmes des logarithmes dont la partie décimale est encore 43823 et dont les caractéristiques devront être choisies de manière à faire connaître exactement la place de la virgule décimale. On est convenu de prendre pour caractéristique du logarithme d'un nombre inférieur à 1 le chiffre qui indique l'ordre des plus hautes unités décimales de ce nombre, et, pour éviter de confondre un tel logarithme avec celui d'un nombre supérieur à 1, on place le signe — au-dessus de la caractéristique ; ainsi l'on écrit

$$\log 0,2743 \quad = \overline{1},43823,$$

$$\log 0,02743 \quad = \overline{2},43823,$$

$$\log 0,002743 = \overline{3},43823,$$

$$\ldots\ldots\ldots\ldots\ldots\ldots$$

Les caractéristiques surmontées ainsi du signe — sont dites *négatives;* celles que nous avons considérées jusqu'ici sont quelquefois nommées *positives.* Lorsque l'on combine entre eux, par voie d'addition et de soustraction, des logarithmes dont les caractéristiques sont les unes positives, les autres négatives, il faut avoir égard aux règles suivantes :

Pour ajouter deux caractéristiques négatives, on prend la somme des valeurs de ces caractéristiques et l'on marque le résultat du signe —.

Pour ajouter deux caractéristiques, l'une positive et l'autre négative, on prend la différence des valeurs de ces caractéristiques et on marque le résultat du signe — si la plus grande des caractéristiques données a ce signe.

Pour soustraire une caractéristique positive ou négative, on ajoute une caractéristique négative ou positive égale.

En admettant ces règles que l'on doit considérer comme de simples définitions, les propriétés fondamentales du n° 219 subsistent dans tous les cas. On peut donc exécuter les calculs logarithmiques au moyen des procédés précédemment établis sans s'inquiéter de savoir si le résultat que l'on cherche et les nombres sur lesquels on opère sont supérieurs ou inférieurs à l'unité. Reprenons ici quelques-uns des exemples que nous avons présentés au n° 224.

1° Calculer le produit $x = 3,14159 \times 0,98696$.

$$
\begin{array}{ll}
\log 3,14159 \ldots\ldots & 0,49715 \\
\log 0,98696 \ldots\ldots & \overline{1},99430 \\
\hline
\log x \ldots\ldots\ldots & 0,49145 \\
x \ldots\ldots\ldots & 3,1006
\end{array}
$$

2° Calculer le quotient $x = 0,318306 : 0,98696$.

$$
\begin{array}{ll}
\log 0,318309 \ldots\ldots & \overline{1},50285 \\
\log 0,98676 \ldots\ldots & \overline{1},99430 \\
\hline
\log x \ldots\ldots\ldots & \overline{1},50855 \\
x \ldots\ldots\ldots & 0,32252
\end{array}
$$

3° Calculer le quotient $x = \dfrac{\sqrt[7]{7}}{\sqrt[5]{5}}$.

$$
\begin{array}{ll}
\dfrac{\log 7}{7} \ldots\ldots\ldots & 0,12073 \\[2mm]
\dfrac{\log 5}{5} \ldots\ldots\ldots & 0,13979 \\[2mm]
\hline
\log x \ldots\ldots\ldots & \overline{1},98094 \\
x \ldots\ldots\ldots & 0,95706
\end{array}
$$

12

USAGE DE LA RÈGLE A CALCUL POUR LA MULTIPLICATION ET LA DIVISION.

226. La *règle à calcul* ou *règle logarithmique* est un instrument qui sert à exécuter très-rapidement les calculs pour lesquels on n'a pas besoin d'une approximation supérieure à $\frac{1}{250}$ environ du résultat final.

Cet instrument se compose d'une partie fixe qui est proprement *la règle* et d'une partie mobile nommée *réglette* qui glisse à frottement doux dans une rainure pratiquée au milieu de la règle. La règle et la réglette peuvent être en bois, en ivoire, en métal ou en carton; la longueur de l'instrument est généralement de 25 centimètres.

Lorsque l'on regarde la face principale de la règle, on y aperçoit des divisions et des chiffres marqués, tant à la partie supérieure qu'à la partie inférieure; nous ne nous occuperons ici que de ce qui concerne la partie supérieure. Sur la première moitié à gauche, on lit les dix nombres 1, 2, 3, 4, 5, 6, 7, 8, 9, 10 à des intervalles inégaux; les distances du trait initial marqué 1 aux traits marqués par les autres chiffres représentent respectivement les logarithmes de ces chiffres. Ainsi la distance de 1 à 4 représente le logarithme de 4; de même la distance de 1 à 10 représente le logarithme de 10 ou 1 : cette distance est donc prise ici pour unité de longueur. Les intervalles qui séparent deux nombres consécutifs sont divisés en 10 parties qui correspondent aux dixièmes, et les nouveaux intervalles qui en résultent seraient eux-mêmes divisés en 10 parties correspondantes aux centièmes, si la petitesse de l'instrument n'y mettait obstacle. De 1 à 2, les divisions relatives aux centièmes sont marquées de deux en deux; de 2 à 5, elles sont marquées de cinq en cinq; enfin, de 5 à 10, elles ne sont pas marquées; ces divisions doivent s'estimer à vue. On a ainsi sur la règle les logarithmes des nombres croissant par centièmes, depuis 1,00 jusqu'à 10,00. Considérons, par exemple, le septième trait des divisions principales de l'intervalle compris entre 3 et 4 et prenons le milieu de l'intervalle compris entre ce septième trait et le trait suivant, la distance du point milieu dont il s'agit au trait initial 1 sera le logarithme de 3,75.

Nous n'avons parlé jusqu'ici que de la première moitié à gauche de la partie supérieure de la règle; la seconde moitié à droite est divisée de la même manière. Ainsi, en prenant, par

exemple, sur la partie à droite, le milieu de la distance comprise entre le septième et le huitième trait des divisions principales de l'intervalle de 3 à 4, la distance du point obtenu, au
milieu de la règle, sera le logarithme de 3,75; par suite, la distance du même point au trait initial de la partie à gauche sera
égale à log 3,75 + 1, c'est-à-dire égale au logarithme de 37,5.

Quant à la réglette, elle porte une double division identique
à celle de la règle.

227. La règle à calcul peut faire, comme on le voit, l'office
d'une Table de logarithmes. Nous allons indiquer la manière
d'en faire usage pour obtenir un produit et un quotient.

MULTIPLICATION. — *Pour faire une multiplication avec la
règle, on place le 1 de la réglette sous le multiplicande lu sur la
moitié à gauche de la règle; le produit cherché correspond,
sur la règle, au multiplicateur lu sur la réglette.*

Exemples. — 1° On demande de multiplier 7 par 5. On amène
le 1 de la réglette au-dessous du chiffre 7, lu sur la partie à gauche de la règle, et au-dessus du chiffre 5 lu sur la réglette se
trouve, sur la partie à droite de la règle, le produit demandé
35. Effectivement le logarithme du résultat que l'on obtient
ainsi, est bien égal à la somme des logarithmes du multiplicande et du multiplicateur.

2° On demande de multiplier 17 par 45. Il faut opérer
comme si l'on avait à multiplier 1,7 par 4,5; on amène le 1 de
la réglette sous le nombre 1,7, lu sur la partie à gauche de la
règle, et au-dessus du multiplicateur 4,5 lu sur la réglette on
trouve, sur la partie à gauche de la règle, le produit 7,65. Le
produit demandé est donc 765. Dans cet exemple, comme
dans le précédent, on obtient le produit demandé exactement.

3° On demande de multiplier 6275 par 3842. On opère,
comme si l'on avait à multiplier 6,27 par 3,84; on trouve ainsi
pour le produit demandé 24100000 : le produit exact est
24108550.

DIVISION. — *Pour faire une division avec la règle, on place
le point de la partie à gauche de la réglette qui correspond au
diviseur, sous le point de la règle qui correspond au dividende;
le quotient cherché correspond alors, sur la règle, au trait 1 de
la réglette.*

Exemples. — 1° On demande de diviser 6636 par 84. On
opère comme s'il s'agissait de diviser 66,36 par 8,4. On amène le

nombre 8,4 pris sur la moitié à gauche de la réglette, sous le
nombre 66,4 pris sur la règle ; le 1 de la réglette tombe alors
sensiblement au-dessous du nombre 7,9 de la règle. Le nombre 7,9 est donc le quotient de 66,36 par 8,4, car son logarithme est égal à l'excès du logarithme du dividende sur le
logarithme du diviseur. Il suit de là que le quotient demandé
est 79 ; ici le quotient se trouve exact.

2° On demande de diviser 74199961879 par 31097. Le quotient cherché doit avoir 6 chiffres ; nous prendrons pour dividende 7,42 et pour diviseur 3,11 ; plaçant alors le nombre 3,11
lu sur la moitié à gauche de la réglette au-dessous du nombre
7,42 lu sur la moitié à gauche de la règle, le 1 de la réglette
tombe sensiblement sous le nombre 2,39 de la règle. Le quotient demandé est donc 239000 ; le calcul direct montre que la
valeur de ce quotient est 238607 à une unité près.

228. On peut obtenir aussi avec la règle, par une simple lec-
ture, le produit d'un nombre donné par le rapport de deux
autres nombres donnés.

Remarquons d'abord que le 1 de la réglette étant placé à un
endroit fixe quelconque de la règle, les nombres qui se correspondent sur la règle et sur la réglette ont un rapport constant.
En effet, la différence des logarithmes de deux nombres qui se
correspondent est égale à la distance du 1 de la règle au 1 de
la réglette ; cette différence est donc constante pour tous les
points de la règle : donc le rapport des nombres correspondants est constant.

Supposons maintenant qu'on demande de multiplier 8,29
par $\frac{7,8}{5,3}$. Le rapport du nombre cherché à 8,29 doit être égal
au rapport de 7,8 à 5,3 ; si donc on met le nombre 5,3 lu sur la
réglette au-dessous du nombre 7,8 lu sur la règle, on trouvera
le nombre demandé sur la règle au-dessus du nombre 8,29 lu
sur la réglette ; on obtient ainsi pour résultat 12,2.

N.	Log.	N.	Log.	N.	Log.	N.	Log.	N.	Log.
1	00000	51	70757	101	00432	151	17898	201	30320
2	30103	52	71600	102	00860	152	18184	202	30535
3	47712	53	72428	103	01284	153	18469	203	30750
4	60206	54	73239	104	01703	154	18752	204	30963
5	69897	55	74036	105	02119	155	19033	205	31175
6	77815	56	74819	106	02531	156	19312	206	31387
7	84510	57	75587	107	02938	157	19590	207	31597
8	90309	58	76343	108	03342	158	19866	208	31806
9	95424	59	77085	109	03743	159	20140	209	32015
10	00000	60	77815	110	04139	160	20412	210	32222
11	04139	61	78533	111	04532	161	20683	211	32428
12	07918	62	79239	112	04922	162	20952	212	32634
13	11394	63	79934	113	05308	163	21219	213	32838
14	14613	64	80618	114	05690	164	21484	214	33041
15	17609	65	81291	115	06070	165	21748	215	33244
16	20412	66	81954	116	06446	166	22011	216	33445
17	23045	67	82607	117	06819	167	22272	217	33646
18	25527	68	83251	118	07188	168	22531	218	33846
19	27875	69	83885	119	07555	169	22789	219	34044
20	30103	70	84510	120	07918	170	23045	220	34242
21	32222	71	85126	121	08279	171	23300	221	34439
22	34242	72	85733	122	08636	172	23553	222	34635
23	36173	73	86332	123	08991	173	23805	223	34830
24	38021	74	86923	124	09342	174	24055	224	35025
25	39794	75	87506	125	09691	175	24304	225	35218
26	41497	76	88081	126	10037	176	24551	226	35411
27	43136	77	88649	127	10380	177	24797	227	35603
28	44716	78	89209	128	10721	178	25042	228	35793
29	46240	79	89763	129	11059	179	25285	229	35984
30	47712	80	90309	130	11394	180	25527	230	36173
31	49136	81	90849	131	11727	181	25768	231	36361
32	50515	82	91381	132	12057	182	26007	232	36549
33	51851	83	91908	133	12385	183	26245	233	36736
34	53148	84	92428	134	12710	184	26482	234	36922
35	54407	85	92942	135	13033	185	26717	235	37107
36	55630	86	93450	136	13354	186	26951	236	37291
37	56820	87	93952	137	13672	187	27184	237	37475
38	57978	88	94448	138	13988	188	27416	238	37658
39	59106	89	94939	139	14301	189	27646	239	37840
40	60206	90	95424	140	14613	190	27875	240	38021
41	61278	91	95904	141	14922	191	28103	241	38202
42	62325	92	96379	142	15229	192	28330	242	38382
43	63347	93	96848	143	15534	193	28556	243	38561
44	64345	94	97313	144	15836	194	28780	244	38739
45	65321	95	97772	145	16137	195	29003	245	38917
46	66276	96	98227	146	16435	196	29226	246	39094
47	67210	97	98677	147	16732	197	29447	247	39270
48	68124	98	99123	148	17026	198	29667	248	39445
49	69020	99	99564	149	17319	199	29885	249	39620
50	69897	100	00000	150	17609	200	30103	250	39794

N.	Log.	N.	Log.	N.	Log.	N.	Log.	N.	Log.
251	39967	301	47857	351	54531	401	60314	451	65418
252	40140	302	48001	352	54654	402	60423	452	65514
253	40312	303	48144	353	54777	403	60531	453	65610
254	40483	304	48287	354	54900	404	60638	454	65706
255	40654	305	48430	355	55023	405	60746	455	65801
256	40824	306	48572	356	55145	406	60853	456	65896
257	40993	307	48714	357	55267	407	60959	457	65992
258	41162	308	48855	358	55388	408	61066	458	66087
259	41330	309	48996	359	55509	409	61172	459	66181
260	41497	310	49136	360	55630	410	61278	460	66276
261	41664	311	49276	361	55751	411	61384	461	66370
262	41830	312	49415	362	55871	412	61490	462	66464
263	41996	313	49554	363	55991	413	61595	463	66558
264	42160	314	49693	364	56110	414	61700	464	66652
265	42325	315	49831	365	56229	415	61805	465	66745
266	42488	316	49969	366	56348	416	61909	466	66839
267	42651	317	50106	367	56467	417	62014	467	66932
268	42813	318	50243	368	56585	418	62118	468	67025
269	42975	319	50379	369	56703	419	62221	469	67117
270	43136	320	50515	370	56820	420	62325	470	67210
271	43297	321	50651	371	56937	421	62428	471	67302
272	43457	322	50786	372	57054	422	62531	472	67394
273	43616	323	50920	373	57171	423	62634	473	67486
274	43775	324	51055	374	57287	424	62737	474	67578
275	43933	325	51188	375	57403	425	62839	475	67669
276	44091	326	51322	376	57519	426	62941	476	67761
277	44248	327	51455	377	57634	427	63043	477	67852
278	44404	328	51587	378	57749	428	63144	478	67943
279	44560	329	51720	379	57864	429	63246	479	68034
280	44716	330	51851	380	57978	430	63347	480	68124
281	44871	331	51983	381	58092	431	63448	481	68215
282	45025	332	52114	382	58206	432	63548	482	68305
283	45179	333	52244	383	58320	433	63649	483	68395
284	45332	334	52375	384	58433	434	63749	484	68485
285	45484	335	52504	385	58546	435	63849	485	68574
286	45637	336	52634	386	58659	436	63949	486	68664
287	45788	337	52763	387	58771	437	64048	487	68753
288	45939	338	52892	388	58883	438	64147	488	68842
289	46090	339	53020	389	58995	439	64246	489	68931
290	46240	340	53148	390	59106	440	64345	490	69020
291	46389	341	53275	391	59218	441	64444	491	69108
292	46538	342	53403	392	59329	442	64542	492	69197
293	46687	343	53529	393	59439	443	64640	493	69285
294	46835	344	53656	394	59550	444	64738	494	69373
295	46982	345	53782	395	59660	445	64836	495	69461
296	47129	346	53908	396	59770	446	64933	496	69548
297	47276	347	54033	397	59879	447	65031	497	69636
298	47422	348	54158	398	59988	448	65128	498	69723
299	47567	349	54283	399	60097	449	65225	499	69810
300	47712	350	54407	400	60206	450	65321	500	69897

N.	Log.	N.	Log.	N.	Log.	N.	Log.	N.	Log.
501	69984	551	74115	601	77887	651	81358	701	84572
502	70070	552	74194	602	77960	652	81425	702	84634
503	70157	553	74273	603	78032	653	81491	703	84696
504	70243	554	74351	604	78104	654	81558	704	84757
505	70329	555	74429	605	78176	655	81624	705	84819
506	70415	556	74507	606	78247	656	81690	706	84880
507	70501	557	74586	607	78319	657	81757	707	84942
508	70586	558	74663	608	78390	658	81823	708	85003
509	70672	559	74741	609	78462	659	81889	709	85065
510	70757	560	74819	610	78533	660	81954	710	85126
511	70842	561	74896	611	78604	661	82020	711	85187
512	70927	562	74974	612	78675	662	82086	712	85248
513	71012	563	75051	613	78746	663	82151	713	85309
514	71096	564	75128	614	78817	664	82217	714	85370
515	71181	565	75205	615	78888	665	82282	715	85431
516	71265	566	75282	616	78958	666	82347	716	85491
517	71349	567	75358	617	79029	667	82413	717	85552
518	71433	568	75435	618	79099	668	82478	718	85612
519	71517	569	75511	619	79169	669	82543	719	85673
520	71600	570	75587	620	79239	670	82607	720	85733
521	71684	571	75664	621	79309	671	82672	721	85794
522	71767	572	75740	622	79379	672	82737	722	85854
523	71850	573	75815	623	79449	673	82802	723	85914
524	71933	574	75891	624	79518	674	82866	724	85974
525	72016	575	75967	625	79588	675	82930	725	86034
526	72099	576	76042	626	79657	676	82995	726	86094
527	72181	577	76118	627	79727	677	83059	727	86153
528	72263	578	76193	628	79796	678	83123	728	86213
529	72346	579	76268	629	79865	679	83187	729	86273
530	72428	580	76343	630	79934	680	83251	730	86332
531	72509	581	76418	631	80003	681	83315	731	86392
532	72591	582	76492	632	80072	682	83378	732	86451
533	72673	583	76567	633	80140	683	83442	733	86510
534	72754	584	76641	634	80209	684	83506	734	86570
535	72835	585	76716	635	80277	685	83569	735	86629
536	72916	586	76790	636	80346	686	83632	736	86688
537	72997	587	76864	637	80414	687	83696	737	86747
538	73078	588	76938	638	80482	688	83759	738	86806
539	73159	589	77012	639	80550	689	83822	739	86864
540	73239	590	77085	640	80618	690	83885	740	86923
541	73320	591	77159	641	80686	691	83948	741	86982
542	73400	592	77232	642	80754	692	84011	742	87040
543	73480	593	77305	643	80821	693	84073	743	87099
544	73560	594	77379	644	80889	694	84136	744	87157
545	73640	595	77452	645	80956	695	84198	745	87216
546	73719	596	77525	646	81023	696	84261	746	87274
547	73799	597	77597	647	81090	697	84323	747	87332
548	73878	598	77670	648	81158	698	84386	748	87390
549	73957	599	77743	649	81224	699	84448	749	87448
550	74036	600	77815	650	81291	700	84510	750	87506

13.

N.	Log.	N.	Log.	N.	Log.	N.	Log.	N.	Log.
751	87564	801	90363	851	92993	901	95472	951	97818
752	87622	802	90417	852	93044	902	95521	952	97864
753	87679	803	90472	853	93095	903	95569	953	97909
754	87737	804	90526	854	93146	904	95617	954	97955
755	87795	805	90580	855	93197	905	95665	955	98000
756	87852	806	90634	856	93247	906	95713	956	98046
757	87910	807	90687	857	93298	907	95761	957	98091
758	87967	808	90741	858	93349	908	95809	958	98137
759	88024	809	90795	859	93399	909	95856	959	98182
760	88081	810	90849	860	93450	910	95904	960	98227
761	88138	811	90902	861	93500	911	95952	961	98272
762	88195	812	90956	862	93551	912	95999	962	98318
763	88252	813	91009	863	93601	913	96047	963	98363
764	88309	814	91062	864	93651	914	96095	964	98408
765	88366	815	91116	865	93702	915	96142	965	98453
766	88423	816	91169	866	93752	916	96190	966	98498
767	88480	817	91222	867	93802	917	96237	967	98543
768	88536	818	91275	868	93852	918	96284	968	98588
769	88593	819	91328	869	93902	919	96332	969	98632
770	88649	820	91381	870	93952	920	96379	970	98677
771	88705	821	91434	871	94002	921	96426	971	98722
772	88762	822	91487	872	94052	922	96473	972	98767
773	88818	823	91540	873	94101	923	96520	973	98811
774	88874	824	91593	874	94151	924	96567	974	98856
775	88930	825	91645	875	94201	925	96614	975	98900
776	88986	826	91698	876	94250	926	96661	976	98945
777	89042	827	91751	877	94300	927	96708	977	98989
778	89098	828	91803	878	94349	928	96755	978	99034
779	89154	829	91855	879	94399	929	96802	979	99078
780	89209	830	91908	880	94448	930	96848	980	99123
781	89265	831	91960	881	94498	931	96895	981	99167
782	89321	832	92012	882	94547	932	96942	982	99211
783	89376	833	92065	883	94596	933	96988	983	99255
784	89432	834	92117	884	94645	934	97035	984	99300
785	89487	835	92169	885	94694	935	97081	985	99344
786	89542	836	92221	886	94743	936	97128	986	99388
787	89597	837	92273	887	94792	937	97174	987	99432
788	89653	838	92324	888	94841	938	97220	988	99476
789	89708	839	92376	889	94890	939	97267	989	99520
790	89763	840	92428	890	94939	940	97313	990	99564
791	89818	841	92480	891	94988	941	97359	991	99607
792	89873	842	92531	892	95036	942	97405	992	99651
793	89927	843	92583	893	95085	943	97451	993	99695
794	89982	844	92634	894	95134	944	97497	994	99739
795	90037	845	92686	895	95182	945	97543	995	99782
796	90091	846	92737	896	95231	946	97589	996	99826
797	90146	847	92788	897	95279	947	97635	997	99870
798	90200	848	92840	898	95328	948	97681	998	99913
799	90255	849	92891	899	95376	949	97727	999	99957
800	90309	850	92942	900	95424	950	97772	1000	00000

N.	Log.	D	N.	Log.	D	N.	Log.	D	N.	Log.	D	N.	Log.	D
1001	00043		1051	02160	41	1101	04179	40	1151	06108	38	1201	07954	36
1002	00087	44	1052	02202	42	1102	04218	39	1152	06145	37	1202	07990	36
1003	00130	43	1053	02243	41	1103	04258	40	1153	06183	38	1203	08027	37
1004	00173	43	1054	02284	41	1104	04297	39	1154	06221	37	1204	08063	36
1005	00217	44	1055	02325	41	1105	04336	39	1155	06258	38	1205	08099	36
		43			41			40			38			36
1006	00260	43	1056	02366	41	1106	04376	39	1156	06296	37	1206	08135	36
1007	00303	43	1057	02407	41	1107	04415	39	1157	06333	38	1207	08171	36
1008	00346	43	1058	02449	41	1108	04454	39	1158	06371	37	1208	08207	36
1009	00389	43	1059	02490	41	1109	04493	39	1159	06408	38	1209	08243	36
1010	00432	43	1060	02531	41	1110	04532	39	1160	06446	37	1210	08279	35
		43			41			39			37			35
1011	00475	43	1061	02572	40	1111	04571	39	1161	06483	38	1211	08314	36
1012	00518	43	1062	02612	41	1112	04610	40	1162	06521	37	1212	08350	36
1013	00561	43	1063	02653	41	1113	04650	39	1163	06558	37	1213	08386	36
1014	00604	43	1064	02694	41	1114	04689	38	1164	06595	38	1214	08422	36
1015	00647	42	1065	02735	41	1115	04727	39	1165	06633	37	1215	08458	35
		42			41			39			37			35
1016	00689	43	1066	02776	40	1116	04766	39	1166	06670	37	1216	08493	36
1017	00732	43	1067	02816	41	1117	04805	39	1167	06707	37	1217	08529	36
1018	00775	42	1068	02857	41	1118	04844	39	1168	06744	37	1218	08565	35
1019	00817	43	1069	02898	40	1119	04883	39	1169	06781	38	1219	08600	36
1020	00860	43	1070	02938	41	1120	04922	39	1170	06819	37	1220	08636	36
		43			41			39			37			36
1021	00903	42	1071	02979	40	1121	04961	38	1171	06856	37	1221	08672	35
1022	00945	43	1072	03019	41	1122	04999	39	1172	06893	37	1222	08707	36
1023	00988	42	1073	03060	40	1123	05038	39	1173	06930	37	1223	08743	35
1024	01030	42	1074	03100	41	1124	05077	38	1174	06967	37	1224	08778	36
1025	01072	43	1075	03141	40	1125	05115	39	1175	07004	37	1225	08814	35
		42			40			39			37			35
1026	01115	42	1076	03181	41	1126	05154	38	1176	07041	37	1226	08849	35
1027	01157	42	1077	03222	40	1127	05192	39	1177	07078	37	1227	08884	36
1028	01199	43	1078	03262	40	1128	05231	38	1178	07115	36	1228	08920	35
1029	01242	42	1079	03302	40	1129	05269	39	1179	07151	37	1229	08955	36
1030	01284	42	1080	03342	41	1130	05308	38	1180	07188	37	1230	08991	35
		42			41			38			37			35
1031	01326	42	1081	03383	40	1131	05346	39	1181	07225	37	1231	09026	35
1032	01368	42	1082	03423	40	1132	05385	38	1182	07262	36	1232	09061	35
1033	01410	42	1083	03463	40	1133	05423	38	1183	07298	37	1233	09096	36
1034	01452	42	1084	03503	40	1134	05461	39	1184	07335	37	1234	09132	35
1035	01494	42	1085	03543	40	1135	05500	38	1185	07372	36	1235	09167	35
		42			40			38			36			35
1036	01536	42	1086	03583	40	1136	05538	38	1186	07408	37	1236	09202	35
1037	01578	42	1087	03623	40	1137	05576	38	1187	07445	37	1237	09237	35
1038	01620	42	1088	03663	40	1138	05614	38	1188	07482	36	1238	09272	35
1039	01662	42	1089	03703	40	1139	05652	38	1189	07518	37	1239	09307	35
1040	01703	41	1090	03743	39	1140	05690	38	1190	07555	36	1240	09342	35
		42			40			39			36			35
1041	01745	42	1091	03782	40	1141	05729	38	1191	07591	37	1241	09377	35
1042	01787	42	1092	03822	40	1142	05767	38	1192	07628	36	1242	09412	35
1043	01828	41	1093	03862	40	1143	05805	38	1193	07664	36	1243	09447	35
1044	01870	42	1094	03902	39	1144	05843	38	1194	07700	37	1244	09482	35
1045	01912	42	1095	03941	40	1145	05881	37	1195	07737	36	1245	09517	35
		41			40			37			36			35
1046	01953	42	1096	03981	40	1146	05918	38	1196	07773	36	1246	09552	35
1047	01995	41	1097	04021	39	1147	05956	38	1197	07809	37	1247	09587	34
1048	02036	41	1098	04060	40	1148	05994	38	1198	07846	36	1248	09621	35
1049	02078	42	1099	04100	39	1149	06032	38	1199	07882	36	1249	09656	35
1050	02119	41	1100	04139		1150	06070	38	1200	07918		1250	09691	

N.	Log.	D	N.	Log.	D	N.	Log.	D	N.	Log.	D	N.	Log.	D
1251	09726	35	1301	11428	34	1351	13066	33	1401	14644	31	1451	16167	30
1252	09760	34	1302	11461	33	1352	13098	32	1402	14675	31	1452	16197	30
1253	09795	35	1303	11494	34	1353	13130	32	1403	14706	31	1453	16227	30
1254	09830	34	1304	11528	33	1354	13162	32	1404	14737	31	1454	16256	29
1255	09864	35	1305	11561	33	1355	13194	32	1405	14768	31	1455	16286	30
1256	09899	35	1306	11594	34	1356	13226	32	1406	14799	30	1456	16316	30
1257	09934	34	1307	11628	33	1357	13258	32	1407	14829	31	1457	16346	30
1258	09968	35	1308	11661	33	1358	13290	32	1408	14860	31	1458	16376	30
1259	10003	34	1309	11694	33	1359	13322	32	1409	14891	31	1459	16406	29
1260	10037	35	1310	11727	33	1360	13354	32	1410	14922	31	1460	16435	30
1261	10072	34	1311	11760	33	1361	13386	32	1411	14953	30	1461	16465	30
1262	10106	34	1312	11793	33	1362	13418	32	1412	14983	31	1462	16495	29
1263	10140	35	1313	11826	34	1363	13450	31	1413	15014	31	1463	16524	30
1264	10175	34	1314	11860	33	1364	13481	32	1414	15045	31	1464	16554	30
1265	10209	34	1315	11893	33	1365	13513	32	1415	15076	30	1465	16584	29
1266	10243	35	1316	11926	33	1366	13545	32	1416	15106	31	1466	16613	30
1267	10278	34	1317	11959	33	1367	13577	32	1417	15137	31	1467	16643	30
1268	10312	34	1318	11992	32	1368	13609	31	1418	15168	30	1468	16673	29
1269	10346	34	1319	12024	33	1369	13640	32	1419	15198	31	1469	16702	30
1270	10380	35	1320	12057	33	1370	13672	32	1420	15229	30	1470	16732	29
1271	10415	34	1321	12090	33	1371	13704	31	1421	15259	31	1471	16761	30
1272	10449	34	1322	12123	33	1372	13735	32	1422	15290	30	1472	16791	29
1273	10483	34	1323	12156	33	1373	13767	32	1423	15320	31	1473	16820	30
1274	10517	34	1324	12189	33	1374	13799	31	1424	15351	30	1474	16850	29
1275	10551	34	1325	12222	32	1375	13830	32	1425	15381	31	1475	16879	30
1276	10585	34	1326	12254	33	1376	13862	31	1426	15412	30	1476	16909	29
1277	10619	34	1327	12287	33	1377	13893	32	1427	15442	31	1477	16938	29
1278	10653	34	1328	12320	32	1378	13925	31	1428	15473	30	1478	16967	30
1279	10687	34	1329	12352	33	1379	13956	32	1429	15503	31	1479	16997	29
1280	10721	34	1330	12385	33	1380	13988	31	1430	15534	30	1480	17026	30
1281	10755	34	1331	12418	32	1381	14019	32	1431	15564	30	1481	17056	29
1282	10789	34	1332	12450	33	1382	14051	31	1432	15594	31	1482	17085	29
1283	10823	34	1333	12483	33	1383	14082	32	1433	15625	30	1483	17114	29
1284	10857	33	1334	12516	32	1384	14114	31	1434	15655	30	1484	17143	30
1285	10890	34	1335	12548	33	1385	14145	31	1435	15685	30	1485	17173	29
1286	10924	34	1336	12581	32	1386	14176	32	1436	15715	31	1486	17202	29
1287	10958	34	1337	12613	33	1387	14208	31	1437	15746	30	1487	17231	29
1288	10992	33	1338	12646	32	1388	14239	31	1438	15776	30	1488	17260	29
1289	11025	34	1339	12678	32	1389	14270	31	1439	15806	30	1489	17289	30
1290	11059	34	1340	12710	33	1390	14301	32	1440	15836	30	1490	17319	29
1291	11093	33	1341	12743	32	1391	14333	31	1441	15866	31	1491	17348	29
1292	11126	34	1342	12775	33	1392	14364	31	1442	15897	30	1492	17377	29
1293	11160	33	1343	12808	32	1393	14395	31	1443	15927	30	1493	17406	29
1294	11193	34	1344	12840	32	1394	14426	31	1444	15957	30	1494	17435	29
1295	11227	34	1345	12872	33	1395	14457	32	1445	15987	30	1495	17464	29
1296	11261	33	1346	12905	32	1396	14489	31	1446	16017	30	1496	17493	29
1297	11294	33	1347	12937	32	1397	14520	31	1447	16047	30	1497	17522	29
1298	11327	34	1348	12969	32	1398	14551	31	1448	16077	30	1498	17551	29
1299	11361	33	1349	13001	32	1399	14582	31	1449	16107	30	1499	17580	29
1300	11394		1350	13033		1400	14613		1450	16137		1500	17609	

N.	Log.	D	N.	Log.	D	N.	Log.	D	N.	Log.	D	N.	Log.	D
1501	17638	29	1551	19061	28	1601	20439	27	1651	21775	27	1701	23070	25
1502	17667	29	1552	19089	28	1602	20466	27	1652	21801	26	1702	23096	26
1503	17696	29	1553	19117	28	1603	20493	27	1653	21827	26	1703	23121	26
1504	17725	29	1554	19145	28	1604	20520	28	1654	21854	27	1704	23147	25
1505	17754	29	1555	19173	28	1605	20548	27	1655	21880	26	1705	23172	26
1506	17782	28	1556	19201	28	1606	20575	27	1656	21906	26	1706	23198	25
1507	17811	29	1557	19229	28	1607	20602	27	1657	21932	26	1707	23223	26
1508	17840	29	1558	19257	28	1608	20629	27	1658	21958	27	1708	23249	25
1509	17869	29	1559	19285	28	1609	20656	27	1659	21985	26	1709	23274	26
1510	17898	28	1560	19312	28	1610	20683	27	1660	22011	26	1710	23300	25
1511	17926	28	1561	19340	28	1611	20710	27	1661	22037	26	1711	23325	25
1512	17955	29	1562	19368	28	1612	20737	26	1662	22063	26	1712	23350	26
1513	17984	29	1563	19396	28	1613	20763	27	1663	22089	26	1713	23376	25
1514	18013	28	1564	19424	27	1614	20790	27	1664	22115	26	1714	23401	25
1515	18041	29	1565	19451	28	1615	20817	27	1665	22141	26	1715	23426	26
1516	18070	29	1566	19479	28	1616	20844	27	1666	22167	27	1716	23452	25
1517	18099	28	1567	19507	28	1617	20871	27	1667	22194	26	1717	23477	25
1518	18127	29	1568	19535	27	1618	20898	27	1668	22220	26	1718	23502	26
1519	18156	28	1569	19562	28	1619	20925	27	1669	22246	26	1719	23528	25
1520	18184	29	1570	19590	28	1620	20952	26	1670	22272	26	1720	23553	25
1521	18213	28	1571	19618	27	1621	20978	27	1671	22298	26	1721	23578	25
1522	18241	29	1572	19645	28	1622	21005	27	1672	22324	26	1722	23603	26
1523	18270	28	1573	19673	27	1623	21032	27	1673	22350	26	1723	23629	25
1524	18298	29	1574	19700	28	1624	21059	26	1674	22376	25	1724	23654	25
1525	18327	28	1575	19728	28	1625	21085	27	1675	22401	26	1725	23679	25
1526	18355	29	1576	19756	27	1626	21112	27	1676	22427	26	1726	23704	25
1527	18384	28	1577	19783	28	1627	21139	26	1677	22453	26	1727	23729	25
1528	18412	29	1578	19811	27	1628	21165	27	1678	22479	26	1728	23754	25
1529	18441	28	1579	19838	28	1629	21192	27	1679	22505	26	1729	23779	26
1530	18469	29	1580	19866	27	1630	21219	26	1680	22531	26	1730	23805	25
1531	18498	28	1581	19893	28	1631	21245	27	1681	22557	26	1731	23830	25
1532	18526	28	1582	19921	27	1632	21272	27	1682	22583	25	1732	23855	25
1533	18554	29	1583	19948	28	1633	21299	26	1683	22608	26	1733	23880	25
1534	18583	28	1584	19976	27	1634	21325	27	1684	22634	26	1734	23905	25
1535	18611	28	1585	20003	27	1635	21352	26	1685	22660	26	1735	23930	25
1536	18639	28	1586	20030	28	1636	21378	27	1686	22686	26	1736	23955	25
1537	18667	29	1587	20058	27	1637	21405	26	1687	22712	25	1737	23980	25
1538	18696	28	1588	20085	27	1638	21431	27	1688	22737	26	1738	24005	25
1539	18724	28	1589	20112	28	1639	21458	26	1689	22763	26	1739	24030	25
1540	18752	28	1590	20140	27	1640	21484	27	1690	22789	25	1740	24055	25
1541	18780	28	1591	20167	27	1641	21511	26	1691	22814	26	1741	24080	25
1542	18808	29	1592	20194	28	1642	21537	27	1692	22840	26	1742	24105	25
1543	18837	28	1593	20222	27	1643	21564	26	1693	22866	25	1743	24130	25
1544	18865	28	1594	20249	27	1644	21590	27	1694	22891	26	1744	24155	25
1545	18893	28	1595	20276	27	1645	21617	26	1695	22917	26	1745	24180	24
1546	18921	28	1596	20303	27	1646	21643	26	1696	22943	25	1746	24204	25
1547	18949	28	1597	20330	28	1647	21669	27	1697	22968	26	1747	24229	25
1548	18977	28	1598	20358	27	1648	21696	26	1698	22994	25	1748	24254	25
1549	19005	28	1599	20385	27	1649	21722	26	1699	23019	26	1749	24279	25
1550	19033		1600	20412		1650	21748		1700	23045		1750	24304	

N.	Log.	D	N.	Log.	D	N.	Log.	D	N.	Log.	D	N.	Log.	D
1751	24329	25	1801	25551	24	1851	26741	24	1901	27898	23	1951	29026	23
1752	24353	24	1802	25575	24	1852	26764	23	1902	27921	23	1952	29048	22
1753	24378	25	1803	25600	25	1853	26788	24	1903	27944	23	1953	29070	22
1754	24403	25	1804	25624	24	1854	26811	23	1904	27967	23	1954	29092	22
1755	24428	25	1805	25648	24	1855	26834	23	1905	27989	22	1955	29115	23
1756	24452	24	1806	25672	24	1856	26858	24	1906	28012	23	1956	29137	22
1757	24477	25	1807	25696	24	1857	26881	23	1907	28035	23	1957	29159	22
1758	24502	25	1808	25720	24	1858	26905	24	1908	28058	23	1958	29181	22
1759	24527	25	1809	25744	24	1859	26928	23	1909	28081	23	1959	29203	22
1760	24551	24	1810	25768	24	1860	26951	23	1910	28103	22	1960	29226	23
1761	24576	25	1811	25792	24	1861	26975	24	1911	28126	23	1961	29248	22
1762	24601	25	1812	25816	24	1862	26998	23	1912	28149	23	1962	29270	22
1763	24625	24	1813	25840	24	1863	27021	23	1913	28171	22	1963	29292	22
1764	24650	24	1814	25864	24	1864	27045	24	1914	28194	23	1964	29314	22
1765	24674	24	1815	25888	24	1865	27068	23	1915	28217	23	1965	29336	22
1766	24699	25	1816	25912	24	1866	27091	23	1916	28240	22	1966	29358	22
1767	24724	24	1817	25935	23	1867	27114	23	1917	28262	23	1967	29380	23
1768	24748	25	1818	25959	24	1868	27138	24	1918	28285	23	1968	29403	23
1769	24773	24	1819	25983	24	1869	27161	23	1919	28307	23	1969	29425	22
1770	24797	25	1820	26007	24	1870	27184	23	1920	28330	23	1970	29447	22
1771	24822	24	1821	26031	24	1871	27207	24	1921	28353	23	1971	29469	22
1772	24846	25	1822	26055	24	1872	27231	23	1922	28375	23	1972	29491	22
1773	24871	24	1823	26079	23	1873	27254	23	1923	28398	23	1973	29513	22
1774	24895	25	1824	26102	23	1874	27277	23	1924	28421	23	1974	29535	22
1775	24920	24	1825	26126	24	1875	27300	23	1925	28443	23	1975	29557	22
1776	24944	25	1826	26150	24	1876	27323	23	1926	28466	22	1976	29579	22
1777	24969	24	1827	26174	24	1877	27346	24	1927	28488	23	1977	29601	22
1778	24993	25	1828	26198	23	1878	27370	23	1928	28511	22	1978	29623	22
1779	25018	24	1829	26221	24	1879	27393	23	1929	28533	23	1979	29645	22
1780	25042	24	1830	26245	24	1880	27416	23	1930	28556	22	1980	29667	21
1781	25066	25	1831	26269	24	1881	27439	23	1931	28578	23	1981	29688	22
1782	25091	24	1832	26293	23	1882	27462	23	1932	28601	22	1982	29710	22
1783	25115	24	1833	26316	24	1883	27485	23	1933	28623	23	1983	29732	22
1784	25139	25	1834	26340	24	1884	27508	23	1934	28646	22	1984	29754	22
1785	25164	24	1835	26364	23	1885	27531	23	1935	28668	23	1985	29776	22
1786	25188	24	1836	26387	24	1886	27554	23	1936	28691	22	1986	29798	22
1787	25212	25	1837	26411	24	1887	27577	23	1937	28713	22	1987	29820	22
1788	25237	24	1838	26435	23	1888	27600	23	1938	28735	23	1988	29842	21
1789	25261	24	1839	26458	24	1889	27623	23	1939	28758	22	1989	29863	22
1790	25285	25	1840	26482	23	1890	27646	23	1940	28780	23	1990	29885	22
1791	25310	24	1841	26505	24	1891	27669	23	1941	28803	22	1991	29907	22
1792	25334	24	1842	26529	24	1892	27692	23	1942	28825	22	1992	29929	22
1793	25358	24	1843	26553	23	1893	27715	23	1943	28847	23	1993	29951	22
1794	25382	24	1844	26576	24	1894	27738	23	1944	28870	22	1994	29973	21
1795	25406	25	1845	26600	23	1895	27761	23	1945	28892	22	1995	29994	22
1796	25431	24	1846	26623	24	1896	27784	23	1946	28914	23	1996	30016	22
1797	25455	24	1847	26647	23	1897	27807	23	1947	28937	22	1997	30038	22
1798	25479	24	1848	26670	24	1898	27830	22	1948	28959	22	1998	30060	21
1799	25503	24	1849	26694	23	1899	27852	23	1949	28981	22	1999	30081	22
1800	25527	24	1850	26717		1900	27875		1950	29003		2000	30103	

N.	Log.	D	N.	Log.	D	N.	Log.	D	N.	Log.	D	N.	Log.	D
2001	30125	22	2051	31197	22	2101	32243	21	2151	33264	20	2201	34262	20
2002	30146	21	2052	31218	21	2102	32263	20	2152	33284	20	2202	34282	20
2003	30168	22	2053	31239	21	2103	32284	21	2153	33304	20	2203	34301	19
2004	30190	22	2054	31260	21	2104	32305	21	2154	33325	21	2204	34321	20
2005	30211	21	2055	31281	21	2105	32325	20	2155	33345	20	2205	34341	20
2006	30233	22	2056	31302	21	2106	32346	21	2156	33365	20	2206	34361	20
2007	30255	22	2057	31323	21	2107	32366	20	2157	33385	20	2207	34380	19
2008	30276	21	2058	31345	22	2108	32387	21	2158	33405	20	2208	34400	20
2009	30298	22	2059	31366	21	2109	32408	20	2159	33425	20	2209	34420	19
2010	30320	21	2060	31387	21	2110	32428	20	2160	33445	20	2210	34439	20
2011	30341	22	2061	31408	21	2111	32449	20	2161	33465	21	2211	34459	20
2012	30363	22	2062	31429	21	2112	32469	21	2162	33486	20	2212	34479	19
2013	30384	21	2063	31450	21	2113	32490	20	2163	33506	20	2213	34498	20
2014	30406	22	2064	31471	21	2114	32510	21	2164	33526	20	2214	34518	19
2015	30428	22	2065	31492	21	2115	32531	21	2165	33546	20	2215	34537	20
2016	30449	21	2066	31513	21	2116	32552	20	2166	33566	20	2216	34557	20
2017	30471	22	2067	31534	21	2117	32572	21	2167	33586	20	2217	34577	19
2018	30492	21	2068	31555	21	2118	32593	20	2168	33606	20	2218	34596	20
2019	30514	22	2069	31576	21	2119	32613	21	2169	33626	20	2219	34616	19
2020	30535	21	2070	31597	21	2120	32634	20	2170	33646	20	2220	34635	20
2021	30557	22	2071	31618	21	2121	32654	21	2171	33666	20	2221	34655	19
2022	30578	21	2072	31639	21	2122	32675	20	2172	33686	20	2222	34674	20
2023	30600	22	2073	31660	21	2123	32695	20	2173	33706	20	2223	34694	19
2024	30621	21	2074	31681	21	2124	32715	21	2174	33726	20	2224	34713	20
2025	30643	22	2075	31702	21	2125	32736	20	2175	33746	20	2225	34733	20
2026	30664	21	2076	31723	21	2126	32756	20	2176	33766	20	2226	34753	19
2027	30685	21	2077	31744	21	2127	32777	20	2177	33786	20	2227	34772	20
2028	30707	22	2078	31765	20	2128	32797	21	2178	33806	20	2228	34792	19
2029	30728	21	2079	31785	20	2129	32818	21	2179	33826	20	2229	34811	19
2030	30750	22	2080	31806	21	2130	32838	20	2180	33846	20	2230	34830	19
2031	30771	21	2081	31827	21	2131	32858	21	2181	33866	20	2231	34850	20
2032	30792	21	2082	31848	21	2132	32879	20	2182	33885	19	2232	34869	19
2033	30814	22	2083	31869	21	2133	32899	20	2183	33905	20	2233	34889	20
2034	30835	21	2084	31890	21	2134	32919	21	2184	33925	20	2234	34908	19
2035	30856	21	2085	31911	20	2135	32940	20	2185	33945	20	2235	34928	20
2036	30878	22	2086	31931	21	2136	32960	20	2186	33965	20	2236	34947	19
2037	30899	21	2087	31952	21	2137	32980	21	2187	33985	20	2237	34967	20
2038	30920	22	2088	31973	21	2138	33001	20	2188	34005	20	2238	34986	19
2039	30942	21	2089	31994	21	2139	33021	20	2189	34025	19	2239	35005	20
2040	30963	21	2090	32015	20	2140	33041	21	2190	34044	20	2240	35025	19
2041	30984	22	2091	32035	21	2141	33062	20	2191	34064	20	2241	35044	20
2042	31006	21	2092	32056	21	2142	33082	20	2192	34084	20	2242	35064	19
2043	31027	21	2093	32077	21	2143	33102	20	2193	34104	20	2243	35083	19
2044	31048	21	2094	32098	20	2144	33122	21	2194	34124	19	2244	35102	20
2045	31069	22	2095	32118	21	2145	33143	20	2195	34143	20	2245	35122	19
2046	31091	21	2096	32139	21	2146	33163	20	2196	34163	20	2246	35141	19
2047	31112	21	2097	32160	21	2147	33183	20	2197	34183	20	2247	35160	20
2048	31133	21	2098	32181	20	2148	33203	21	2198	34203	20	2248	35180	19
2049	31154	21	2099	32201	20	2149	33224	20	2199	34223	19	2249	35199	19
2050	31175	21	2100	32222	21	2150	33244	20	2200	34242	20	2250	35218	19

N.	Log.	D	N.	Log.	D	N.	Log.	D	N.	Log.	D	N.	Log.	D
2251	35238	20	2301	36192	19	2351	37125	18	2401	38039	18	2451	38934	17
2252	35257	19	2302	36211	18	2352	37144	19	2402	38057	18	2452	38952	18
2253	35276	19	2303	36229	19	2353	37162	18	2403	38075	18	2453	38970	17
2254	35295	19	2304	36248	19	2354	37181	18	2404	38093	19	2454	38987	18
2255	35315	20	2305	36267	19	2355	37199	19	2405	38112	18	2455	39005	18
2256	35334	19	2306	36286	19	2356	37218	18	2406	38130	18	2456	39023	18
2257	35353	19	2307	36305	19	2357	37236	18	2407	38148	18	2457	39041	17
2258	35372	20	2308	36324	18	2358	37254	19	2408	38166	18	2458	39058	18
2259	35392	19	2309	36342	19	2359	37273	18	2409	38184	18	2459	39076	18
2260	35411	19	2310	36361	19	2360	37291	19	2410	38202	18	2460	39094	17
2261	35430	19	2311	36380	19	2361	37310	18	2411	38220	18	2461	39111	18
2262	35449	19	2312	36399	19	2362	37328	18	2412	38238	18	2462	39129	17
2263	35468	20	2313	36418	18	2363	37346	19	2413	38256	18	2463	39146	18
2264	35488	19	2314	36436	19	2364	37365	18	2414	38274	18	2464	39164	18
2265	35507	19	2315	36455	19	2365	37383	18	2415	38292	18	2465	39182	17
2266	35526	19	2316	36474	19	2366	37401	18	2416	38310	18	2466	39199	18
2267	35545	19	2317	36493	18	2367	37420	18	2417	38328	18	2467	39217	18
2268	35564	19	2318	36511	19	2368	37438	19	2418	38346	18	2468	39235	17
2269	35583	20	2319	36530	19	2369	37457	18	2419	38364	18	2469	39252	18
2270	35603	19	2320	36549	19	2370	37475	18	2420	38382	17	2470	39270	17
2271	35622	19	2321	36568	18	2371	37493	18	2421	38399	18	2471	39287	18
2272	35641	19	2322	36586	19	2372	37511	19	2422	38417	18	2472	39305	17
2273	35660	19	2323	36605	19	2373	37530	18	2423	38435	18	2473	39322	18
2274	35679	19	2324	36624	18	2374	37548	18	2424	38453	18	2474	39340	18
2275	35698	19	2325	36642	19	2375	37566	19	2425	38471	18	2475	39358	17
2276	35717	19	2326	36661	19	2376	37585	18	2426	38489	18	2476	39375	18
2277	35736	19	2327	36680	18	2377	37603	18	2427	38507	18	2477	39393	17
2278	35755	19	2328	36698	19	2378	37621	18	2428	38525	18	2478	39410	18
2279	35774	19	2329	36717	19	2379	37639	19	2429	38543	18	2479	39428	17
2280	35793	20	2330	36736	18	2380	37658	18	2430	38561	17	2480	39445	18
2281	35813	19	2331	36754	19	2381	37676	18	2431	38578	18	2481	39463	17
2282	35832	19	2332	36773	18	2382	37694	18	2432	38596	18	2482	39480	18
2283	35851	19	2333	36791	19	2383	37712	19	2433	38614	18	2483	39498	17
2284	35870	19	2334	36810	19	2384	37731	18	2434	38632	18	2484	39515	18
2285	35889	19	2335	36829	18	2385	37749	18	2435	38650	18	2485	39533	17
2286	35908	19	2336	36847	19	2386	37767	18	2436	38668	18	2486	39550	18
2287	35927	19	2337	36866	18	2387	37785	18	2437	38686	17	2487	39568	17
2288	35946	19	2338	36884	19	2388	37803	19	2438	38703	18	2488	39585	17
2289	35965	19	2339	36903	19	2389	37822	18	2439	38721	18	2489	39602	18
2290	35984	19	2340	36922	18	2390	37840	18	2440	38739	18	2490	39620	17
2291	36003	18	2341	36940	19	2391	37858	18	2441	38757	18	2491	39637	18
2292	36021	19	2342	36959	18	2392	37876	18	2442	38775	17	2492	39655	17
2293	36040	19	2343	36977	19	2393	37894	18	2443	38792	18	2493	39672	18
2294	36059	19	2344	36996	18	2394	37912	19	2444	38810	18	2494	39690	17
2295	36078	19	2345	37014	19	2395	37931	18	2445	38828	18	2495	39707	17
2296	36097	19	2346	37033	18	2396	37949	18	2446	38846	17	2496	39724	18
2297	36116	19	2347	37051	19	2397	37967	18	2447	38863	18	2497	39742	17
2298	36135	19	2348	37070	18	2398	37985	18	2448	38881	18	2498	39759	18
2299	36154	19	2349	37088	19	2399	38003	18	2449	38899	18	2499	39777	17
2300	36173	19	2350	37107	19	2400	38021	18	2450	38917	18	2500	39794	17

N.	Log.	D	N.	Log.	D	N.	Log.	D	N.	Log	D	N.	Log.	D
2501	39811	17	2551	40671	17	2601	41514	17	2651	42341	16	2701	43152	16
2502	39829	18	2552	40688	17	2602	41531	17	2652	42357	16	2702	43169	17
2503	39846	17	2553	40705	17	2603	41547	16	2653	42374	17	2703	43185	16
2504	39863	17	2554	40722	17	2604	41564	17	2654	42390	16	2704	43201	16
2505	39881	18	2555	40739	17	2605	41581	17	2655	42406	16	2705	43217	16
2506	39898	17	2556	40756	17	2606	41597	16	2656	42423	17	2706	43233	16
2507	39915	17	2557	40773	17	2607	41614	17	2657	42439	16	2707	43249	16
2508	39933	18	2558	40790	17	2608	41631	17	2658	42455	16	2708	43265	16
2509	39950	17	2559	40807	17	2609	41647	16	2659	42472	17	2709	43281	16
2510	39967	17	2560	40824	17	2610	41664	17	2660	42488	16	2710	43297	16
2511	39985	18	2561	40841	17	2611	41681	17	2661	42504	16	2711	43313	16
2512	40002	17	2562	40858	17	2612	41697	16	2662	42521	17	2712	43329	16
2513	40019	17	2563	40875	17	2613	41714	17	2663	42537	16	2713	43345	16
2514	40037	18	2564	40892	17	2614	41731	17	2664	42553	16	2714	43361	16
2515	40054	17	2565	40909	17	2615	41747	16	2665	42570	17	2715	43377	16
2516	40071	17	2566	40926	17	2616	41764	17	2666	42586	16	2716	43393	16
2517	40088	17	2567	40943	17	2617	41780	16	2667	42602	16	2717	43409	16
2518	40106	18	2568	40960	17	2618	41797	17	2668	42619	17	2718	43425	16
2519	40123	17	2569	40976	16	2619	41814	17	2669	42635	16	2719	43441	16
2520	40140	17	2570	40993	17	2620	41830	16	2670	42651	16	2720	43457	16
2521	40157	17	2571	41010	17	2621	41847	17	2671	42667	16	2721	43473	16
2522	40175	18	2572	41027	17	2622	41863	16	2672	42684	17	2722	43489	16
2523	40192	17	2573	41044	17	2623	41880	17	2673	42700	16	2723	43505	16
2524	40209	17	2574	41061	17	2624	41896	16	2674	42716	16	2724	43521	16
2525	40226	17	2575	41078	17	2625	41913	17	2675	42732	16	2725	43537	16
2526	40243	17	2576	41095	16	2626	41929	16	2676	42749	17	2726	43553	16
2527	40261	18	2577	41111	17	2627	41946	17	2677	42765	16	2727	43569	15
2528	40278	17	2578	41128	17	2628	41963	16	2678	42781	16	2728	43584	16
2529	40295	17	2579	41145	17	2629	41979	17	2679	42797	16	2729	43600	16
2530	40312	17	2580	41162	17	2630	41996	16	2680	42813	17	2730	43616	16
2531	40329	17	2581	41179	17	2631	42012	17	2681	42830	16	2731	43632	16
2532	40346	17	2582	41196	17	2632	42029	16	2682	42846	16	2732	43648	16
2533	40364	18	2583	41212	16	2633	42045	17	2683	42862	16	2733	43664	16
2534	40381	17	2584	41229	17	2634	42062	16	2684	42878	16	2734	43680	16
2535	40398	17	2585	41246	17	2635	42078	17	2685	42894	17	2735	43696	16
2536	40415	17	2586	41263	17	2636	42095	16	2686	42911	16	2736	43712	15
2537	40432	17	2587	41280	16	2637	42111	16	2687	42927	16	2737	43727	16
2538	40449	17	2588	41296	17	2638	42127	17	2688	42943	16	2738	43743	16
2539	40466	17	2589	41313	17	2639	42144	16	2689	42959	16	2739	43759	16
2540	40483	17	2590	41330	17	2640	42160	17	2690	42975	16	2740	43775	16
2541	40500	17	2591	41347	16	2641	42177	16	2691	42991	17	2741	43791	16
2542	40518	18	2592	41363	17	2642	42193	17	2692	43008	16	2742	43807	16
2543	40535	17	2593	41380	17	2643	42210	16	2693	43024	16	2743	43823	15
2544	40552	17	2594	41397	17	2644	42226	17	2694	43040	16	2744	43838	16
2545	40569	17	2595	41414	16	2645	42243	16	2695	43056	16	2745	43854	16
2546	40586	17	2596	41430	17	2646	42259	16	2696	43072	16	2746	43870	16
2547	40603	17	2597	41447	17	2647	42275	17	2697	43088	16	2747	43886	16
2548	40620	17	2598	41464	17	2648	42292	16	2698	43104	16	2748	43902	15
2549	40637	17	2599	41481	16	2649	42308	17	2699	43120	16	2749	43917	16
2550	40654	17	2600	41497	17	2650	42325	16	2700	43136	16	2750	43933	16

N.	Log.	D	N.	Log.	D	N.	Log.	D	N.	Log.	D	N.	Log.	D
2751	43949	16	2801	44731	16	2851	45500	15	2901	46255	15	2951	46997	15
2752	43965	16	2802	44747	15	2852	45515	15	2902	46270	15	2952	47012	14
2753	43981	15	2803	44762	16	2853	45530	15	2903	46285	15	2953	47026	15
2754	43996	16	2804	44778	15	2854	45545	16	2904	46300	15	2954	47041	15
2755	44012	16	2805	44793	16	2855	45561	15	2905	46315	15	2955	47056	14
2756	44028	16	2806	44809	15	2856	45576	15	2906	46330	15	2956	47070	15
2757	44044	15	2807	44824	16	2857	45591	15	2907	46345	14	2957	47085	15
2758	44059	16	2808	44840	15	2858	45606	15	2908	46359	15	2958	47100	14
2759	44075	16	2809	44855	16	2859	45621	16	2909	46374	15	2959	47114	15
2760	44091	16	2810	44871	15	2860	45637	15	2910	46389	15	2960	47129	15
2761	44107	15	2811	44886	16	2861	45652	15	2911	46404	15	2961	47144	15
2762	44122	16	2812	44902	15	2862	45667	15	2912	46419	15	2962	47159	14
2763	44138	16	2813	44917	15	2863	45682	15	2913	46434	15	2963	47173	15
2764	44154	16	2814	44932	16	2864	45697	15	2914	46449	15	2964	47188	14
2765	44170	15	2815	44948	15	2865	45712	16	2915	46464	15	2965	47202	15
2766	44185	16	2816	44963	16	2866	45728	15	2916	46479	15	2966	47217	15
2767	44201	16	2817	44979	15	2867	45743	15	2917	46494	15	2967	47232	14
2768	44217	15	2818	44994	16	2868	45758	15	2918	46509	14	2968	47246	15
2769	44232	16	2819	45010	15	2869	45773	15	2919	46523	15	2969	47261	15
2770	44248	16	2820	45025	15	2870	45788	15	2920	46538	15	2970	47276	14
2771	44264	15	2821	45040	16	2871	45803	15	2921	46553	15	2971	47290	15
2772	44279	16	2822	45056	15	2872	45818	16	2922	46568	15	2972	47305	14
2773	44295	16	2823	45071	15	2873	45834	15	2923	46583	15	2973	47319	15
2774	44311	15	2824	45086	16	2874	45849	15	2924	46598	15	2974	47334	15
2775	44326	16	2825	45102	15	2875	45864	15	2925	46613	14	2975	47349	14
2776	44342	16	2826	45117	16	2876	45879	15	2926	46627	15	2976	47363	15
2777	44358	15	2827	45133	15	2877	45894	15	2927	46642	15	2977	47378	14
2778	44373	16	2828	45148	15	2878	45909	15	2928	46657	15	2978	47392	15
2779	44389	15	2829	45163	16	2879	45924	15	2929	46672	15	2979	47407	15
2780	44404	16	2830	45179	15	2880	45939	15	2930	46687	15	2980	47422	14
2781	44420	16	2831	45194	15	2881	45954	15	2931	46702	14	2981	47436	15
2782	44436	15	2832	45209	16	2882	45969	15	2932	46716	15	2982	47451	14
2783	44451	16	2833	45225	15	2883	45984	16	2933	46731	15	2983	47465	15
2784	44467	16	2834	45240	15	2884	46000	15	2934	46746	15	2984	47480	14
2785	44483	15	2835	45255	16	2885	46015	15	2935	46761	15	2985	47494	15
2786	44498	16	2836	45271	15	2886	46030	15	2936	46776	14	2986	47509	15
2787	44514	15	2837	45286	15	2887	46045	15	2937	46790	15	2987	47524	14
2788	44529	16	2838	45301	16	2888	46060	15	2938	46805	15	2988	47538	15
2789	44545	15	2839	45317	15	2889	46075	15	2939	46820	15	2989	47553	14
2790	44560	16	2840	45332	15	2890	46090	15	2940	46835	15	2990	47567	15
2791	44576	16	2841	45347	15	2891	46105	15	2941	46850	14	2991	47582	14
2792	44592	15	2842	45362	16	2892	46120	15	2942	46864	15	2992	47596	15
2793	44607	16	2843	45378	15	2893	46135	15	2943	46879	15	2993	47611	14
2794	44623	15	2844	45393	15	2894	46150	15	2944	46894	15	2994	47625	15
2795	44638	16	2845	45408	15	2895	46165	15	2945	46909	14	2995	47640	14
2796	44654	15	2846	45423	16	2896	46180	15	2946	46923	15	2996	47654	15
2797	44669	16	2847	45439	15	2897	46195	15	2947	46938	15	2997	47669	14
2798	44685	15	2848	45454	15	2898	46210	15	2948	46953	14	2998	47683	15
2799	44700	16	2849	45469	15	2899	46225	15	2949	46967	15	2999	47698	14
2800	44716	15	2850	45484	16	2900	46240	15	2950	46982	15	3000	47712	14

N.	Log.	D	N.	Log.	D	N.	Log.	D	N.	Log.	D	N.	Log.	D
3001	47727	15	3051	48444	14	3101	49150	14	3151	49845	14	3201	50529	14
3002	47741	14	3052	48458	15	3102	49164	14	3152	49859	13	3202	50542	13
3003	47756	15	3053	48473	14	3103	49178	14	3153	49872	14	3203	50556	14
3004	47770	14	3054	48487	14	3104	49192	14	3154	49886	14	3204	50569	13
3005	47784	14	3055	48501	14	3105	49206	14	3155	49900	14	3205	50583	14
3006	47799	15	3056	48515	15	3106	49220	14	3156	49914	13	3206	50596	13
3007	47813	14	3057	48530	14	3107	49234	14	3157	49927	14	3207	50610	14
3008	47828	15	3058	48544	14	3108	49248	14	3158	49941	14	3208	50623	13
3009	47842	14	3059	48558	14	3109	49262	14	3159	49955	14	3209	50637	14
3010	47857	15	3060	48572	14	3110	49276	14	3160	49969	13	3210	50651	13
3011	47871	14	3061	48586	15	3111	49290	14	3161	49982	14	3211	50664	13
3012	47885	14	3062	48601	14	3112	49304	14	3162	49996	14	3212	50678	14
3013	47900	15	3063	48615	14	3113	49318	14	3163	50010	14	3213	50691	14
3014	47914	14	3064	48629	14	3114	49332	14	3164	50024	13	3214	50705	13
3015	47929	15	3065	48643	14	3115	49346	14	3165	50037	14	3215	50718	14
3016	47943	14	3066	48657	14	3116	49360	14	3166	50051	14	3216	50732	13
3017	47958	15	3067	48671	15	3117	49374	14	3167	50065	14	3217	50745	14
3018	47972	14	3068	48686	14	3118	49388	14	3168	50079	13	3218	50759	13
3019	47986	14	3069	48700	14	3119	49402	13	3169	50092	14	3219	50772	14
3020	48001	15	3070	48714	14	3120	49415	14	3170	50106	14	3220	50786	13
3021	48015	14	3071	48728	14	3121	49429	14	3171	50120	13	3221	50799	14
3022	48029	15	3072	48742	14	3122	49443	14	3172	50133	14	3222	50813	13
3023	48044	14	3073	48756	14	3123	49457	14	3173	50147	14	3223	50826	14
3024	48058	15	3074	48770	15	3124	49471	14	3174	50161	13	3224	50840	13
3025	48073	14	3075	48785	14	3125	49485	14	3175	50174	14	3225	50853	13
3026	48087	14	3076	48799	14	3126	49499	14	3176	50188	14	3226	50866	14
3027	48101	15	3077	48813	14	3127	49513	14	3177	50202	13	3227	50880	13
3028	48116	14	3078	48827	14	3128	49527	14	3178	50215	14	3228	50893	14
3029	48130	14	3079	48841	14	3129	49541	13	3179	50229	14	3229	50907	13
3030	48144	15	3080	48855	14	3130	49554	14	3180	50243	13	3230	50920	14
3031	48159	14	3081	48869	14	3131	49568	14	3181	50256	14	3231	50934	13
3032	48173	14	3082	48883	14	3132	49582	14	3182	50270	14	3232	50947	14
3033	48187	15	3083	48897	14	3133	49596	14	3183	50284	13	3233	50961	13
3034	48202	14	3084	48911	15	3134	49610	14	3184	50297	14	3234	50974	13
3035	48216	14	3085	48926	14	3135	49624	14	3185	50311	14	3235	50987	14
3036	48230	14	3086	48940	14	3136	49638	13	3186	50325	13	3236	51001	13
3037	48244	15	3087	48954	14	3137	49651	14	3187	50338	14	3237	51014	14
3038	48259	14	3088	48968	14	3138	49665	14	3188	50352	13	3238	51028	13
3039	48273	14	3089	48982	14	3139	49679	14	3189	50365	14	3239	51041	14
3040	48287	15	3090	48996	14	3140	49693	14	3190	50379	14	3240	51055	13
3041	48302	14	3091	49010	14	3141	49707	14	3191	50393	13	3241	51068	13
3042	48316	14	3092	49024	14	3142	49721	13	3192	50406	14	3242	51081	14
3043	48330	14	3093	49038	14	3143	49734	14	3193	50420	13	3243	51095	13
3044	48344	15	3094	49052	14	3144	49748	14	3194	50433	14	3244	51108	13
3045	48359	14	3095	49066	14	3145	49762	14	3195	50447	14	3245	51121	14
3046	48373	14	3096	49080	14	3146	49776	14	3196	50461	13	3246	51135	13
3047	48387	14	3097	49094	14	3147	49790	13	3197	50474	14	3247	51148	14
3048	48401	15	3098	49108	14	3148	49803	14	3198	50488	13	3248	51162	13
3049	48416	14	3099	49122	14	3149	49817	14	3199	50501	14	3249	51175	13
3050	48430		3100	49136		3150	49831		3200	50515	13	3250	51188	13

N.	Log.	D	N.	Log.	D	N.	Log.	D	N.	Log.	D	N.	Log.	D
3251	51202	14	3301	51865	14	3351	52517	13	3401	53161	13	3451	53794	12
3252	51215	13	3302	51878	13	3352	52530	13	3402	53173	12	3452	53807	13
3253	51228	13	3303	51891	13	3353	52543	13	3403	53186	13	3453	53820	13
3254	51242	14	3304	51904	13	3354	52556	13	3404	53199	13	3454	53832	12
3255	51255	13	3305	51917	13	3355	52569	13	3405	53212	12	3455	53845	13
		13			13			13			13			12
3256	51268	13	3306	51930	13	3356	52582	13	3406	53224	13	3456	53857	13
3257	51282	14	3307	51943	14	3357	52595	13	3407	53237	13	3457	53870	12
3258	51295	13	3308	51957	13	3358	52608	13	3408	53250	13	3458	53882	13
3259	51308	13	3309	51970	13	3359	52621	13	3409	53263	12	3459	53895	13
3260	51322	14	3310	51983	13	3360	52634	13	3410	53275	13	3460	53908	12
		13			13			13			13			12
3261	51335	13	3311	51996	13	3361	52647	13	3411	53288	13	3461	53920	13
3262	51348	13	3312	52009	13	3362	52660	13	3412	53301	13	3462	53933	12
3263	51362	14	3313	52022	13	3363	52673	13	3413	53314	12	3463	53945	13
3264	51375	13	3314	52035	13	3364	52686	13	3414	53326	13	3464	53958	12
3265	51388	13	3315	52048	13	3365	52699	12	3415	53339	13	3465	53970	13
		14			13			13			13			13
3266	51402	13	3316	52061	14	3366	52711	13	3416	53352	12	3466	53983	12
3267	51415	13	3317	52075	13	3367	52724	13	3417	53364	13	3467	53995	13
3268	51428	13	3318	52088	13	3368	52737	13	3418	53377	13	3468	54008	12
3269	51441	13	3319	52101	13	3369	52750	13	3419	53390	13	3469	54020	13
3270	51455	14	3320	52114	13	3370	52763	13	3420	53403	13	3470	54033	12
		13			13			13			12			13
3271	51468	13	3321	52127	13	3371	52776	13	3421	53416	12	3471	54045	13
3272	51481	13	3322	52140	13	3372	52789	13	3422	53428	13	3472	54058	12
3273	51495	14	3323	52153	13	3373	52802	13	3423	53441	12	3473	54070	13
3274	51508	13	3324	52166	13	3374	52815	12	3424	53453	13	3474	54083	12
3275	51521	13	3325	52179	13	3375	52827	13	3425	53466	13	3475	54095	13
		13			13			13			13			13
3276	51534	14	3326	52192	13	3376	52840	13	3426	53479	12	3476	54108	12
3277	51548	13	3327	52205	13	3377	52853	13	3427	53491	13	3477	54120	13
3278	51561	13	3328	52218	13	3378	52866	13	3428	53504	13	3478	54133	12
3279	51574	13	3329	52231	13	3379	52879	13	3429	53517	12	3479	54145	13
3280	51587	13	3330	52244	13	3380	52892	13	3430	53529	13	3480	54158	12
		14			13			13			13			12
3281	51601	13	3331	52257	13	3381	52905	12	3431	53542	13	3481	54170	13
3282	51614	13	3332	52270	14	3382	52917	13	3432	53555	12	3482	54183	12
3283	51627	13	3333	52284	13	3383	52930	13	3433	53567	13	3483	54195	13
3284	51640	14	3334	52297	13	3384	52943	13	3434	53580	13	3484	54208	12
3285	51654	14	3335	52310	13	3385	52956	13	3435	53593	12	3485	54220	13
		13			13			13			13			13
3286	51667	13	3336	52323	13	3386	52969	13	3436	53605	13	3486	54233	12
3287	51680	13	3337	52336	13	3387	52982	12	3437	53618	13	3487	54245	13
3288	51693	13	3338	52349	13	3388	52994	13	3438	53631	12	3488	54258	12
3289	51706	14	3339	52362	13	3389	53007	13	3439	53643	13	3489	54270	13
3290	51720	13	3340	52375	13	3390	53020	13	3440	53656	12	3490	54283	12
		13			13			13			13			12
3291	51733	13	3341	52388	13	3391	53033	13	3441	53668	13	3491	54295	12
3292	51746	13	3342	52401	13	3392	53046	12	3442	53681	13	3492	54307	13
3293	51759	13	3343	52414	13	3393	53058	13	3443	53694	12	3493	54320	12
3294	51772	14	3344	52427	13	3394	53071	13	3444	53706	13	3494	54332	13
3295	51786	13	3345	52440	13	3395	53084	13	3445	53719	13	3495	54345	12
		13			13			13			13			12
3296	51799	13	3346	52453	13	3396	53097	13	3446	53732	12	3496	54357	13
3297	51812	13	3347	52466	13	3397	53110	12	3447	53744	13	3497	54370	12
3298	51825	13	3348	52479	13	3398	53122	13	3448	53757	13	3498	54382	12
3299	51838	13	3349	52492	12	3399	53135	13	3449	53769	13	3499	54394	13
3300	51851	13	3350	52504		3400	53148	13	3450	53782		3500	54407	13

N.	Log.	D	N.	Log.	D	N.	Log.	D	N.	Log	D	N.	Log.	D
3501	54419	12	3551	55035	12	3601	55642	12	3651	56241	12	3701	56832	12
3502	54432	13	3552	55047	13	3602	55654	12	3652	56253	12	3702	56844	11
3503	54444	12	3553	55060	13	3603	55666	12	3653	56265	12	3703	56855	11
3504	54456	12	3554	55072	12	3604	55678	13	3654	56277	12	3704	56867	12
3505	54469	13	3555	55084	12	3605	55691	12	3655	56289	12	3705	56879	12
		12			12			12			12			12
3506	54481	12	3556	55096	12	3606	55703	12	3656	56301	11	3706	56891	11
3507	54494	13	3557	55108	13	3607	55715	12	3657	56312	12	3707	56902	12
3508	54506	12	3558	55121	12	3608	55727	12	3658	56324	12	3708	56914	12
3509	54518	12	3559	55133	12	3609	55739	12	3659	56336	12	3709	56926	11
3510	54531	13	3560	55145	12	3610	55751	12	3660	56348	12	3710	56937	12
		12			12			12			12			12
3511	54543	12	3561	55157	12	3611	55763	12	3661	56360	12	3711	56949	12
3512	54555	12	3562	55169	13	3612	55775	12	3662	56372	12	3712	56961	11
3513	54568	13	3563	55182	12	3613	55787	12	3663	56384	12	3713	56972	12
3514	54580	12	3564	55194	12	3614	55799	12	3664	56396	11	3714	56984	12
3515	54593	13	3565	55206	12	3615	55811	12	3665	56407	12	3715	56996	12
		12			12			12			12			12
3516	54605	12	3566	55218	12	3616	55823	12	3666	56419	12	3716	57008	11
3517	54617	12	3567	55230	12	3617	55835	12	3667	56431	12	3717	57019	12
3518	54630	13	3568	55242	13	3618	55847	12	3668	56443	12	3718	57031	12
3519	54642	12	3569	55255	12	3619	55859	12	3669	56455	12	3719	57043	11
3520	54654	12	3570	55267	12	3620	55871	12	3670	56467	11	3720	57054	12
		13			12			12			11			12
3521	54667	12	3571	55279	12	3621	55883	12	3671	56478	12	3721	57066	12
3522	54679	12	3572	55291	12	3622	55895	12	3672	56490	12	3722	57078	11
3523	54691	13	3573	55303	12	3623	55907	12	3673	56502	12	3723	57089	12
3524	54704	12	3574	55315	13	3624	55919	12	3674	56514	12	3724	57101	12
3525	54716	12	3575	55328	13	3625	55931	12	3675	56526	12	3725	57113	11
		12			12			12			12			11
3526	54728	13	3576	55340	12	3626	55943	12	3676	56538	11	3726	57124	12
3527	54741	12	3577	55352	12	3627	55955	12	3677	56549	12	3727	57136	12
3528	54753	12	3578	55364	12	3628	55967	12	3678	56561	12	3728	57148	11
3529	54765	12	3579	55376	12	3629	55979	12	3679	56573	12	3729	57159	12
3530	54777	12	3580	55388	12	3630	55991	12	3680	56585	12	3730	57171	12
		13			12			12			12			12
3531	54790	12	3581	55400	13	3631	56003	12	3681	56597	11	3731	57183	11
3532	54802	12	3582	55413	12	3632	56015	12	3682	56608	12	3732	57194	12
3533	54814	12	3583	55425	12	3633	56027	11	3683	56620	12	3733	57206	11
3534	54827	13	3584	55437	12	3634	56038	12	3684	56632	12	3734	57217	12
3535	54839	12	3585	55449	12	3635	56050	12	3685	56644	12	3735	57229	12
		12			12			12			12			12
3536	54851	13	3586	55461	12	3636	56062	12	3686	56656	11	3736	57241	11
3537	54864	12	3587	55473	12	3637	56074	12	3687	56667	12	3737	57252	12
3538	54876	12	3588	55485	12	3638	56086	12	3688	56679	12	3738	57264	12
3539	54888	12	3589	55497	12	3639	56098	12	3689	56691	12	3739	57276	11
3540	54900	12	3590	55509	13	3640	56110	12	3690	56703	11	3740	57287	12
		13			13			12			11			12
3541	54913	12	3591	55522	12	3641	56122	12	3691	56714	12	3741	57299	11
3542	54925	12	3592	55534	12	3642	56134	12	3692	56726	12	3742	57310	12
3543	54937	12	3593	55546	12	3643	56146	12	3693	56738	12	3743	57322	12
3544	54949	13	3594	55558	12	3644	56158	12	3694	56750	11	3744	57334	11
3545	54962	12	3595	55570	12	3645	56170	12	3695	56761	12	3745	57345	12
		12			12			12			12			12
3546	54974	12	3596	55582	12	3646	56182	12	3696	56773	12	3746	57357	11
3547	54986	12	3597	55594	12	3647	56194	11	3697	56785	12	3747	57368	12
3548	54998	12	3598	55606	12	3648	56205	12	3698	56797	11	3748	57380	12
3549	55011	13	3599	55618	12	3649	56217	12	3699	56808	12	3749	57392	11
3550	55023	12	3600	55630	12	3650	56229	12	3700	56820	12	3750	57403	11

N.	Log.	D	N.	Log.	D	N.	Log.	D	N.	Log.	D	N.	Log.	D
3751	57415	12	3801	57990	12	3851	58557	11	3901	59118	12	3951	59671	11
3752	57426	11	3802	58001	11	3852	58569	12	3902	59129	11	3952	59682	11
3753	57438	12	3803	58013	12	3853	58580	11	3903	59140	11	3953	59693	11
3754	57449	11	3804	58024	11	3854	58591	11	3904	59151	11	3954	59704	11
3755	57461	12	3805	58035	11	3855	58602	11	3905	59162	11	3955	59715	11
3756	57473	12	3806	58047	12	3856	58614	12	3906	59173	11	3956	59726	11
3757	57484	11	3807	58058	11	3857	58625	11	3907	59184	11	3957	59737	11
3758	57496	12	3808	58070	12	3858	58636	11	3908	59195	12	3958	59748	11
3759	57507	11	3809	58081	11	3859	58647	11	3909	59207	11	3959	59759	11
3760	57519	12	3810	58092	12	3860	58659	11	3910	59218	11	3960	59770	10
3761	57530	12	3811	58104	11	3861	58670	11	3911	59229	11	3961	59780	11
3762	57542	11	3812	58115	12	3862	58681	11	3912	59240	11	3962	59791	11
3763	57553	12	3813	58127	11	3863	58692	12	3913	59251	11	3963	59802	11
3764	57565	11	3814	58138	11	3864	58704	11	3914	59262	11	3964	59813	11
3765	57576	12	3815	58149	12	3865	58715	11	3915	59273	11	3965	59824	11
3766	57588	12	3816	58161	11	3866	58726	11	3916	59284	11	3966	59835	11
3767	57600	11	3817	58172	12	3867	58737	12	3917	59295	11	3967	59846	11
3768	57611	12	3818	58184	11	3868	58749	11	3918	59306	12	3968	59857	11
3769	57623	11	3819	58195	11	3869	58760	11	3919	59318	11	3969	59868	11
3770	57634	12	3820	58206	12	3870	58771	11	3920	59329	11	3970	59879	11
3771	57646	11	3821	58218	11	3871	58782	12	3921	59340	11	3971	59890	11
3772	57657	12	3822	58229	11	3872	58794	11	3922	59351	11	3972	59901	11
3773	57669	11	3823	58240	12	3873	58805	11	3923	59362	11	3973	59912	11
3774	57680	12	3824	58252	11	3874	58816	11	3924	59373	11	3974	59923	11
3775	57692	11	3825	58263	11	3875	58827	11	3925	59384	11	3975	59934	11
3776	57703	12	3826	58274	12	3876	58838	12	3926	59395	11	3976	59945	11
3777	57715	11	3827	58286	11	3877	58850	11	3927	59406	11	3977	59956	10
3778	57726	12	3828	58297	12	3878	58861	11	3928	59417	11	3978	59966	11
3779	57738	11	3829	58309	11	3879	58872	11	3929	59428	11	3979	59977	11
3780	57749	12	3830	58320	11	3880	58883	11	3930	59439	11	3980	59988	11
3781	57761	11	3831	58331	12	3881	58894	12	3931	59450	11	3981	59999	11
3782	57772	12	3832	58343	11	3882	58906	11	3932	59461	11	3982	60010	11
3783	57784	11	3833	58354	11	3883	58917	11	3933	59472	11	3983	60021	11
3784	57795	12	3834	58365	12	3884	58928	11	3934	59483	11	3984	60032	11
3785	57807	11	3835	58377	11	3885	58939	11	3935	59494	12	3985	60043	11
3786	57818	12	3836	58388	11	3886	58950	11	3936	59506	11	3986	60054	11
3787	57830	11	3837	58399	11	3887	58961	12	3937	59517	11	3987	60065	11
3788	57841	11	3838	58410	12	3888	58973	11	3938	59528	11	3988	60076	10
3789	57852	12	3839	58422	11	3889	58984	11	3939	59539	11	3989	60086	11
3790	57864	11	3840	58433	11	3890	58995	11	3940	59550	11	3990	60097	11
3791	57875	12	3841	58444	12	3891	59006	11	3941	59561	11	3991	60108	11
3792	57887	11	3842	58456	11	3892	59017	11	3942	59572	11	3992	60119	11
3793	57898	12	3843	58467	11	3893	59028	12	3943	59583	11	3993	60130	11
3794	57910	11	3844	58478	12	3894	59040	11	3944	59594	11	3994	60141	11
3795	57921	12	3845	58490	11	3895	59051	11	3945	59605	11	3995	60152	11
3796	57933	11	3846	58501	11	3896	59062	11	3946	59616	11	3996	60163	11
3797	57944	11	3847	85512	12	3897	59073	11	3947	59627	11	3997	60173	10
3798	57955	12	3848	58524	11	3898	59084	11	3948	59638	11	3998	60184	11
3799	57967	11	3849	58535	11	3899	59095	11	3949	59649	11	3999	60195	11
3800	57978	11	3850	58546	11	3900	59106	12	3950	59660	11	4000	60206	11

N.	Log.	D	N.	Log.	D	N.	Log.	D	N.	Log.	D	N.	Log.	D	N.	Log.	D
4001	60217	11	4051	60756	10	4101	61289	11	4151	61815	11	4201	62335	10			
4002	60228	11	4052	60767	11	4102	61300	11	4152	61826	10	4202	62346	10			
4003	60239	11	4053	60778	11	4103	61310	10	4153	61836	11	4203	62356	10			
4004	60249	11	4054	60788	11	4104	61321	10	4154	61847	10	4204	62366	11			
4005	60260	11	4055	60799	11	4105	61331	11	4155	61857	11	4205	62377	10			
4006	60271	11	4056	60810	11	4106	61342	11	4156	61868	11	4206	62387	10			
4007	60282	11	4057	60821	11	4107	61352	11	4157	61878	11	4207	62397	11			
4008	60293	11	4058	60831	10	4108	61363	11	4158	61888	11	4208	62408	10			
4009	60304	11	4059	60842	11	4109	61374	11	4159	61899	10	4209	62418	10			
4010	60314	10	4060	60853	11	4110	61384	11	4160	61909	11	4210	62428	10			
4011	60325	11	4061	60863	10	4111	61395	10	4161	61920	10	4211	62439	11			
4012	60336	11	4062	60874	11	4112	61405	11	4162	61930	11	4212	62449	10			
4013	60347	11	4063	60885	11	4113	61416	10	4163	61941	10	4213	62459	10			
4014	60358	11	4064	60895	10	4114	61426	11	4164	61951	11	4214	62469	11			
4015	60369	11	4065	60906	11	4115	61437	11	4165	61962	10	4215	62480	10			
4016	60379	10	4066	60917	11	4116	61448	10	4166	61972	10	4216	62490	10			
4017	60390	11	4067	60927	11	4117	61458	11	4167	61982	11	4217	62500	11			
4018	60401	11	4068	60938	11	4118	61469	10	4168	61993	10	4218	62511	10			
4019	60412	11	4069	60949	10	4119	61479	11	4169	62003	11	4219	62521	10			
4020	60423	10	4070	60959	11	4120	61490	10	4170	62014	10	4220	62531	11			
4021	60433	11	4071	60970	11	4121	61500	11	4171	62024	10	4221	62542	10			
4022	60444	11	4072	60981	10	4122	61511	10	4172	62034	11	4222	62552	10			
4023	60455	11	4073	60991	11	4123	61521	11	4173	62045	10	4223	62562	10			
4024	60466	11	4074	61002	11	4124	61532	10	4174	62055	11	4224	62572	11			
4025	60477	10	4075	61013	10	4125	61542	11	4175	62066	10	4225	62583	10			
4026	60487	11	4076	61023	11	4126	61553	10	4176	62076	10	4226	62593	10			
4027	60498	11	4077	61034	11	4127	61563	11	4177	62086	11	4227	62603	10			
4028	60509	11	4078	61045	10	4128	61574	10	4178	62097	10	4228	62613	11			
4029	60520	11	4079	61055	11	4129	61584	11	4179	62107	11	4229	62624	10			
4030	60531	10	4080	61066	11	4130	61595	11	4180	62118	10	4230	62634	10			
4031	60541	11	4081	61077	10	4131	61606	10	4181	62128	10	4231	62644	11			
4032	60552	11	4082	61087	11	4132	61616	11	4182	62138	11	4232	62655	10			
4033	60563	11	4083	61098	11	4133	61627	10	4183	62149	10	4233	62665	10			
4034	60574	10	4084	61109	10	4134	61637	11	4184	62159	11	4234	62675	10			
4035	60584	11	4085	61119	11	4135	61648	10	4185	62170	10	4235	62685	11			
4036	60595	11	4086	61130	10	4136	61658	11	4186	62180	10	4236	62696	10			
4037	60606	11	4087	61140	11	4137	61669	10	4187	62190	11	4237	62706	10			
4038	60617	10	4088	61151	11	4138	61679	11	4188	62201	10	4238	62716	10			
4039	60627	11	4089	61162	10	4139	61690	10	4189	62211	10	4239	62726	11			
4040	60638	11	4090	61172	11	4140	61700	11	4190	62221	11	4240	62737	10			
4041	60649	11	4091	61183	11	4141	61711	10	4191	62232	10	4241	62747	10			
4042	60660	10	4092	61194	10	4142	61721	10	4192	62242	10	4242	62757	10			
4043	60670	11	4093	61204	11	4143	61731	11	4193	62252	11	4243	62767	11			
4044	60681	11	4094	61215	10	4144	61742	10	4194	62263	10	4244	62778	10			
4045	60692	11	4095	61225	11	4145	61752	11	4195	62273	11	4245	62788	10			
4046	60703	10	4096	61236	11	4146	61763	10	4196	62284	10	4246	62798	10			
4047	60713	11	4097	61247	10	4147	61773	11	4197	62294	10	4247	62808	10			
4048	60724	11	4098	61257	11	4148	61784	10	4198	62304	11	4248	62818	11			
4049	60735	11	4099	61268	10	4149	61794	11	4199	62315	10	4249	62829	10			
4050	60746	11	4100	61278	11	4150	61805	11	4200	62325	10	4250	62839	10			

14

N.	Log.	D	N	Log	D	N	Log.	D	N	Log.	D	N	Log.	D	N	Log.	D
4251	62849	10	4301	63357	10	4351	63859	10	4401	64355	10	4451	64846	10
4252	62859	10	4302	63367	10	4352	63869	10	4402	64365	10	4452	64856	10
4253	62870	11	4303	63377	10	4353	63879	10	4403	64375	10	4453	64865	9
4254	62880	10	4304	63387	10	4354	63889	10	4404	64385	10	4454	64875	10
4255	62890	10	4305	63397	10	4355	63899	10	4405	64395	9	4455	64885	10
4256	62900	10	4306	63407	10	4356	63909	10	4406	64404	10	4456	64895	9
4257	62910	11	4307	63417	11	4357	63919	10	4407	64414	10	4457	64904	10
4258	62921	10	4308	63428	10	4358	63929	10	4408	64424	9	4458	64914	10
4259	62931	10	4309	63438	10	4359	63939	10	4409	64433	11	4459	64924	9
4260	62941	10	4310	63448	10	4360	63949	10	4410	64444	10	4460	64933	10
4261	62951	10	4311	63458	10	4361	63959	10	4411	64454	10	4461	64943	10
4262	62961	11	4312	63468	10	4362	63969	10	4412	64464	9	4462	64953	10
4263	62972	10	4313	63478	10	4363	63979	9	4413	64473	10	4463	64963	9
4264	62982	10	4314	63488	10	4364	63988	10	4414	64483	10	4464	64972	10
4265	62992	10	4315	63498	10	4365	63998	10	4415	64493	10	4465	64982	10
4266	63002	10	4316	63508	10	4366	64008	10	4416	64503	10	4466	64992	10
4267	63012	10	4317	63518	10	4367	64018	10	4417	64513	10	4467	65002	9
4268	63022	11	4318	63528	10	4368	64028	10	4418	64523	9	4468	65011	10
4269	63033	10	4319	63538	10	4369	64038	10	4419	64532	10	4469	65021	10
4270	63043	10	4320	63548	10	4370	64048	10	4420	64542	10	4470	65031	9
4271	63053	10	4321	63558	10	4371	64058	10	4421	64552	10	4471	65040	10
4272	63063	10	4322	63568	11	4372	64068	10	4422	64562	10	4472	65050	10
4273	63073	10	4323	63579	10	4373	64078	10	4423	64572	10	4473	65060	10
4274	63083	11	4324	63589	10	4374	64088	10	4424	64582	9	4474	65070	9
4275	63094	10	4325	63599	10	4375	64098	10	4425	64591	10	4475	65079	10
4276	63104	10	4326	63609	10	4376	64108	10	4426	64601	10	4476	65089	10
4277	63114	10	4327	63619	10	4377	64118	10	4427	64611	10	4477	65099	9
4278	63124	10	4328	63629	10	4378	64128	9	4428	64621	10	4478	65108	10
4279	63134	10	4329	63639	10	4379	64137	10	4429	64631	9	4479	65118	10
4280	63144	11	4330	63649	10	4380	64147	10	4430	64640	10	4480	65128	9
4281	63155	10	4331	63659	10	4381	64157	10	4431	64650	10	4481	65137	10
4282	63165	10	4332	63669	10	4382	64167	10	4432	64660	10	4482	65147	10
4283	63175	10	4333	63679	10	4383	64177	10	4433	64670	10	4483	65157	10
4284	63185	10	4334	63689	10	4384	64187	10	4434	64680	9	4484	65167	9
4285	63195	10	4335	63699	10	4385	64197	10	4435	64689	10	4485	65176	10
4286	63205	10	4336	63709	10	4386	64207	10	4436	64699	10	4486	65186	10
4287	63215	10	4337	63719	10	4387	64217	10	4437	64709	10	4487	65196	9
4288	63225	11	4338	63729	10	4388	64227	10	4438	64719	10	4488	65205	10
4289	63236	10	4339	63739	10	4389	64237	9	4439	64729	9	4489	65215	10
4290	63246	10	4340	63749	10	4390	64246	10	4440	64738	10	4490	65225	9
4291	63256	10	4341	63759	10	4391	64256	10	4441	64748	10	4491	65234	10
4292	63266	10	4342	63769	10	4392	64266	10	4442	64758	10	4492	65244	10
4293	63276	10	4343	63779	10	4393	64276	10	4443	64768	9	4493	65254	9
4294	63286	10	4344	63789	10	4394	64286	10	4444	64777	10	4494	65263	10
4295	63296	10	4345	63799	10	4395	64296	10	4445	64787	10	4495	65273	10
4296	63306	11	4346	63809	10	4396	64306	10	4446	64797	10	4496	65283	9
4297	63317	10	4347	63819	10	4397	64316	10	4447	64807	9	4497	65292	10
4298	63327	10	4348	63829	10	4398	64326	9	4448	64816	10	4498	65302	10
4299	63337	10	4349	63839	10	4399	64335	10	4449	64826	10	4499	65312	9
4300	63347		4350	63849		4400	64345		4450	64836		4500	65321	

N.	Log.	D	N.	Log.	D	N.	Log.	D	N.	Log.	D	N.	Log.	D
4501	65331	10	4551	65811	10	4601	66285	9	4651	66755	10	4701	67219	9
4502	65341	10	4552	65820	9	4602	66295	10	4652	66764	9	4702	67228	9
4503	65350	9	4553	65830	10	4603	66304	9	4653	66773	9	4703	67237	9
4504	65360	10	4554	65839	9	4604	66314	10	4654	66783	10	4704	67247	10
4505	65369	9	4555	65849	10	4605	66323	9	4655	66792	9	4705	67256	9
4506	65379	10	4556	65858	9	4606	66332	9	4656	66801	9	4706	67265	9
4507	65389	10	4557	65868	10	4607	66342	10	4657	66811	10	4707	67274	9
4508	65398	9	4558	65877	9	4608	66351	9	4658	66820	9	4708	67284	10
4509	65408	10	4559	65887	10	4609	66361	10	4659	66829	9	4709	67293	9
4510	65418	10	4560	65896	9	4610	66370	9	4660	66839	10	4710	67302	9
4511	65427	9	4561	65906	10	4611	66380	10	4661	66848	9	4711	67311	9
4512	65437	10	4562	65916	10	4612	66389	9	4662	66857	9	4712	67321	10
4513	65447	10	4563	65925	9	4613	66398	9	4663	66867	10	4713	67330	9
4514	65456	9	4564	65935	10	4614	66408	10	4664	66876	9	4714	67339	9
4515	65466	10	4565	65944	9	4615	66417	9	4665	66885	9	4715	67348	9
4516	65475	9	4566	65954	10	4616	66427	10	4666	66894	10	4716	67357	10
4517	65485	10	4567	65963	9	4617	66436	9	4667	66904	10	4717	67367	10
4518	65495	10	4568	65973	10	4618	66445	9	4668	66913	9	4718	67376	9
4519	65504	9	4569	65982	9	4619	66455	10	4669	66922	9	4719	67385	9
4520	65514	10	4570	65992	10	4620	66464	9	4670	66932	10	4720	67394	9
4521	65523	9	4571	66001	9	4621	66474	10	4671	66941	9	4721	67403	10
4522	65533	10	4572	66011	10	4622	66483	9	4672	66950	9	4722	67413	10
4523	65543	10	4573	66020	9	4623	66492	9	4673	66960	10	4723	67422	9
4524	65552	9	4574	66030	10	4624	66502	10	4674	66969	9	4724	67431	9
4525	65562	10	4575	66039	9	4625	66511	9	4675	66978	9	4725	67440	9
4526	65571	9	4576	66049	10	4626	66521	10	4676	66987	10	4726	67449	10
4527	65581	10	4577	66058	9	4627	66530	9	4677	66997	9	4727	67459	9
4528	65591	10	4578	66068	10	4628	66539	9	4678	67006	9	4728	67468	9
4529	65600	9	4579	66077	9	4629	66549	10	4679	67015	10	4729	67477	9
4530	65610	10	4580	66087	9	4630	66558	9	4680	67025	9	4730	67486	9
4531	65619	9	4581	66096	10	4631	66567	10	4681	67034	9	4731	67495	9
4532	65629	10	4582	66106	9	4632	66577	9	4682	67043	9	4732	67504	10
4533	65639	10	4583	66115	9	4633	66586	10	4683	67052	10	4733	67514	9
4534	65648	9	4584	66124	10	4634	66596	9	4684	67062	9	4734	67523	9
4535	65658	10	4585	66134	9	4635	66605	9	4685	67071	9	4735	67532	9
4536	65667	9	4586	66143	10	4636	66614	10	4686	67080	9	4736	67541	9
4537	65677	10	4587	66153	9	4637	66624	9	4687	67089	10	4737	67550	10
4538	65686	9	4588	66162	10	4638	66633	9	4688	67099	9	4738	67560	9
4539	65696	10	4589	66172	9	4639	66642	10	4689	67108	9	4739	67569	9
4540	65706	9	4590	66181	10	4640	66652	9	4690	67117	10	4740	67578	9
4541	65715	10	4591	66191	9	4641	66661	10	4691	67127	9	4741	67587	9
4542	65725	9	4592	66200	10	4642	66671	9	4692	67136	9	4742	67596	9
4543	65734	10	4593	66210	9	4643	66680	9	4693	67145	9	4743	67605	9
4544	65744	9	4594	66219	10	4644	66689	10	4694	67154	10	4744	67614	10
4545	65753	10	4595	66229	9	4645	66699	9	4695	67164	9	4745	67624	9
4546	65763	9	4596	66238	9	4646	66708	9	4696	67173	9	4746	67633	9
4547	65772	10	4597	66247	10	4647	66717	10	4697	67182	9	4747	67642	9
4548	65782	10	4598	66257	9	4648	66727	9	4698	67191	10	4748	67651	9
4549	65792	9	4599	66266	10	4649	66736	9	4699	67201	9	4749	67660	9
4550	65801	9	4600	66276	10	4650	66745	9	4700	67210	9	4750	67669	9

14.

N.	Log.	D	N.	Log.	D	N.	Log.	D	N.	Log.	D	N.	Log.	D
4751	67679	10	4801	68133	9	4851	68583	9	4901	69028	8	4951	69469	8
4752	67688	9	4802	68142	9	4852	68592	9	4902	69037	9	4952	69478	9
4753	67697	9	4803	68151	9	4853	68601	9	4903	69046	9	4953	69487	9
4754	67706	9	4804	68160	9	4854	68610	9	4904	69055	9	4954	69496	8
4755	67715	9	4805	68169	9	4855	68619	9	4905	69064	9	4955	69504	9
4756	67724	9	4806	68178	9	4856	68628	9	4906	69073	9	4956	69513	9
4757	67733	9	4807	68187	9	4857	68637	9	4907	69082	8	4957	69522	9
4758	67742	9	4808	68196	9	4858	68646	9	4908	69090	9	4958	69531	9
4759	67752	10	4809	68205	9	4859	68655	9	4909	69099	9	4959	69539	9
4760	67761	9	4810	68215	10	4860	68664	10	4910	69108	9	4960	69548	9
4761	67770	9	4811	68224	9	4861	68673	9	4911	69117	9	4961	69557	9
4762	67779	9	4812	68233	9	4862	68681	8	4912	69126	9	4962	69566	9
4763	67788	9	4813	68242	9	4863	68690	9	4913	69135	9	4963	69574	8
4764	67797	9	4814	68251	9	4864	68699	9	4914	69144	9	4964	69583	9
4765	67806	9	4815	68260	9	4865	68708	9	4915	69152	9	4965	69592	9
4766	67815	9	4816	68269	9	4866	68717	9	4916	69161	9	4966	69601	8
4767	67825	10	4817	68278	9	4867	68726	9	4917	69170	9	4967	69609	9
4768	67834	9	4818	68287	9	4868	68735	9	4918	69179	9	4968	69618	9
4769	67843	9	4819	68296	9	4869	68744	9	4919	69188	9	4969	69627	9
4770	67852	9	4820	68305	9	4870	68753	9	4920	69197	9	4970	69636	8
4771	67861	9	4821	68314	9	4871	68762	9	4921	69205	9	4971	69644	9
4772	67870	9	4822	68323	9	4872	68771	9	4922	69214	9	4972	69653	9
4773	67879	9	4823	68332	9	4873	68780	9	4923	69223	9	4973	69662	9
4774	67888	9	4824	68341	9	4874	68789	8	4924	69232	9	4974	69671	8
4775	67897	9	4825	68350	9	4875	68797	9	4925	69241	9	4975	69679	9
4776	67906	9	4826	68359	9	4876	68806	9	4926	69249	9	4976	69688	9
4777	67916	10	4827	68368	9	4877	68815	9	4927	69258	9	4977	69697	8
4778	67925	9	4828	68377	9	4878	68824	9	4928	69267	9	4978	69705	9
4779	67934	9	4829	68386	9	4879	68833	9	4929	69276	9	4979	69714	9
4780	67943	9	4830	68395	9	4880	68842	9	4930	69285	9	4980	69723	9
4781	67952	9	4831	68404	9	4881	68851	9	4931	69294	8	4981	69732	8
4782	67961	9	4832	68413	9	4882	68860	9	4932	69302	9	4982	69740	9
4783	67970	9	4833	68422	9	4883	68869	9	4933	69311	9	4983	69749	9
4784	67979	9	4834	68431	9	4884	68878	8	4934	69320	9	4984	69758	9
4785	67988	9	4835	68440	9	4885	68886	9	4935	69329	9	4985	69767	8
4786	67997	9	4836	68449	9	4886	68895	9	4936	69338	8	4986	69775	9
4787	68006	9	4837	68458	9	4887	68904	9	4937	69346	9	4987	69784	9
4788	68015	9	4838	68467	9	4888	68913	9	4938	69355	9	4988	69793	8
4789	68024	9	4839	68476	9	4889	68922	9	4939	69364	9	4989	69801	9
4790	68034	10	4840	68485	10	4890	68931	9	4940	69373	8	4990	69810	9
4791	68043	9	4841	68494	9	4891	68940	9	4941	69381	9	4991	69819	8
4792	68052	9	4842	68502	8	4892	68949	9	4942	69390	9	4992	69827	9
4793	68061	9	4843	68511	9	4893	68958	8	4943	69399	9	4993	69836	9
4794	68070	9	4844	68520	9	4894	68966	9	4944	69408	9	4994	69845	9
4795	68079	9	4845	68529	9	4895	68975	9	4945	69417	9	4995	69854	8
4796	68088	9	4846	68538	9	4896	68984	9	4946	69425	9	4996	69862	9
4797	68097	9	4847	68547	9	4897	68993	9	4947	69434	9	4997	69871	9
4798	68106	9	4848	68556	9	4898	69002	9	4948	69443	9	4998	69880	8
4799	68115	9	4849	68565	9	4899	69011	9	4949	69452	9	4999	69888	9
4800	68124	9	4850	68574	9	4900	69020	9	4950	69461	9	5000	69897	9

N.	Log.	D	N.	Log.	D	N.	Log.	D	N.	Log.	D	N.	Log.	D	N.	Log.	D
5001	69906	9	5051	70338	8	5101	70766	9	5151	71189	8	5201	71609	8			
5002	69914	8	5052	70346	9	5102	70774	9	5152	71198	8	5202	71617	8			
5003	69923	9	5053	70355	9	5103	70783	8	5153	71206	8	5203	71625	9			
5004	69932	8	5054	70364	8	5104	70791	9	5154	71214	9	5204	71634	8			
5005	69940	9	5055	70372	9	5105	70800	8	5155	71223	8	5205	71642	8			
5006	69949	9	5056	70381	8	5106	70808	9	5156	71231	9	5206	71650	9			
5007	69958	8	5057	70389	9	5107	70817	8	5157	71240	8	5207	71659	8			
5008	69966	9	5058	70398	8	5108	70825	9	5158	71248	9	5208	71667	8			
5009	69975	9	5059	70406	9	5109	70834	8	5159	71257	8	5209	71675	9			
5010	69984	8	5060	70415	9	5110	70842	9	5160	71265	8	5210	71684	8			
5011	69992	9	5061	70424	8	5111	70851	8	5161	71273	9	5211	71692	8			
5012	70001	9	5062	70432	9	5112	70859	9	5162	71282	8	5212	71700	9			
5013	70010	8	5063	70441	8	5113	70868	8	5163	71290	9	5213	71709	8			
5014	70018	9	5064	70449	9	5114	70876	9	5164	71299	8	5214	71717	8			
5015	70027	9	5065	70458	9	5115	70885	8	5165	71307	8	5215	71725	9			
5016	70036	8	5066	70467	8	5116	70893	9	5166	71315	9	5216	71734	8			
5017	70044	9	5067	70475	9	5117	70902	8	5167	71324	8	5217	71742	8			
5018	70053	9	5068	70484	8	5118	70910	9	5168	71332	9	5218	71750	9			
5019	70062	8	5069	70492	9	5119	70919	8	5169	71341	8	5219	71759	8			
5020	70070	9	5070	70501	8	5120	70927	8	5170	71349	8	5220	71767	8			
5021	70079	9	5071	70509	9	5121	70935	9	5171	71357	9	5221	71775	9			
5022	70088	8	5072	70518	8	5122	70944	8	5172	71366	8	5222	71784	8			
5023	70096	9	5073	70526	9	5123	70952	9	5173	71374	9	5223	71792	8			
5024	70105	9	5074	70535	9	5124	70961	8	5174	71383	8	5224	71800	9			
5025	70114	8	5075	70544	8	5125	70969	9	5175	71391	8	5225	71809	8			
5026	70122	9	5076	70552	9	5126	70978	8	5176	71399	9	5226	71817	8			
5027	70131	9	5077	70561	8	5127	70986	9	5177	71408	8	5227	71825	9			
5028	70140	8	5078	70569	9	5128	70995	8	5178	71416	9	5228	71834	8			
5029	70148	9	5079	70578	8	5129	71003	9	5179	71425	8	5229	71842	8			
5030	70157	8	5080	70586	9	5130	71012	8	5180	71433	8	5230	71850	8			
5031	70165	9	5081	70595	8	5131	71020	9	5181	71441	9	5231	71858	9			
5032	70174	9	5082	70603	9	5132	71029	8	5182	71450	8	5232	71867	8			
5033	70183	8	5083	70612	9	5133	71037	9	5183	71458	8	5233	71875	8			
5034	70191	9	5084	70621	8	5134	71046	8	5184	71466	9	5234	71883	9			
5035	70200	9	5085	70629	9	5135	71054	9	5185	71475	8	5235	71892	8			
5036	70209	8	5086	70638	8	5136	71063	8	5186	71483	9	5236	71900	8			
5037	70217	9	5087	70646	9	5137	71071	8	5187	71492	8	5237	71908	9			
5038	70226	8	5088	70655	8	5138	71079	9	5188	71500	8	5238	71917	8			
5039	70234	9	5089	70663	9	5139	71088	8	5189	71508	9	5239	71925	8			
5040	70243	9	5090	70672	8	5140	71096	9	5190	71517	8	5240	71933	8			
5041	70252	8	5091	70680	9	5141	71105	8	5191	71525	8	5241	71941	9			
5042	70260	9	5092	70689	8	5142	71113	9	5192	71533	9	5242	71950	8			
5043	70269	9	5093	70697	9	5143	71122	8	5193	71542	8	5243	71958	8			
5044	70278	8	5094	70706	8	5144	71130	9	5194	71550	9	5244	71966	9			
5045	70286	9	5095	70714	9	5145	71139	8	5195	71559	8	5245	71975	8			
5046	70295	8	5096	70723	8	5146	71147	8	5196	71567	8	5246	71983	8			
5047	70303	9	5097	70731	9	5147	71155	9	5197	71575	9	5247	71991	8			
5048	70312	9	5098	70740	9	5148	71164	8	5198	71584	8	5248	71999	9			
5049	70321	8	5099	70749	8	5149	71172	9	5199	71592	8	5249	72008	8			
5050	70329		5100	70757		5150	71181		5200	71600		5250	72016				

N.	Log.	D	N.	Log.	D	N.	Log.	D	N.	Log.	D	N.	Log.	D
5251	72024	8	5301	72436	8	5351	72843	8	5401	73247	8	5451	73648	8
5252	72032	8	5302	72444	8	5352	72852	9	5402	73255	8	5452	73656	8
5253	72041	9	5303	72452	8	5353	72860	8	5403	73263	9	5453	73664	8
5254	72049	8	5304	72460	9	5354	72868	8	5404	73272	8	5454	73672	7
5255	72057	9	5305	72469	8	5355	72876	8	5405	73280	8	5455	73679	8
5256	72066	8	5306	72477	8	5356	72884	8	5406	73288	8	5456	73687	8
5257	72074	8	5307	72485	8	5357	72892	8	5407	73296	8	5457	73695	8
5258	72082	8	5308	72493	8	5358	72900	8	5408	73304	8	5458	73703	8
5259	72090	9	5309	72501	8	5359	72908	8	5409	73312	8	5459	73711	8
5260	72099	8	5310	72509	9	5360	72916	9	5410	73320	8	5460	73719	8
5261	72107	8	5311	72518	8	5361	72925	8	5411	73328	8	5461	73727	8
5262	72115	8	5312	72526	8	5362	72933	8	5412	73336	8	5462	73735	8
5263	72123	9	5313	72534	8	5363	72941	8	5413	73344	8	5463	73743	8
5264	72132	8	5314	72542	8	5364	72949	8	5414	73352	8	5464	73751	8
5265	72140	8	5315	72550	8	5365	72957	8	5415	73360	8	5465	73759	8
5266	72148	8	5316	72558	9	5366	72965	8	5416	73368	8	5466	73767	8
5267	72156	9	5317	72567	8	5367	72973	8	5417	73376	8	5467	73775	8
5268	72165	8	5318	72575	8	5368	72981	8	5418	73384	8	5468	73783	8
5269	72173	8	5319	72583	8	5369	72989	8	5419	73392	8	5469	73791	8
5270	72181	8	5320	72591	8	5370	72997	9	5420	73400	8	5470	73799	8
5271	72189	9	5321	72599	8	5371	73006	8	5421	73408	8	5471	73807	8
5272	72198	8	5322	72607	9	5372	73014	8	5422	73416	8	5472	73815	8
5273	72206	8	5323	72616	8	5373	73022	8	5423	73424	8	5473	73823	7
5274	72214	8	5324	72624	8	5374	73030	8	5424	73432	8	5474	73830	8
5275	72222	8	5325	72632	8	5375	73038	8	5425	73440	8	5475	73838	8
5276	72230	9	5326	72640	8	5376	73046	8	5426	73448	8	5476	73846	8
5277	72239	8	5327	72648	8	5377	73054	8	5427	73456	8	5477	73854	8
5278	72247	8	5328	72656	9	5378	73062	8	5428	73464	8	5478	73862	8
5279	72255	8	5329	72665	8	5379	73070	8	5429	73472	8	5479	73870	8
5280	72263	9	5330	72673	8	5380	73078	8	5430	73480	8	5480	73878	8
5281	72272	8	5331	72681	8	5381	73086	8	5431	73488	8	5481	73886	8
5282	72280	8	5332	72689	8	5382	73094	8	5432	73496	8	5482	73894	8
5283	72288	8	5333	72697	8	5383	73102	9	5433	73504	8	5483	73902	8
5284	72296	8	5334	72705	8	5384	73111	8	5434	73512	8	5484	73910	8
5285	72304	9	5335	72713	9	5385	73119	8	5435	73520	8	5485	73918	8
5286	72313	8	5336	72722	8	5386	73127	8	5436	73528	8	5486	73926	8
5287	72321	8	5337	72730	8	5387	73135	8	5437	73536	8	5487	73933	7
5288	72329	8	5338	72738	8	5388	73143	8	5438	73544	8	5488	73941	8
5289	72337	9	5339	72746	8	5389	73151	8	5439	73552	8	5489	73949	8
5290	72346	8	5340	72754	8	5390	73159	8	5440	73560	8	5490	73957	8
5291	72354	8	5341	72762	8	5391	73167	8	5441	73568	8	5491	73965	8
5292	72362	8	5342	72770	9	5392	73175	8	5442	73576	8	5492	73973	8
5293	72370	8	5343	72779	8	5393	73183	8	5443	73584	8	5493	73981	8
5294	72378	9	5344	72787	8	5394	73191	8	5444	73592	8	5494	73989	8
5295	72387	8	5345	72795	8	5395	73199	8	5445	73600	8	5495	73997	8
5296	72395	8	5346	72803	8	5396	73207	8	5446	73608	8	5496	74005	8
5297	72403	8	5347	72811	8	5397	73215	8	5447	73616	8	5497	74013	7
5298	72411	8	5348	72819	8	5398	73223	8	5448	73624	8	5498	74020	8
5299	72419	9	5349	72827	8	5399	73231	8	5449	73632	8	5499	74028	8
5300	72428	9	5350	72835	8	5400	73239	8	5450	73640	8	5500	74036	8

N.	Log.	D	N.	Log.	D	N.	Log.	D	N.	Log.	D	N.	Log.	D
5501	74044	8	5551	74437	8	5601	74827	7	5651	75213	8	5701	75595	8
5502	74052	8	5552	74445	8	5602	74834	8	5652	75220	7	5702	75603	8
5503	74060	8	5553	74453	8	5603	74842	8	5653	75228	8	5703	75610	7
5504	74068	8	5554	74461	7	5604	74850	8	5654	75236	8	5704	75618	8
5505	74076	8	5555	74468	7	5605	74858	7	5655	75243	7	5705	75626	8
					8			8			8			7
5506	74084	8	5556	74476	8	5606	74865	8	5656	75251	8	5706	75633	8
5507	74092	7	5557	74484	8	5607	74873	8	5657	75259	7	5707	75641	7
5508	74099	8	5558	74492	8	5608	74881	8	5658	75266	8	5708	75648	8
5509	74107	8	5559	74500	7	5609	74889	7	5659	75274	8	5709	75656	8
5510	74115	8	5560	74507	8	5610	74896	8	5660	75282	7	5710	75664	7
5511	74123	8	5561	74515	8	5611	74904	8	5661	75289	8	5711	75671	8
5512	74131	8	5562	74523	8	5612	74912	8	5662	75297	8	5712	75679	7
5513	74139	8	5563	74531	8	5613	74920	7	5663	75305	7	5713	75686	8
5514	74147	8	5564	74539	8	5614	74927	8	5664	75312	8	5714	75694	8
5515	74155	7	5565	74547	7	5615	74935	8	5665	75320	8	5715	75702	7
5516	74162	8	5566	74554	8	5616	74943	7	5666	75328	7	5716	75709	8
5517	74170	8	5567	74562	8	5617	74950	8	5667	75335	8	5717	75717	7
5518	74178	8	5568	74570	8	5618	74958	8	5668	75343	8	5718	75724	8
5519	74186	8	5569	74578	8	5619	74966	8	5669	75351	7	5719	75732	8
5520	74194	8	5570	74586	7	5620	74974	7	5670	75358	8	5720	75740	7
5521	74202	8	5571	74593	8	5621	74981	8	5671	75366	8	5721	75747	8
5522	74210	8	5572	74601	8	5622	74989	8	5672	75374	7	5722	75755	7
5523	74218	7	5573	74609	8	5623	74997	8	5673	75381	8	5723	75762	8
5524	74225	8	5574	74617	7	5624	75005	7	5674	75389	8	5724	75770	8
5525	74233	8	5575	74624	8	5625	75012	8	5675	75397	7	5725	75778	7
5526	74241	8	5576	74632	8	5626	75020	8	5676	75404	8	5726	75785	8
5527	74249	8	5577	74640	8	5627	75028	7	5677	75412	8	5727	75793	7
5528	74257	8	5578	74648	8	5628	75035	8	5678	75420	7	5728	75800	8
5529	74265	8	5579	74656	7	5629	75043	8	5679	75427	8	5729	75808	7
5530	74273	7	5580	74663	8	5630	75051	8	5680	75435	7	5730	75815	8
5531	74280	8	5581	74671	8	5631	75059	7	5681	75442	8	5731	75823	8
5532	74288	8	5582	74679	8	5632	75066	8	5682	75450	8	5732	75831	7
5533	74296	8	5583	74687	8	5633	75074	8	5683	75458	7	5733	75838	8
5534	74304	8	5584	74695	7	5634	75082	7	5684	75465	8	5734	75846	7
5535	74312	8	5585	74702	8	5635	75089	8	5685	75473	8	5735	75853	8
5536	74320	7	5586	74710	8	5636	75097	8	5686	75481	7	5736	75861	7
5537	74327	8	5587	74718	8	5637	75105	8	5687	75488	8	5737	75868	8
5538	74335	8	5588	74726	7	5638	75113	7	5688	75496	8	5738	75876	8
5539	74343	8	5589	74733	8	5639	75120	8	5689	75504	7	5739	75884	7
5540	74351	8	5590	74741	8	5640	75128	8	5690	75511	8	5740	75891	8
5541	74359	8	5591	74749	8	5641	75136	7	5691	75519	7	5741	75899	7
5542	74367	7	5592	74757	7	5642	75143	8	5692	75526	8	5742	75906	8
5543	74374	8	5593	74764	8	5643	75151	8	5693	75534	8	5743	75914	7
5544	74382	8	5594	74772	8	5644	75159	7	5694	75542	7	5744	75921	8
5545	74390	8	5595	74780	8	5645	75166	8	5695	75549	8	5745	75929	8
5546	74398	8	5596	74788	8	5646	75174	8	5696	75557	8	5746	75937	7
5547	74406	8	5597	74796	7	5647	75182	7	5697	75565	7	5747	75944	8
5548	74414	7	5598	74803	8	5648	75189	8	5698	75572	8	5748	75952	7
5549	74421	8	5599	74811	8	5649	75197	8	5699	75580	7	5749	75959	8
5550	74429		5600	74819		5650	75205		5700	75587		5750	75967	

N.	Log.	D	N.	Log.	D	N.	Log.	D	N.	Log.	D	N.	Log.	D
5751	75974	7	5801	76350	7	5851	76723	7	5901	77093	8	5951	77459	7
5752	75982	8	5802	76358	8	5852	76730	8	5902	77100	7	5952	77466	8
5753	75989	6	5803	76365	6	5853	76738	8	5903	77107	7	5953	77474	8
5754	75997	8	5804	76373	8	5854	76745	7	5904	77115	8	5954	77481	7
5755	76005	8	5805	76380	7	5855	76753	8	5905	77122	7	5955	77488	7
5756	76012	7	5806	76388	8	5856	76760	7	5906	77129	8	5956	77495	8
5757	76020	8	5807	76395	7	5857	76768	8	5907	77137	7	5957	77503	8
5758	76027	7	5808	76403	8	5858	76775	7	5908	77144	7	5958	77510	7
5759	76035	8	5809	76410	7	5859	76782	8	5909	77151	8	5959	77517	8
5760	76042	7	5810	76418	8	5860	76790	7	5910	77159	7	5960	77525	7
5761	76050	7	5811	76425	7	5861	76797	8	5911	77166	7	5961	77532	7
5762	76057	8	5812	76433	8	5862	76805	7	5912	77173	8	5962	77539	7
5763	76065	7	5813	76440	8	5863	76812	7	5913	77181	7	5963	77546	8
5764	76072	8	5814	76448	7	5864	76819	8	5914	77188	7	5964	77554	7
5765	76080	7	5815	76455	7	5865	76827	7	5915	77195	8	5965	77561	7
5766	76087	8	5816	76462	8	5866	76834	8	5916	77203	7	5966	77568	8
5767	76095	8	5817	76470	7	5867	76842	7	5917	77210	7	5967	77576	7
5768	76103	7	5818	76477	8	5868	76849	7	5918	77217	8	5968	77583	7
5769	76110	8	5819	76485	7	5869	76856	8	5919	77225	7	5969	77590	7
5770	76118	7	5820	76492	8	5870	76864	7	5920	77232	8	5970	77597	8
5771	76125	8	5821	76500	7	5871	76871	8	5921	77240	7	5971	77605	7
5772	76133	7	5822	76507	8	5872	76879	7	5922	77247	7	5972	77612	7
5773	76140	8	5823	76515	7	5873	76886	7	5923	77254	8	5973	77619	8
5774	76148	7	5824	76522	8	5874	76893	8	5924	77262	7	5974	77627	7
5775	76155	8	5825	76530	7	5875	76901	7	5925	77269	7	5975	77634	7
5776	76163	7	5826	76537	8	5876	76908	8	5926	77276	7	5976	77641	7
5777	76170	8	5827	76545	7	5877	76916	7	5927	77283	8	5977	77648	8
5778	76178	7	5828	76552	7	5878	76923	7	5928	77291	7	5978	77656	7
5779	76185	8	5829	76559	8	5879	76930	8	5929	77298	7	5979	77663	7
5780	76193	7	5830	76567	7	5880	76938	7	5930	77305	8	5980	77670	7
5781	76200	8	5831	76574	8	5881	76945	8	5931	77313	7	5981	77677	8
5782	76208	7	5832	76582	7	5882	76953	7	5932	77320	7	5982	77685	7
5783	76215	8	5833	76589	8	5883	76960	7	5933	77327	8	5983	77692	7
5784	76223	7	5834	76597	7	5884	76967	8	5934	77335	7	5984	77699	7
5785	76230	8	5835	76604	8	5885	76975	7	5935	77342	7	5985	77706	8
5786	76238	7	5836	76612	7	5886	76982	7	5936	77349	8	5986	77714	7
5787	76245	8	5837	76619	7	5887	76989	8	5937	77357	7	5987	77721	7
5788	76253	7	5838	76626	8	5888	76997	7	5938	77364	7	5988	77728	7
5789	76260	8	5839	76634	7	5889	77004	8	5939	77371	8	5989	77735	8
5790	76268	7	5840	76641	8	5890	77012	7	5940	77379	7	5990	77743	7
5791	76275	8	5841	76649	7	5891	77019	7	5941	77386	7	5991	77750	7
5792	76283	7	5842	76656	8	5892	77026	8	5942	77393	8	5992	77757	7
5793	76290	8	5843	76664	7	5893	77034	7	5943	77401	7	5993	77764	8
5794	76298	7	5844	76671	7	5894	77041	7	5944	77408	7	5994	77772	7
5795	76305	8	5845	76678	8	5895	77048	8	5945	77415	7	5995	77779	7
5796	76313	7	5846	76686	7	5896	77056	7	5946	77422	8	5996	77786	7
5797	76320	8	5847	76693	8	5897	77063	7	5947	77430	7	5997	77793	8
5798	76328	7	5848	76701	7	5898	77070	8	5948	77437	7	5998	77801	7
5799	76335	8	5849	76708	8	5899	77078	7	5949	77444	8	5999	77808	7
5800	76343		5850	76716		5900	77085		5950	77452		6000	77815	

N.	Log.	D	N.	Log.	D	N.	Log.	D	N.	Log.	D	N.	Log.	D
6001	77822	7	6051	78183	7	6101	78540	7	6151	78895	7	6201	79246	7
6002	77830	8	6052	78190	7	6102	78547	7	6152	78902	7	6202	79253	7
6003	77837	7	6053	78197	7	6103	78554	7	6153	78909	7	6203	79260	7
6004	77844	7	6054	78204	7	6104	78561	8	6154	78916	7	6204	79267	7
6005	77851	8	6055	78211	8	6105	78569	7	6155	78923	7	6205	79274	7
6006	77859	7	6056	78219	7	6106	78576	7	6156	78930	7	6206	79281	7
6007	77866	7	6057	78226	7	6107	78583	7	6157	78937	7	6207	79288	7
6008	77873	7	6058	78233	7	6108	78590	7	6158	78944	7	6208	79295	7
6009	77880	7	6059	78240	7	6109	78597	7	6159	78951	7	6209	79302	7
6010	77887	8	6060	78247	7	6110	78604	7	6160	78958	7	6210	79309	7
6011	77895	7	6061	78254	8	6111	78611	7	6161	78965	7	6211	79316	7
6012	77902	7	6062	78262	7	6112	78618	7	6162	78972	7	6212	79323	7
6013	77909	7	6063	78269	7	6113	78625	8	6163	78979	7	6213	79330	7
6014	77916	8	6064	78276	7	6114	78633	7	6164	78986	7	6214	79337	7
6015	77924	7	6065	78283	7	6115	78640	7	6165	78993	7	6215	79344	7
6016	77931	7	6066	78290	7	6116	78647	7	6166	79000	7	6216	79351	7
6017	77938	7	6067	78297	7	6117	78654	7	6167	79007	7	6217	79358	7
6018	77945	7	6068	78305	7	6118	78661	7	6168	79014	7	6218	79365	7
6019	77952	8	6069	78312	7	6119	78668	7	6169	79021	8	6219	79372	7
6020	77960	7	6070	78319	7	6120	78675	7	6170	79029	7	6220	79379	7
6021	77967	7	6071	78326	7	6121	78682	7	6171	79036	7	6221	79386	7
6022	77974	7	6072	78333	7	6122	78689	7	6172	79043	7	6222	79393	7
6023	77981	7	6073	78340	7	6123	78696	8	6173	79050	7	6223	79400	7
6024	77988	8	6074	78347	8	6124	78704	7	6174	79057	7	6224	79407	7
6025	77996	7	6075	78355	8	6125	78711	7	6175	79064	7	6225	79414	7
6026	78003	7	6076	78362	7	6126	78718	7	6176	79071	7	6226	79421	7
6027	78010	7	6077	78369	7	6127	78725	7	6177	79078	7	6227	79428	7
6028	78017	8	6078	78376	7	6128	78732	7	6178	79085	7	6228	79435	7
6029	78025	7	6079	78383	7	6129	78739	7	6179	79092	7	6229	79442	7
6030	78032	7	6080	78390	8	6130	78746	7	6180	79099	7	6230	79449	7
6031	78039	7	6081	78398	7	6131	78753	7	6181	79106	7	6231	79456	7
6032	78046	7	6082	78405	7	6132	78760	7	6182	79113	7	6232	79463	7
6033	78053	8	6083	78412	7	6133	78767	7	6183	79120	7	6233	79470	7
6034	78061	7	6084	78419	7	6134	78774	7	6184	79127	7	6234	79477	7
6035	78068	7	6085	78426	7	6135	78781	8	6185	79134	7	6235	79484	7
6036	78075	7	6086	78433	7	6136	78789	7	6186	79141	7	6236	79491	7
6037	78082	7	6087	78440	7	6137	78796	7	6187	79148	7	6237	79498	7
6038	78089	8	6088	78447	8	6138	78803	7	6188	79155	7	6238	79505	6
6039	78097	7	6089	78455	7	6139	78810	7	6189	79162	7	6239	79511	7
6040	78104	7	6090	78462	7	6140	78817	7	6190	79169	7	6240	79518	7
6041	78111	7	6091	78469	7	6141	78824	7	6191	79176	7	6241	79525	7
6042	78118	7	6092	78476	7	6142	78831	7	6192	79183	7	6242	79532	7
6043	78125	7	6093	78483	7	6143	78838	7	6193	79190	7	6243	79539	7
6044	78132	8	6094	78490	7	6144	78845	7	6194	79197	7	6244	79546	7
6045	78140	7	6095	78497	7	6145	78852	7	6195	79204	7	6245	79553	7
6046	78147	7	6096	78504	8	6146	78859	7	6196	79211	7	6246	79560	7
6047	78154	7	6097	78512	7	6147	78866	8	6197	79218	7	6247	79567	7
6048	78161	7	6098	78519	7	6148	78873	7	6198	79225	7	6248	79574	7
6049	78168	8	6099	78526	7	6149	78880	8	6199	79232	7	6249	79581	7
6050	78176	8	6100	78533	7	6150	78888	7	6200	79239	8	6250	79588	7

N.	Log.	D	N.	Log.	D	N.	Log.	D	N.	Log.	D	N.	Log.	D
6251	79595	7	6301	79941	7	6351	80284	7	6401	80625	7	6451	80963	7
6252	79602	7	6302	79948	7	6352	80291	7	6402	80632	6	6452	80969	7
6253	79609	7	6303	79955	7	6353	80298	7	6403	80638	6	6453	80976	7
6254	79616	7	6304	79962	7	6354	80305	7	6404	80645	7	6454	80983	7
6255	79623	7	6305	79969	6	6355	80312	6	6405	80652	7	6455	80990	6
6256	79630	7	6306	79975	7	6356	80318	7	6406	80659	6	6456	80996	7
6257	79637	7	6307	79982	7	6357	80325	7	6407	80665	7	6457	81003	7
6258	79644	6	6308	79989	7	6358	80332	7	6408	80672	7	6458	81010	7
6259	79650	7	6309	79996	7	6359	80339	7	6409	80679	7	6459	81017	6
6260	79657	7	6310	80003	7	6360	80346	7	6410	80686	7	6460	81023	7
6261	79664	7	6311	80010	7	6361	80353	6	6411	80693	6	6461	81030	7
6262	79671	7	6312	80017	7	6362	80359	7	6412	80699	7	6462	81037	6
6263	79678	7	6313	80024	6	6363	80366	7	6413	80706	7	6463	81043	7
6264	79685	7	6314	80030	7	6364	80373	7	6414	80713	7	6464	81050	7
6265	79692	7	6315	80037	7	6365	80380	7	6415	80720	6	6465	81057	7
6266	79699	7	6316	80044	7	6366	80387	6	6416	80726	7	6466	81064	6
6267	79706	7	6317	80051	7	6367	80393	7	6417	80733	7	6467	81070	7
6268	79713	7	6318	80058	7	6368	80400	7	6418	80740	7	6468	81077	7
6269	79720	7	6319	80065	7	6369	80407	7	6419	80747	7	6469	81084	6
6270	79727	7	6320	80072	7	6370	80414	7	6420	80754	6	6470	81090	7
6271	79734	7	6321	80079	6	6371	80421	7	6421	80760	7	6471	81097	7
6272	79741	7	6322	80085	7	6372	80428	6	6422	80767	7	6472	81104	7
6273	79748	6	6323	80092	7	6373	80434	7	6423	80774	7	6473	81111	6
6274	79754	7	6324	80099	7	6374	80441	7	6424	80781	6	6474	81117	7
6275	79761	7	6325	80106	7	6375	80448	7	6425	80787	7	6475	81124	7
6276	79768	7	6326	80113	7	6376	80455	7	6426	80794	7	6476	81131	6
6277	79775	7	6327	80120	7	6377	80462	6	6427	80801	7	6477	81137	7
6278	79782	7	6328	80127	7	6378	80468	7	6428	80808	6	6478	81144	7
6279	79789	7	6329	80134	6	6379	80475	7	6429	80814	7	6479	81151	7
6280	79796	7	6330	80140	7	6380	80482	7	6430	80821	7	6480	81158	6
6281	79803	7	6331	80147	7	6381	80489	7	6431	80828	7	6481	81164	7
6282	79810	7	6332	80154	7	6382	80496	6	6432	80835	6	6482	81171	7
6283	79817	7	6333	80161	7	6383	80502	7	6433	80841	7	6483	81178	6
6284	79824	7	6334	80168	7	6384	80509	7	6434	80848	7	6484	81184	7
6285	79831	6	6335	80175	7	6385	80516	7	6435	80855	7	6485	81191	7
6286	79837	7	6336	80182	6	6386	80523	7	6436	80862	6	6486	81198	6
6287	79844	7	6337	80188	7	6387	80530	6	6437	80868	7	6487	81204	7
6288	79851	7	6338	80195	7	6388	80536	7	6438	80875	7	6488	81211	7
6289	79858	7	6339	80202	7	6389	80543	7	6439	80882	7	6489	81218	6
6290	79865	7	6340	80209	7	6390	80550	7	6440	80889	6	6490	81224	7
6291	79872	7	6341	80216	7	6391	80557	7	6441	80895	7	6491	81231	7
6292	79879	7	6342	80223	6	6392	80564	6	6442	80902	7	6492	81238	7
6293	79886	7	6343	80229	7	6393	80570	7	6443	80909	7	6493	81245	6
6294	79893	7	6344	80236	7	6394	80577	7	6444	80916	6	6494	81251	7
6295	79900	6	6345	80243	7	6395	80584	7	6445	80922	7	6495	81258	7
6296	79906	7	6346	80250	7	6396	80591	7	6446	80929	7	6496	81265	6
6297	79913	7	6347	80257	7	6397	80598	6	6447	80936	7	6497	81271	7
6298	79920	7	6348	80264	7	6398	80604	7	6448	80943	6	6498	81278	7
6299	79927	7	6349	80271	6	6399	80611	7	6449	80949	7	6499	81285	6
6300	79934	7	6350	80277	7	6400	80618	7	6450	80956	7	6500	81291	7

N.	Log.	D	N.	Log.	D	N.	Log.	D	N.	Log.	D	N.	Log.	D
6501	81298	7	6551	81631	6	6601	81961	7	6651	82289	6	6701	82614	7
6502	81305	7	6552	81637	7	6602	81968	7	6652	82295	7	6702	82620	6
6503	81311	6	6553	81644	7	6603	81974	7	6653	82302	6	6703	82627	7
6504	81318	7	6554	81651	6	6604	81981	6	6654	82308	7	6704	82633	7
6505	81325	7	6555	81657	7	6605	81987	7	6655	82315	6	6705	82640	6
6506	81331	6	6556	81664	7	6606	81994	6	6656	82321	7	6706	82646	7
6507	81338	7	6557	81671	7	6607	82000	7	6657	82328	6	6707	82653	6
6508	81345	7	6558	81677	6	6608	82007	7	6658	82334	7	6708	82659	7
6509	81351	6	6559	81684	6	6609	82014	6	6659	82341	6	6709	82666	6
6510	81358	7	6560	81690	7	6610	82020	7	6660	82347	7	6710	82672	7
6511	81365	7	6561	81697	7	6611	82027	6	6661	82354	6	6711	82679	6
6512	81371	6	6562	81704	6	6612	82033	7	6662	82360	7	6712	82685	7
6513	81378	7	6563	81710	6	6613	82040	6	6663	82367	6	6713	82692	6
6514	81385	6	6564	81717	7	6614	82046	7	6664	82373	7	6714	82698	7
6515	81391	7	6565	81723	7	6615	82053	7	6665	82380	7	6715	82705	6
6516	81398	7	6566	81730	7	6616	82060	6	6666	82387	6	6716	82711	7
6517	81405	6	6567	81737	6	6617	82066	7	6667	82393	7	6717	82718	6
6518	81411	7	6568	81743	7	6618	82073	6	6668	82400	6	6718	82724	6
6519	81418	7	6569	81750	7	6619	82079	7	6669	82406	7	6719	82730	7
6520	81425	6	6570	81757	6	6620	82086	6	6670	82413	6	6720	82737	6
6521	81431	7	6571	81763	7	6621	82092	7	6671	82419	7	6721	82743	7
6522	81438	7	6572	81770	6	6622	82099	6	6672	82426	6	6722	82750	6
6523	81445	6	6573	81776	7	6623	82105	7	6673	82432	7	6723	82756	7
6524	81451	7	6574	81783	7	6624	82112	7	6674	82439	6	6724	82763	6
6525	81458	7	6575	81790	6	6625	82119	6	6675	82445	7	6725	82769	7
6526	81465	6	6576	81796	7	6626	82125	7	6676	82452	6	6726	82776	6
6527	81471	7	6577	81803	6	6627	82132	6	6677	82458	7	6727	82782	7
6528	81478	7	6578	81809	7	6628	82138	7	6678	82465	6	6728	82789	6
6529	81485	6	6579	81816	7	6629	82145	6	6679	82471	7	6729	82795	7
6530	81491	7	6580	81823	6	6630	82151	7	6680	82478	6	6730	82802	6
6531	81498	7	6581	81829	7	6631	82158	6	6681	82484	7	6731	82808	6
6532	81505	6	6582	81836	6	6632	82164	7	6682	82491	6	6732	82814	7
6533	81511	7	6583	81842	7	6633	82171	7	6683	82497	7	6733	82821	6
6534	81518	7	6584	81849	7	6634	82178	6	6684	82504	6	6734	82827	7
6535	81525	6	6585	81856	6	6635	82184	7	6685	82510	7	6735	82834	6
6536	81531	7	6586	81862	7	6636	82191	6	6686	82517	6	6736	82840	7
6537	81538	6	6587	81869	6	6637	82197	7	6687	82523	7	6737	82847	6
6538	81544	7	6588	81875	7	6638	82204	6	6688	82530	6	6738	82853	7
6539	81551	7	6589	81882	7	6639	82210	7	6689	82536	7	6739	82860	6
6540	81558	6	6590	81889	6	6640	82217	6	6690	82543	6	6740	82866	6
6541	81564	7	6591	81895	7	6641	82223	7	6691	82549	7	6741	82872	7
6542	81571	7	6592	81902	6	6642	82230	6	6692	82556	6	6742	82879	6
6543	81578	6	6593	81908	7	6643	82236	7	6693	82562	7	6743	82885	7
6544	81584	7	6594	81915	6	6644	82243	6	6694	82569	6	6744	82892	6
6545	81591	7	6595	81921	7	6645	82249	7	6695	82575	7	6745	82898	7
6546	81598	6	6596	81928	7	6646	82256	7	6696	82582	6	6746	82905	6
6547	81604	7	6597	81935	6	6647	82263	6	6697	82588	7	6747	82911	7
6548	81611	6	6598	81941	7	6648	82269	7	6698	82595	6	6748	82918	6
6549	81617	7	6599	81948	6	6649	82276	6	6699	82601	6	6749	82924	6
6550	81624	7	6600	81954	7	6650	82282	7	6700	82607	7	6750	82930	6

N.	Log.	D	N.	Log.	D	N.	Log.	D	N.	Log.	D	N.	Log.	D
6751	82937	7	6801	83257	6	6851	83575	6	6901	83891	6	6951	84205	7
6752	82943	6	6802	83264	7	6852	83582	7	6902	83897	6	6952	84211	6
6753	82950	6	6803	83270	6	6853	83588	6	6903	83904	7	6953	84217	6
6754	82956	7	6804	83276	6	6854	83594	7	6904	83910	6	6954	84223	7
6755	82963	7	6805	83283	7	6855	83601	6	6905	83916	6	6955	84230	6
		6			6			6			7			6
6756	82969	6	6806	83289	7	6856	83607	6	6906	83923	6	6956	84236	6
6757	82975	7	6807	83296	6	6857	83613	7	6907	83929	6	6957	84242	6
6758	82982	6	6808	83302	6	6858	83620	6	6908	83935	7	6958	84248	7
6759	82988	7	6809	83308	7	6859	83626	6	6909	83942	6	6959	84255	6
6760	82995	6	6810	83315	7	6860	83632	7	6910	83948	6	6960	84261	6
6761	83001	7	6811	83321	6	6861	83639	6	6911	83954	6	6961	84267	6
6762	83008	6	6812	83327	7	6862	83645	6	6912	83960	7	6962	84273	7
6763	83014	6	6813	83334	6	6863	83651	7	6913	83967	6	6963	84280	6
6764	83020	7	6814	83340	7	6864	83658	6	6914	83973	6	6964	84286	6
6765	83027	6	6815	83347	6	6865	83664	6	6915	83979	6	6965	84292	6
6766	83033	7	6816	83353	6	6866	83670	7	6916	83985	7	6966	84298	7
6767	83040	6	6817	83359	7	6867	83677	6	6917	83992	6	6967	84305	6
6768	83046	6	6818	83366	6	6868	83683	6	6918	83998	6	6968	84311	6
6769	83052	7	6819	83372	6	6869	83689	7	6919	84004	7	6969	84317	6
6770	83059	6	6820	83378	7	6870	83696	6	6920	84011	6	6970	84323	7
6771	83065	7	6821	83385	6	6871	83702	6	6921	84017	6	6971	84330	6
6772	83072	6	6822	83391	7	6872	83708	7	6922	84023	6	6972	84336	6
6773	83078	7	6823	83398	6	6873	83715	6	6923	84029	7	6973	84342	6
6774	83085	6	6824	83404	6	6874	83721	6	6924	84036	6	6974	84348	6
6775	83091	6	6825	83410	7	6875	83727	7	6925	84042	6	6975	84354	7
6776	83097	7	6826	83417	6	6876	83734	6	6926	84048	7	6976	84361	6
6777	83104	6	6827	83423	6	6877	83740	6	6927	84055	6	6977	84367	6
6778	83110	7	6828	83429	7	6878	83746	7	6928	84061	6	6978	84373	6
6779	83117	6	6829	83436	6	6879	83753	6	6929	84067	6	6979	84379	7
6780	83123	6	6830	83442	6	6880	83759	6	6930	84073	7	6980	84386	6
6781	83129	7	6831	83448	7	6881	83765	6	6931	84080	6	6981	84392	6
6782	83136	6	6832	83455	6	6882	83771	7	6932	84086	6	6982	84398	6
6783	83142	7	6833	83461	6	6883	83778	6	6933	84092	6	6983	84404	6
6784	83149	6	6834	83467	7	6884	83784	6	6934	84098	7	6984	84410	7
6785	83155	6	6835	83474	6	6885	83790	7	6935	84105	6	6985	84417	6
6786	83161	7	6836	83480	7	6886	83797	6	6936	84111	6	6986	84423	6
6787	83168	6	6837	83487	6	6887	83803	6	6937	84117	6	6987	84429	6
6788	83174	7	6838	83493	6	6888	83809	7	6938	84123	7	6988	84435	7
6789	83181	6	6839	83499	7	6889	83816	6	6939	84130	6	6989	84442	6
6790	83187	6	6840	83506	6	6890	83822	6	6940	84136	6	6990	84448	6
6791	83193	7	6841	83512	6	6891	83828	7	6941	84142	6	6991	84454	6
6792	83200	6	6842	83518	7	6892	83835	6	6942	84148	7	6992	84460	6
6793	83206	7	6843	83525	6	6893	83841	6	6943	84155	6	6993	84466	7
6794	83213	6	6844	83531	6	6894	83847	7	6944	84161	6	6994	84473	6
6795	83219	6	6845	83537	7	6895	83853	6	6945	84167	6	6995	84479	6
6796	83225	7	6846	83544	6	6896	83860	6	6946	84173	7	6996	84485	6
6797	83232	6	6847	83550	6	6897	83866	7	6947	84180	6	6997	84491	6
6798	83238	7	6848	83556	7	6898	83872	6	6948	84186	6	6998	84497	7
6799	83245	6	6849	83563	6	6899	83879	6	6949	84192	6	6999	84504	6
6800	83251		6850	83569		6900	83885		6950	84198		7000	84510	

N.	Log.	D	N.	Log.	D	N.	Log.	D	N.	Log.	D	N.	Log.	D	N.	Log.	D
7001	84516	6	7051	84825	6	7101	85132	6	7151	85437	6	7201	85739	6			
7002	84522	6	7052	84831	6	7102	85138	6	7152	85443	6	7202	85745	6			
7003	84528	6	7053	84837	7	7103	85144	6	7153	85449	6	7203	85751	6			
7004	84535	7	7054	84844	6	7104	85150	6	7154	85455	6	7204	85757	6			
7005	84541	6	7055	84850	6	7105	85156	7	7155	85461	6	7205	85763	6			
7006	84547	6	7056	84856	6	7106	85163	6	7156	85467	6	7206	85769	6			
7007	84553	6	7057	84862	6	7107	85169	6	7157	85473	6	7207	85775	6			
7008	84559	7	7058	84868	6	7108	85175	6	7158	85479	6	7208	85781	7			
7009	84566	6	7059	84874	6	7109	85181	6	7159	85485	6	7209	85788	6			
7010	84572	6	7060	84880	7	7110	85187	6	7160	85491	6	7210	85794	6			
7011	84578	6	7061	84887	6	7111	85193	6	7161	85497	6	7211	85800	6			
7012	84584	6	7062	84893	6	7112	85199	6	7162	85503	6	7212	85806	6			
7013	84590	7	7063	84899	6	7113	85205	6	7163	85509	7	7213	85812	6			
7014	84597	6	7064	84905	6	7114	85211	6	7164	85516	6	7214	85818	6			
7015	84603	6	7065	84911	6	7115	85217	7	7165	85522	6	7215	85824	6			
7016	84609	6	7066	84917	7	7116	85224	6	7166	85528	6	7216	85830	6			
7017	84615	6	7067	84924	6	7117	85230	6	7167	85534	6	7217	85836	6			
7018	84621	7	7068	84930	6	7118	85236	6	7168	85540	6	7218	85842	6			
7019	84628	6	7069	84936	6	7119	85242	6	7169	85546	6	7219	85848	6			
7020	84634	6	7070	84942	6	7120	85248	6	7170	85552	6	7220	85854	6			
7021	84640	6	7071	84948	6	7121	85254	6	7171	85558	6	7221	85860	6			
7022	84646	6	7072	84954	6	7122	85260	6	7172	85564	6	7222	85866	6			
7023	84652	6	7073	84960	7	7123	85266	6	7173	85570	6	7223	85872	6			
7024	84658	7	7074	84967	6	7124	85272	6	7174	85576	6	7224	85878	6			
7025	84665	6	7075	84973	6	7125	85278	7	7175	85582	6	7225	85884	6			
7026	84671	6	7076	84979	6	7126	85285	6	7176	85588	6	7226	85890	6			
7027	84677	6	7077	84985	6	7127	85291	6	7177	85594	6	7227	85896	6			
7028	84683	6	7078	84991	6	7128	85297	6	7178	85600	6	7228	85902	6			
7029	84689	7	7079	84997	6	7129	85303	6	7179	85606	6	7229	85908	6			
7030	84696	6	7080	85003	6	7130	85309	6	7180	85612	6	7230	85914	6			
7031	84702	6	7081	85009	7	7131	85315	6	7181	85618	7	7231	85920	6			
7032	84708	6	7082	85016	6	7132	85321	6	7182	85625	6	7232	85926	6			
7033	84714	6	7083	85022	6	7133	85327	6	7183	85631	6	7233	85932	6			
7034	84720	6	7084	85028	6	7134	85333	6	7184	85637	6	7234	85938	6			
7035	84726	7	7085	85034	6	7135	85339	6	7185	85643	6	7235	85944	6			
7036	84733	6	7086	85040	6	7136	85345	7	7186	85649	6	7236	85950	6			
7037	84739	6	7087	85046	6	7137	85352	6	7187	85655	6	7237	85956	6			
7038	84745	6	7088	85052	6	7138	85358	6	7188	85661	6	7238	85962	6			
7039	84751	6	7089	85058	7	7139	85364	6	7189	85667	6	7239	85968	6			
7040	84757	6	7090	85065	6	7140	85370	6	7190	85673	6	7240	85974	6			
7041	84763	7	7091	85071	6	7141	85376	6	7191	85679	6	7241	85980	6			
7042	84770	6	7092	85077	6	7142	85382	6	7192	85685	6	7242	85986	6			
7043	84776	6	7093	85083	6	7143	85388	6	7193	85691	6	7243	85992	6			
7044	84782	6	7094	85089	6	7144	85394	6	7194	85697	6	7244	85998	6			
7045	84788	6	7095	85095	6	7145	85400	6	7195	85703	6	7245	86004	6			
7046	84794	6	7096	85101	6	7146	85406	6	7196	85709	6	7246	86010	6			
7047	84800	7	7097	85107	7	7147	85412	6	7197	85715	6	7247	86016	6			
7048	84807	6	7098	85114	6	7148	85418	7	7198	85721	6	7248	86022	6			
7049	84813	6	7099	85120	6	7149	85425	6	7199	85727	7	7249	86028	6			
7050	84819		7100	85126		7150	85431		7200	85733	6	7250	86034	6			

N.	Log.	D	N.	Log.	D	N.	Log	D	N.	Log.	D	N.	Log.	D
7251	86040	6	7301	86338	6	7351	86635	6	7401	86929	6	7451	87221	5
7252	86046	6	7302	86344	6	7352	86641	6	7402	86935	6	7452	87227	6
7253	86052	6	7303	86350	6	7353	86646	5	7403	86941	6	7453	87233	6
7254	86058	6	7304	86356	6	7354	86652	6	7404	86947	6	7454	87239	6
7255	86064	6	7305	86362	6	7355	86658	6	7405	86953	6	7455	87245	6
7256	86070	6	7306	86368	6	7356	86664	6	7406	86958	5	7456	87251	6
7257	86076	6	7307	86374	6	7357	86670	6	7407	86964	6	7457	87256	5
7258	86082	6	7308	86380	6	7358	86676	6	7408	86970	6	7458	87262	6
7259	86088	6	7309	86386	6	7359	86682	6	7409	86976	6	7459	87268	6
7260	86094	6	7310	86392	6	7360	86688	6	7410	86982	6	7460	87274	6
7261	86100	6	7311	86398	6	7361	86694	6	7411	86988	6	7461	87280	6
7262	86106	6	7312	86404	6	7362	86700	5	7412	86994	5	7462	87286	5
7263	86112	6	7313	86410	5	7363	86705	6	7413	86999	6	7463	87291	6
7264	86118	6	7314	86415	6	7364	86711	6	7414	87005	6	7464	87297	6
7265	86124	6	7315	86421	6	7365	86717	6	7415	87011	6	7465	87303	6
7266	86130	6	7316	86427	6	7366	86723	6	7416	87017	6	7466	87309	6
7267	86136	5	7317	86433	6	7367	86729	6	7417	87023	6	7467	87315	5
7268	86141	6	7318	86439	6	7368	86735	6	7418	87029	6	7468	87320	6
7269	86147	6	7319	86445	6	7369	86741	6	7419	87035	5	7469	87326	6
7270	86153	6	7320	86451	6	7370	86747	6	7420	87040	6	7470	87332	6
7271	86159	6	7321	86457	6	7371	86753	6	7421	87046	6	7471	87338	6
7272	86165	6	7322	86463	6	7372	86759	5	7422	87052	6	7472	87344	5
7273	86171	6	7323	86469	6	7373	86764	6	7423	87058	6	7473	87349	6
7274	86177	6	7324	86475	6	7374	86770	6	7424	87064	6	7474	87355	6
7275	86183	6	7325	86481	6	7375	86776	6	7425	87070	5	7475	87361	6
7276	86189	6	7326	86487	6	7376	86782	6	7426	87075	6	7476	87367	6
7277	86195	6	7327	86493	6	7377	86788	6	7427	87081	6	7477	87373	6
7278	86201	6	7328	86499	5	7378	86794	6	7428	87087	6	7478	87379	5
7279	86207	6	7329	86504	6	7379	86800	6	7429	87093	6	7479	87384	6
7280	86213	6	7330	86510	6	7380	86806	6	7430	87099	6	7480	87390	6
7281	86219	6	7331	86516	6	7381	86812	5	7431	87105	6	7481	87396	6
7282	86225	6	7332	86522	6	7382	86817	6	7432	87111	5	7482	87402	6
7283	86231	6	7333	86528	6	7383	86823	6	7433	87116	6	7483	87408	5
7284	86237	6	7334	86534	6	7384	86829	6	7434	87122	6	7484	87413	6
7285	86243	6	7335	86540	6	7385	86835	6	7435	87128	6	7485	87419	6
7286	86249	6	7336	86546	6	7386	86841	6	7436	87134	6	7486	87425	6
7287	86255	6	7337	86552	6	7387	86847	6	7437	87140	6	7487	87431	6
7288	86261	6	7338	86558	6	7388	86853	6	7438	87146	6	7488	87437	5
7289	86267	6	7339	86564	6	7389	86859	5	7439	87151	6	7489	87442	6
7290	86273	6	7340	86570	6	7390	86864	6	7440	87157	6	7490	87448	6
7291	86279	6	7341	86576	5	7391	86870	6	7441	87163	6	7491	87454	6
7292	86285	6	7342	86581	6	7392	86876	6	7442	87169	6	7492	87460	6
7293	86291	6	7343	86587	6	7393	86882	6	7443	87175	6	7493	87466	5
7294	86297	6	7344	86593	6	7394	86888	6	7444	87181	5	7494	87471	6
7295	86303	5	7345	86599	6	7395	86894	6	7445	87186	6	7495	87477	6
7296	86308	6	7346	86605	6	7396	86900	6	7446	87192	6	7496	87483	6
7297	86314	6	7347	86611	6	7397	86906	5	7447	87198	6	7497	87489	6
7298	86320	6	7348	86617	6	7398	86911	6	7448	87204	6	7498	87495	5
7299	86326	6	7349	86623	6	7399	86917	6	7449	87210	6	7499	87500	6
7300	86332	6	7350	86629	6	7400	86923	6	7450	87216	6	7500	87506	6

N.	Log.	D	N.	Log.	D	N.	Log.	D	N.	Log.	D	N.	Log.	D
7501	87512	6	7551	87800	5	7601	88087	6	7651	88372	5	7701	88655	5
7502	87518	6	7552	87806	6	7602	88093	5	7652	88377	6	7702	88660	6
7503	87523	5	7553	87812	6	7603	88098	6	7653	88383	6	7703	88666	6
7504	87529	6	7554	87818	5	7604	88104	6	7654	88389	6	7704	88672	5
7505	87535	6	7555	87823	6	7605	88110	6	7655	88395	5	7705	88677	6
7506	87541	6	7556	87829	6	7606	88116	5	7656	88400	6	7706	88683	6
7507	87547	5	7557	87835	6	7607	88121	6	7657	88406	6	7707	88689	5
7508	87552	6	7558	87841	5	7608	88127	6	7658	88412	5	7708	88694	6
7509	87558	6	7559	87846	6	7609	88133	5	7659	88417	6	7709	88700	5
7510	87564	6	7560	87852	6	7610	88138	6	7660	88423	6	7710	88705	6
7511	87570	6	7561	87858	6	7611	88144	6	7661	88429	5	7711	88711	6
7512	87576	6	7562	87864	5	7612	88150	6	7662	88434	6	7712	88717	5
7513	87581	5	7563	87869	6	7613	88156	5	7663	88440	6	7713	88722	6
7514	87587	6	7564	87875	6	7614	88161	6	7664	88446	5	7714	88728	6
7515	87593	6	7565	87881	6	7615	88167	6	7665	88451	6	7715	88734	5
7516	87599	5	7566	87887	5	7616	88173	5	7666	88457	6	7716	88739	6
7517	87604	6	7567	87892	6	7617	88178	6	7667	88463	5	7717	88745	5
7518	87610	6	7568	87898	6	7618	88184	6	7668	88468	6	7718	88750	6
7519	87616	6	7569	87904	6	7619	88190	5	7669	88474	6	7719	88756	6
7520	87622	6	7570	87910	5	7620	88195	6	7670	88480	5	7720	88762	5
7521	87628	5	7571	87915	6	7621	88201	6	7671	88485	6	7721	88767	6
7522	87633	6	7572	87921	6	7622	88207	6	7672	88491	6	7722	88773	6
7523	87639	6	7573	87927	6	7623	88213	5	7673	88497	5	7723	88779	5
7524	87645	6	7574	87933	5	7624	88218	6	7974	88502	6	7724	88784	6
7525	87651	5	7575	87938	6	7625	88224	6	7675	88508	5	7725	88790	5
7526	87656	6	7576	87944	6	7626	88230	5	7676	88513	6	7726	88795	6
7527	87662	6	7577	87950	5	7627	88235	6	7677	88519	6	7727	88801	6
7528	87668	6	7578	87955	6	7628	88241	6	7678	88525	5	7728	88807	5
7529	87674	5	7579	87961	6	7629	88247	5	7679	88530	6	7729	88812	6
7530	87679	6	7580	87967	6	7630	88252	6	7680	88536	6	7730	88818	6
7531	87685	6	7581	87973	5	7631	88258	6	7681	88542	5	7731	88824	5
7532	87691	6	7582	87978	6	7632	88264	6	7682	88547	6	7732	88829	6
7533	87697	6	7583	87984	6	7633	88270	5	7683	88553	6	7733	88835	5
7534	87703	5	7584	87990	6	7634	88275	6	7684	88559	5	7734	88840	6
7535	87708	6	7585	87996	5	7635	88281	6	7685	88564	6	7735	88846	6
7536	87714	6	7586	88001	6	7636	88287	5	7686	88570	6	7736	88852	5
7537	87720	6	7587	88007	6	7637	88292	6	7687	88576	5	7737	88857	6
7538	87726	5	7588	88013	5	7638	88298	6	7688	88581	6	7738	88863	5
7539	87731	6	7589	88018	6	7639	88304	5	7689	88587	6	7739	88868	6
7540	87737	6	7590	88024	6	7640	88309	6	7690	88593	5	7740	88874	6
7541	87743	6	7591	88030	6	7641	88315	6	7691	88598	6	7741	88880	5
7542	87749	5	7592	88036	5	7642	88321	5	7692	88604	6	7742	88885	6
7543	87754	6	7593	88041	6	7643	88326	6	7693	88610	5	7743	88891	6
7544	87760	6	7594	88047	6	7644	88332	6	7694	88615	6	7744	88897	5
7545	87766	6	7595	88053	5	7645	88338	5	7695	88621	6	7745	88902	6
7546	87772	5	7596	88058	6	7646	88343	6	7696	88627	5	7746	88908	5
7547	87777	6	7597	88064	6	7647	88349	6	7697	88632	6	7747	88913	6
7548	87783	6	7598	88070	6	7648	88355	5	7698	88638	5	7748	88919	6
7549	87789	6	7599	88076	5	7649	88360	6	7699	88643	6	7749	88925	5
7550	87795	6	7600	88081	5	7650	88366	5	7000	88649	6	7750	88930	5

N.	Log.	D	N.	Log.	D	N.	Log.	D	N.	Log.	D	N.	Log.	D
7751	88936	6	7801	89215	6	7851	89492	5	7901	89768	5	7951	90042	5
7752	88941	6	7802	89221	5	7852	89498	6	7902	89774	6	7952	90048	6
7753	88947	6	7803	89226	6	7853	89504	5	7903	89779	5	7953	90053	5
7754	88953	5	7804	89232	5	7854	89509	6	7904	89785	6	7954	90059	6
7755	88958	6	7805	89237	6	7855	89515	5	7905	89790	5	7955	90064	5
7756	88964	5	7806	89243	5	7856	89520	6	7906	89796	6	7956	90069	5
7757	88969	6	7807	89248	6	7857	89526	5	7907	89801	5	7957	90075	6
7758	88975	6	7808	89254	6	7858	89531	6	7908	89807	6	7958	90080	5
7759	88981	5	7809	89260	5	7859	89537	5	7909	89812	5	7959	90086	6
7760	88986	6	7810	89265	6	7860	89542	6	7910	89818	6	7960	90091	5
7761	88992	5	7811	89271	5	7861	89548	5	7911	89823	5	7961	90097	5
7762	88997	6	7812	89276	6	7862	89553	6	7912	89829	6	7962	90102	6
7763	89003	6	7813	89282	5	7863	89559	5	7913	89834	5	7963	90108	5
7764	89009	5	7814	89287	6	7864	89564	6	7914	89840	6	7964	90113	6
7765	89014	6	7815	89293	5	7865	89570	5	7915	89845	5	7965	90119	5
7766	89020	5	7816	89298	6	7866	89575	6	7916	89851	6	7966	90124	5
7767	89025	6	7817	89304	6	7867	89581	5	7917	89856	5	7967	90129	6
7768	89031	6	7818	89310	5	7868	89586	6	7918	89862	6	7968	90135	5
7769	89037	5	7819	89315	6	7869	89592	5	7919	89867	5	7969	90140	6
7770	89042	6	7820	89321	5	7870	89597	6	7920	89873	6	7970	90146	5
7771	89048	5	7821	89326	6	7871	89603	6	7921	89878	5	7971	90151	6
7772	89053	6	7822	89332	5	7872	89609	5	7922	89883	6	7972	90157	5
7773	89059	5	7823	89337	6	7873	89614	6	7923	89889	5	7973	90162	6
7774	89064	6	7824	89343	5	7874	89620	5	7924	89894	6	7974	90168	5
7775	89070	6	7825	89348	6	7875	89625	6	7925	89900	5	7975	90173	6
7776	89076	5	7826	89354	6	7876	89631	5	7926	89905	6	7976	90179	5
7777	89081	6	7827	89360	5	7877	89636	6	7927	89911	5	7977	90184	5
7778	89087	5	7828	89365	6	7878	89642	5	7928	89916	6	7978	90189	6
7779	89092	6	7829	89371	5	7879	89647	6	7929	89922	5	7979	90195	5
7780	89098	6	7830	89376	6	7880	89653	5	7930	89927	6	7980	90200	6
7781	89104	5	7831	89382	5	7881	89658	6	7931	89933	5	7981	90206	5
7782	89109	6	7832	89387	6	7882	89664	5	7932	89938	6	7982	90211	6
7783	89115	5	7833	89393	5	7883	89669	6	7933	89944	5	7983	90217	5
7784	89120	6	7834	89398	6	7884	89675	5	7934	89949	6	7984	90222	5
7785	89126	5	7835	89404	5	7885	89680	6	7935	89955	5	7985	90227	6
7786	89131	6	7836	89409	6	7886	89686	5	7936	89960	6	7986	90233	5
7787	89137	6	7837	89415	6	7887	89691	6	7937	89966	5	7987	90238	6
7788	89143	5	7838	89421	5	7888	89697	5	7938	89971	6	7988	90244	5
7789	89148	6	7839	89426	6	7889	89702	6	7939	89977	5	7989	90249	6
7790	89154	5	7840	89432	5	7890	89708	5	7940	89982	6	7990	90255	5
7791	89159	6	7841	89437	6	7891	89713	6	7941	89988	5	7991	90260	6
7792	89165	5	7842	89443	5	7892	89719	5	7942	89993	6	7992	90266	5
7793	89170	6	7843	89448	6	7893	89724	6	7943	89998	6	7993	90271	5
7794	89176	6	7844	89454	5	7894	89730	5	7944	90004	5	7994	90276	6
7795	89182	5	7845	89459	6	7895	89735	6	7945	90009	6	7995	90282	5
7796	89187	6	7846	89465	5	7896	89741	5	7946	90015	5	7996	90287	6
7797	89193	5	7847	89470	6	7897	89746	6	7947	90020	6	7997	90293	5
7798	89198	6	7848	89476	6	7898	89752	5	7948	90026	5	7998	90298	6
7799	89204	5	7849	89481	5	7899	89757	6	7949	90031	6	7999	90304	5
7800	89209		7850	89487		7900	89763		7950	90037		8000	90309	

N.	Log.	D	N.	Log.	D	N.	Log.	D	N.	Log.	D	N.	Log.	D
8001	90314	5	8051	90585	5	8101	90854	5	8151	91121	5	8201	91387	6
8002	90320	6	8052	90590	6	8102	90859	5	8152	91126	6	8202	91392	5
8003	90325	5	8053	90596	5	8103	90865	5	8153	91132	5	8203	91397	6
8004	90331	6	8054	90601	6	8104	90870	6	8154	91137	5	8204	91403	5
8005	90336	5	8055	90607	5	8105	90875	5	8155	91142	5	8205	91408	5
8006	90342	6	8056	90612	5	8106	90881	6	8156	91148	6	8206	91413	6
8007	90347	5	8057	90617	5	8107	90886	5	8157	91153	5	8207	91418	5
8008	90352	5	8058	90623	6	8108	90891	5	8158	91158	5	8208	91424	6
8009	90358	6	8059	90628	5	8109	90897	6	8159	91164	6	8209	91429	5
8010	90363	5	8060	90634	6	8110	90902	5	8160	91169	5	8210	91434	5
8011	90369	6	8061	90639	5	8111	90907	5	8161	91174	5	8211	91440	6
8012	90374	5	8062	90644	5	8112	90913	6	8162	91180	6	8212	91445	5
8013	90380	6	8063	90650	6	8113	90918	5	8163	91185	5	8213	91450	5
8014	90385	5	8064	90655	5	8114	90924	6	8164	91190	5	8214	91455	6
8015	90390	5	8065	90660	5	8115	90929	5	8165	91196	6	8215	91461	5
8016	90396	6	8066	90666	6	8116	90934	5	8166	91201	5	8216	91466	5
8017	90401	5	8067	90671	5	8117	90940	6	8167	91206	5	8217	91471	6
8018	90407	6	8068	90677	6	8118	90945	5	8168	91212	6	8218	91477	5
8019	90412	5	8069	90682	5	8119	90950	5	8169	91217	5	8219	91482	5
8020	90417	5	8070	90687	5	8120	90956	6	8170	91222	5	8220	91487	5
8021	90423	6	8071	90693	6	8121	90961	5	8171	91228	6	8221	91492	5
8022	90428	5	8072	90698	5	8122	90966	5	8172	91233	5	8222	91498	6
8023	90434	6	8073	90703	5	8123	90972	6	8173	91238	5	8223	91503	5
8024	90439	5	8074	90709	6	8124	90977	5	8174	91243	5	8224	91508	5
8025	90445	6	8075	90714	5	8125	90982	6	8175	91249	6	8225	91514	6
8026	90450	5	8076	90720	6	8126	90988	5	8176	91254	5	8226	91519	5
8027	90455	5	8077	90725	5	8127	90993	5	8177	91259	5	8227	91524	5
8028	90461	6	8078	90730	5	8128	90998	6	8178	91265	6	8228	91529	6
8029	90466	5	8079	90736	6	8129	91004	5	8179	91270	5	8229	91535	5
8030	90472	6	8080	90741	5	8130	91009	5	8180	91275	5	8230	91540	5
8031	90477	5	8081	90747	6	8131	91014	6	8181	91281	6	8231	91545	5
8032	90482	5	8082	90752	5	8132	91020	5	8182	91286	5	8232	91551	6
8033	90488	6	8083	90757	5	8133	91025	5	8183	91291	5	8233	91556	5
8034	90493	5	8084	90763	6	8134	91030	6	8184	91297	6	8234	91561	5
8035	90499	6	8085	90768	5	8135	91036	5	8185	91302	5	8235	91566	5
8036	90504	5	8086	90773	5	8136	91041	5	8186	91307	5	8236	91572	6
8037	90509	5	8087	90779	6	8137	91046	6	8187	91312	6	8237	91577	5
8038	90515	6	8088	90784	5	8138	91052	5	8188	91318	5	8238	91582	5
8039	90520	5	8089	90789	5	8139	91057	5	8189	91323	5	8239	91587	6
8040	90526	6	8090	90795	6	8140	91062	6	8190	91328	6	8240	91593	5
8041	90531	5	8091	90800	5	8141	91068	5	8191	91334	5	8241	91598	5
8042	90536	6	8092	90806	6	8142	91073	5	8192	91339	5	8242	91603	6
8043	90542	5	8093	90811	5	8143	91078	6	8193	91344	6	8243	91609	6
8044	90547	6	8094	90816	5	8144	91084	5	8194	91350	5	8244	91614	5
8045	90553	5	8095	90822	6	8145	91089	5	8195	91355	5	8245	91619	5
8046	90558	5	8096	90827	5	8146	91094	6	8196	91360	6	8246	91624	6
8047	90563	6	8097	90832	6	8147	91100	5	8197	91365	5	8247	91630	5
8048	90569	5	8098	90838	5	8148	91105	5	8198	91371	5	8248	91635	5
8049	90574	6	8099	90843	6	8149	91110	6	8199	91376	6	8249	91640	5
8050	90580		8100	90849		8150	91116		8200	91381		8250	91645	

N.	Log.	D	N.	Log.	D	N.	Log.	D	N.	Log.	D	N.	Log.	D
8251	91651	6	8301	91913	5	8351	92174	5	8401	92433	5	8451	92691	5
8252	91656	5	8302	91918	6	8352	92179	5	8402	92438	5	8452	92696	5
8253	91661	5	8303	91924	5	8353	92184	5	8403	92443	6	8453	92701	5
8254	91666	6	8304	91929	5	8354	92189	6	8404	92449	5	8454	92706	5
8255	91672	5	8305	91934	5	8355	92195	5	8405	92454	5	8455	92711	5
8256	91677	5	8306	91939	5	8356	92200	5	8406	92459	5	8456	92716	6
8257	91682	5	8307	91944	6	8357	92205	5	8407	92464	5	8457	92722	5
8258	91687	6	8308	91950	5	8358	92210	5	8408	92469	5	8458	92727	5
8259	91693	5	8309	91955	5	8359	92215	6	8409	92474	6	8459	92732	5
8260	91698	5	8310	91960	5	8360	92221	5	8410	92480	5	8460	92737	5
8261	91703	6	8311	91965	6	8361	92226	5	8411	92485	5	8461	92742	5
8262	91709	5	8312	91971	5	8362	92231	5	8412	92490	5	8462	92747	5
8263	91714	5	8313	91976	5	8363	92236	5	8413	92495	5	8463	92752	6
8264	91719	5	8314	91981	5	8364	92241	6	8414	92500	5	8464	92758	5
8265	91724	6	8315	91986	5	8365	92247	5	8415	92505	6	8465	92763	5
8266	91730	5	8316	91991	6	8366	92252	5	8416	92511	5	8466	92768	5
8267	91735	5	8317	91997	5	8367	92257	5	8417	92516	5	8467	92773	5
8268	91740	5	8318	92002	5	8368	92262	5	8418	92521	5	8468	92778	5
8269	91745	6	8319	92007	5	8369	92267	6	8419	92526	5	8469	92783	5
8270	91751	5	8320	92012	6	8370	92273	5	8420	92531	5	8470	92788	5
8271	91756	5	8321	92018	5	8371	92278	5	8421	92536	6	8471	92793	6
8272	91761	5	8322	92023	5	8372	92283	5	8422	92542	5	8472	92799	5
8273	91766	6	8323	92028	5	8373	92288	5	8423	92547	5	8473	92804	5
8274	91772	5	8324	92033	5	8374	92293	5	8424	92552	5	8474	92809	5
8275	91777	5	8325	92038	6	8375	92298	6	8425	92557	5	8475	92814	5
8276	91782	5	8326	92044	5	8376	92304	5	8426	92562	5	8476	92819	5
8277	91787	6	8327	92049	5	8377	92309	5	8427	92567	5	8477	92824	5
8278	91793	5	8328	92054	5	8378	92314	5	8428	92572	6	8478	92829	5
8279	91798	5	8329	92059	6	8379	92319	5	8429	92578	5	8479	92834	6
8280	91803	5	8330	92065	5	8380	92324	6	8430	92583	5	8480	92840	5
8281	91808	6	8331	92070	5	8381	92330	5	8431	92588	5	8481	92845	5
8282	91814	5	8332	92075	5	8382	92335	5	8432	92593	5	8482	92850	5
8283	91819	5	8333	92080	5	8383	92340	5	8433	92598	5	8483	92855	5
8284	91824	5	8334	92085	6	8384	92345	5	8434	92603	6	8484	92860	5
8285	91829	5	8335	92091	5	8385	92350	5	8435	92609	5	8485	92865	5
8286	91834	6	8336	92096	5	8386	92355	6	8436	92614	5	8486	92870	5
8287	91840	5	8337	92101	5	8387	92361	5	8437	92619	5	8487	92875	6
8288	91845	5	8338	92106	5	8388	92366	5	8438	92624	5	8488	92881	5
8289	91850	5	8339	92111	6	8389	92371	5	8439	92629	5	8489	92886	5
8290	91855	6	8340	92117	5	8390	92376	6	8440	92634	5	8490	92891	5
8291	91861	5	8341	92122	5	8391	92381	5	8441	92639	6	8491	92896	5
8292	91866	5	8342	92127	5	8392	92387	6	8442	92645	5	8492	92901	5
8293	91871	5	8343	92132	5	8393	92392	5	8443	92650	5	8493	92906	5
8294	91876	6	8344	92137	6	8394	92397	5	8444	92655	5	8494	92911	5
8295	91882	5	8345	92143	5	8395	92402	5	8445	92660	5	8495	92916	5
8296	91887	5	8346	92148	5	8396	92407	5	8446	92665	5	8496	92921	6
8297	91892	5	8347	92153	5	8397	92412	6	8447	92670	5	8497	92927	5
8298	91897	6	8348	92158	5	8398	92418	5	8448	92675	6	8498	92932	5
8299	91903	5	8349	92163	6	8399	92423	5	8449	92681	5	8499	92937	5
8300	91908	5	8350	92169	6	8400	92428		8450	92686	5	8500	92942	5

N.	Log.	D	N.	Log.	D	N.	Log.	D	N.	Log.	D	N.	Log.	D
8501	92947	5	8551	93202	5	8601	93455	5	8651	93707	5	8701	93957	5
8502	92952	5	8552	93207	5	8602	93460	5	8652	93712	5	8702	93962	5
8503	92957	5	8553	93212	5	8603	93465	5	8653	93717	5	8703	93967	5
8504	92962	5	8554	93217	5	8604	93470	5	8654	93722	5	8704	93972	5
8505	92967	6	8555	93222	5	8605	93475	5	8655	93727	5	8705	93977	5
8506	92973	5	8556	93227	5	8606	93480	5	8656	93732	5	8706	93982	5
8507	92978	5	8557	93232	5	8607	93485	5	8657	93737	5	8707	93987	5
8508	92983	5	8558	93237	5	8608	93490	5	8658	93742	5	8708	93992	5
8509	92988	5	8559	93242	5	8609	93495	5	8659	93747	5	8709	93997	5
8510	92993	5	8560	93247	5	8610	93500	5	8660	93752	5	8710	94002	5
8511	92998	5	8561	93252	6	8611	93505	5	8661	93757	5	8711	94007	5
8512	93003	5	8562	93258	5	8612	93510	5	8662	93762	5	8712	94012	5
8513	93008	5	8563	93263	5	8613	93515	5	8663	93767	5	8713	94017	5
8514	93013	5	8564	93268	5	8614	93520	6	8664	93772	5	8714	94022	5
8515	93018	6	8565	93273	5	8615	93526	5	8665	93777	5	8715	94027	5
8516	93024	5	8566	93278	5	8616	93531	5	8666	93782	5	8716	94032	5
8517	93029	5	8567	93283	5	8617	93536	5	8667	93787	5	8717	94037	5
8518	93034	5	8568	93288	5	8618	93541	5	8668	93792	5	8718	94042	5
8519	93039	5	8569	93293	5	8619	93546	5	8669	93797	5	8719	94047	5
8520	93044	5	8570	93298	5	8620	93551	5	8670	93802	5	8720	94052	5
8521	93049	5	8571	93303	5	8621	93556	5	8671	93807	5	8721	94057	5
8522	93054	5	8572	93308	5	8622	93561	5	8672	93812	5	8722	94062	5
8523	93059	5	8573	93313	5	8623	93566	5	8673	93817	5	8723	94067	5
8524	93064	5	8574	93318	5	8624	93571	5	8674	93822	5	8724	94072	5
8525	93069	6	8575	93323	5	8625	93576	5	8675	93827	5	8725	94077	5
8526	93075	5	8576	93328	6	8626	93581	5	8676	93832	5	8726	94082	4
8527	93080	5	8577	93334	5	8627	93586	5	8677	93837	5	8727	94086	5
8528	93085	5	8578	93339	5	8628	93591	5	8678	93842	5	8728	94091	5
8529	93090	5	8579	93344	5	8629	93596	5	8679	93847	5	8729	94096	5
8530	93095	5	8580	93349	5	8630	93601	5	8680	93852	5	8730	94101	5
8531	93100	5	8581	93354	5	8631	93606	5	8681	93857	5	8731	94106	5
8532	93105	5	8582	93359	5	8632	93611	5	8682	93862	5	8732	94111	5
8533	93110	5	8583	93364	5	8633	93616	5	8683	93867	5	8733	94116	5
8534	93115	5	8584	93369	5	8634	93621	5	8684	93872	5	8734	94121	5
8535	93120	5	8585	93374	5	8635	93626	5	8685	93877	5	8735	94126	5
8536	93125	6	8586	93379	6	8636	93631	5	8686	93882	5	8736	94131	5
8537	93131	5	8587	93385	5	8637	93636	5	8687	93887	5	8737	94136	5
8538	93136	5	8588	93389	5	8638	93641	5	8688	93892	5	8738	94141	5
8539	93141	5	8589	93394	5	8639	93646	5	8689	93897	5	8739	94146	5
8540	93146	5	8590	93399	5	8640	93651	5	8690	93902	5	8740	94151	5
8541	93151	5	8591	93404	5	8641	93656	5	8691	93907	5	8741	94156	5
8542	93156	5	8592	93409	5	8642	93661	5	8692	93912	5	8742	94161	5
8543	93161	5	8593	93414	6	8643	93666	5	8693	93917	5	8743	94166	5
8544	93166	5	8594	93420	5	8644	93671	5	8694	93922	5	8744	94171	5
8545	93171	5	8595	93425	5	8645	93676	6	8695	93927	6	8745	94176	5
8546	93176	5	8596	93430	5	8646	93682	5	8696	93932	5	8746	94181	5
8547	93181	5	8597	93435	5	8647	93687	5	8697	93937	5	8747	94186	5
8548	93186	6	8598	93440	6	8648	93692	5	8698	93942	5	8748	94191	5
8549	93192	5	8599	93445	5	8649	93697	5	8699	93947	5	8749	94196	5
8550	93197	5	8600	93450	5	8650	93702	5	8700	93952	5	8750	94201	5

N.	Log.	D	N.	Log.	D	N.	Log.	D	N.	Log.	D	N.	Log.	D
8751	94206	5	8801	94453	5	8851	94699	5	8901	94944	5	8951	95187	5
8752	94211	5	8802	94458	5	8852	94704	5	8902	94949	5	8952	95192	5
8753	94216	5	8803	94463	5	8853	94709	5	8903	94954	5	8953	95197	5
8754	94221	5	8804	94468	5	8854	94714	5	8904	94959	4	8954	95202	5
8755	94226	5	8805	94473	5	8855	94719	5	8905	94963	5	8955	95207	4
8756	94231	5	8806	94478	5	8856	94724	5	8906	94968	5	8956	95211	5
8757	94236	4	8807	94483	5	8857	94729	5	8907	94973	5	8957	95216	5
8758	94240	5	8808	94488	5	8858	94734	4	8908	94978	5	8958	95221	5
8759	94245	5	8809	94493	5	8859	94738	5	8909	94983	5	8959	95226	5
8760	94250	5	8810	94498	5	8860	94743	5	8910	94988	5	8960	95231	5
8761	94255	5	8811	94503	4	8861	94748	5	8911	94993	5	8961	95236	4
8762	94260	5	8812	94507	5	8862	94753	5	8912	94998	4	8962	95240	5
8763	94265	5	8813	94512	5	8863	94758	5	8913	95002	5	8963	95245	5
8764	94270	5	8814	94517	5	8864	94763	5	8914	95007	5	8964	95250	5
8765	94275	5	8815	94522	5	8865	94768	5	8915	95012	5	8965	95255	5
8766	94280	5	8816	94527	5	8866	94773	5	8916	95017	5	8966	95260	5
8767	94285	5	8817	94532	5	8867	94778	5	8917	95022	5	8967	95265	5
8768	94290	5	8818	94537	5	8868	94783	4	8918	95027	5	8968	95270	4
8769	94295	5	8819	94542	5	8869	94787	5	8919	95032	4	8969	95274	5
8770	94300	5	8820	94547	5	8870	94792	5	8920	95036	5	8970	95279	5
8771	94305	5	8821	94552	5	8871	94797	5	8921	95041	5	8971	95284	5
8772	94310	5	8822	94557	5	8872	94802	5	8922	95046	5	8972	95289	5
8773	94315	5	8823	94562	5	8873	94807	5	8923	95051	5	8973	95294	5
8774	94320	5	8824	94567	4	8874	94812	5	8924	95056	5	8974	95299	4
8775	94325	5	8825	94571	5	8875	94817	5	8925	95061	5	8975	95303	5
8776	94330	5	8826	94576	5	8876	94822	5	8926	95066	5	8976	95308	5
8777	94335	5	8827	94581	5	8877	94827	5	8927	95071	4	8977	95313	5
8778	94340	5	8828	94586	5	8878	94832	4	8928	95075	5	8978	95318	5
8779	94345	4	8829	94591	5	8879	94836	5	8929	95080	5	8979	95323	5
8780	94349	5	8830	94596	5	8880	94841	5	8930	95085	5	8980	95328	4
8781	94354	5	8831	94601	5	8881	94846	5	8931	95090	5	8981	95332	5
8782	94359	5	8832	94606	5	8882	94851	5	8932	95095	5	8982	95337	5
8783	94364	5	8833	94611	5	8883	94856	5	8933	95100	5	8983	95342	5
8784	94369	5	8834	94616	5	8884	94861	5	8934	95105	4	8984	95347	5
8785	94374	5	8835	94621	5	8885	94866	5	8935	95109	5	8985	95352	4
8786	94379	5	8836	94626	4	8886	94871	5	8936	95114	5	8986	95357	4
8787	94384	5	8837	94630	5	8887	94876	4	8937	95119	5	8987	95361	5
8788	94389	5	8838	94635	5	8888	94880	5	8938	95124	5	8988	95366	5
8789	94394	5	8839	94640	5	8889	94885	5	8939	95129	5	8989	95371	5
8790	94399	5	8840	94645	5	8890	94890	5	8940	95134	5	8990	95376	5
8791	94404	5	8841	94650	5	8891	94895	5	8941	95139	4	8991	95381	5
8792	94409	5	8842	94655	5	8892	94900	5	8942	95143	5	8992	95386	4
8793	94414	5	8843	94660	5	8893	94905	5	8943	95148	5	8993	95390	5
8794	94419	5	8844	94665	5	8894	94910	5	8944	95153	5	8994	95395	5
8795	94424	5	8845	94670	5	8895	94915	4	8945	95158	5	8995	95400	5
8796	94429	4	8846	94675	5	8896	94919	5	8946	95163	5	8996	95405	5
8797	94433	5	8847	94680	5	8897	94924	5	8947	95168	5	8997	95410	5
8798	94438	5	8848	94685	4	8898	94929	5	8948	95173	4	8998	95415	4
8799	94443	5	8849	94689	5	8899	94934	5	8949	95177	5	8999	95419	5
8800	94448		8850	94694		8900	94939		8950	95182		9000	95424	

N.	Log.	D	N.	Log.	D	N.	Log.	D	N.	Log.	D	N.	Log.	D
9001	95429	5	9051	95670	5	9101	95909	5	9151	96147	5	9201	96384	4
9002	95434	5	9052	95674	4	9102	95914	4	9152	96152	4	9202	96388	5
9003	95439	5	9053	95679	5	9103	95918	5	9153	96156	5	9203	96393	5
9004	95444	4	9054	95684	5	9104	95923	5	9154	96161	5	9204	96398	4
9005	95448	5	9055	95689	5	9105	95928	5	9155	96166	5	9205	96402	5
9006	95453	5	9056	95694	4	9106	95933	5	9156	96171	4	9206	96407	5
9007	95458	5	9057	95698	5	9107	95938	4	9157	96175	5	9207	96412	5
9008	95463	5	9058	95703	5	9108	95942	5	9158	96180	5	9208	96417	4
9009	95468	4	9059	95708	5	9109	95947	5	9159	96185	5	9209	96421	5
9010	95472	5	9060	95713	5	9110	95952	5	9160	96190	4	9210	96426	5
9011	95477	5	9061	95718	4	9111	95957	4	9161	96194	5	9211	96431	4
9012	95482	5	9062	95722	5	9112	95961	5	9162	96199	5	9212	96435	5
9013	95487	5	9063	95727	5	9113	95966	5	9163	96204	5	9213	96440	5
9014	95492	5	9064	95732	5	9114	95971	5	9164	96209	4	9214	96445	5
9015	95497	4	9065	95737	5	9115	95976	4	9165	96213	5	9215	96450	4
9016	95501	5	9066	95742	4	9116	95980	5	9166	96218	5	9216	96454	5
9017	95506	5	9067	95746	5	9117	95985	5	9167	96223	4	9217	96459	5
9018	95511	5	9068	95751	5	9118	95990	5	9168	96227	5	9218	96464	4
9019	95516	5	9069	95756	5	9119	95995	4	9169	96232	5	9219	96468	5
9020	95521	4	9070	95761	5	9120	95999	5	9170	96237	5	9220	96473	5
9021	95525	5	9071	95766	4	9121	96004	5	9171	96242	4	9221	96478	5
9022	95530	5	9072	95770	5	9122	96009	5	9172	96246	5	9222	96483	4
9023	95535	5	9073	95775	5	9123	96014	5	9173	96251	5	9223	96487	5
9024	95540	5	9074	95780	5	9124	96019	4	9174	96256	5	9224	96492	5
9025	95545	5	9075	95785	4	9125	96023	5	9175	96261	4	9225	96497	4
9026	95550	4	9076	95789	5	9126	96028	5	9176	96265	5	9226	96501	5
9027	95554	5	9077	95794	5	9127	96033	5	9177	96270	5	9227	96506	5
9028	95559	5	9078	95799	5	9128	96038	4	9178	96275	5	9228	96511	4
9029	95564	5	9079	95804	5	9129	96042	5	9179	96280	4	9229	96515	5
9030	95569	5	9080	95809	4	9130	96047	5	9180	96284	5	9230	96520	5
9031	95574	4	9081	95813	5	9131	96052	5	9181	96289	5	9231	96525	5
9032	95578	5	9082	95818	5	9132	96057	4	9182	96294	4	9232	96530	4
9033	95583	5	9083	95823	5	9133	96061	5	9183	96298	5	9233	96534	5
9034	95588	5	9084	95828	4	9134	96066	5	9184	96303	5	9234	96539	5
9035	95593	5	9085	95832	5	9135	96071	5	9185	96308	5	9235	96544	4
9036	95598	4	9086	95837	5	9136	96076	4	9186	96313	4	9236	96548	5
9037	95602	5	9087	95842	5	9137	96080	5	9187	96317	5	9237	96553	5
9038	95607	5	9088	95847	5	9138	96085	5	9188	96322	5	9238	96558	4
9039	95612	5	9089	95852	4	9139	96090	5	9189	96327	5	9239	96562	5
9040	95617	5	9090	95856	5	9140	96095	4	9190	96332	4	9240	96567	5
9041	95622	4	9091	95861	5	9141	96099	5	9191	96336	5	9241	96572	5
9042	95626	5	9092	95866	5	9142	96104	5	9192	96341	5	9242	96577	4
9043	95631	5	9093	95871	4	9143	96109	5	9193	96346	4	9243	96581	5
9044	95636	5	9094	95875	5	9144	96114	4	9194	96350	5	9244	96586	5
9045	95641	5	9095	95880	5	9145	96118	5	9195	96355	5	9245	96591	4
9046	95646	4	9096	95885	5	9146	96123	5	9196	96360	5	9246	96595	5
9047	95650	5	9097	95890	5	9147	96128	5	9197	96365	4	9247	96600	5
9048	95655	5	9098	95895	4	9148	96133	4	9198	96369	5	9248	96605	4
9049	95660	5	9099	95899	5	9149	96137	5	9199	96374	5	9249	96609	5
9050	95665	4	9100	95904	5	9150	96142	5	9200	96379	5	9250	96614	5

N.	Log.	D	N.	Log.	D	N.	Log.	D	N.	Log.	D	N.	Log.	D
9251	96619	5	9301	96853	5	9351	97086	4	9401	97317	5	9451	97548	4
9252	96624	4	9302	96858	4	9352	97090	5	9402	97322	5	9452	97552	5
9253	96628	5	9303	96862	5	9353	97095	5	9403	97327	4	9453	97557	5
9254	96633	5	9304	96867	5	9354	97100	4	9404	97331	5	9454	97562	4
9255	96638	4	9305	96872	4	9355	97104	5	9405	97336	4	9455	97566	5
9256	96642	5	9306	96876	5	9356	97109	5	9406	97340	5	9456	97571	4
9257	96647	5	9307	96881	5	9357	97114	4	9407	97345	5	9457	97575	5
9258	96652	4	9308	96886	4	9358	97118	5	9408	97350	4	9458	97580	5
9259	96656	5	9309	96890	5	9359	97123	5	9409	97354	5	9459	97585	4
9260	96661	5	9310	96895	5	9360	97128	4	9410	97359	5	9460	97589	5
9261	96666	4	9311	96900	4	9361	97132	5	9411	97364	4	9461	97594	4
9262	96670	5	9312	96904	5	9362	97137	5	9412	97368	5	9462	97598	5
9263	96675	5	9313	96909	5	9363	97142	4	9413	97373	4	9463	97603	4
9264	96680	5	9314	96914	4	9364	97146	5	9414	97377	5	9464	97607	5
9265	96685	4	9315	96918	5	9365	97151	4	9415	97382	5	9465	97612	5
9266	96689	5	9316	96923	5	9366	97155	5	9416	97387	4	9466	97617	4
9267	96694	5	9317	96928	4	9367	97160	5	9417	97391	5	9467	97621	5
9268	96699	4	9318	96932	5	9368	97165	4	9418	97396	4	9468	97626	4
9269	96703	5	9319	96937	5	9369	97169	5	9419	97400	5	9469	97630	5
9270	96708	5	9320	96942	4	9370	97174	5	9420	97405	5	9470	97635	5
9271	96713	4	9321	96946	5	9371	97179	4	9421	97410	4	9471	97640	4
9272	96717	5	9322	96951	5	9372	97183	5	9422	97414	5	9472	97644	5
9273	96722	5	9323	96956	4	9373	97188	4	9423	97419	5	9473	97649	4
9274	96727	4	9324	96960	5	9374	97192	5	9424	97424	4	9474	97653	5
9275	96731	5	9325	96965	5	9375	97197	5	9425	97428	5	9475	97658	5
9276	96736	5	9326	96970	4	9376	97202	4	9426	97433	4	9476	97663	4
9277	96741	4	9327	96974	5	9377	97206	5	9427	97437	5	9477	97667	5
9278	96745	5	9328	96979	5	9378	97211	5	9428	97442	5	9478	97672	4
9279	96750	5	9329	96984	4	9379	97216	4	9429	97447	4	9479	97676	5
9280	96755	4	9330	96988	5	9380	97220	5	9430	97451	5	9480	97681	4
9281	96759	5	9331	96993	4	9381	97225	5	9431	97456	4	9481	97685	5
9282	96764	5	9332	96997	5	9382	97230	4	9432	97460	5	9482	97690	4
9283	96769	5	9333	97002	5	9383	97234	5	9433	97465	5	9483	97694	5
9284	96774	4	9334	97007	4	9384	97239	4	9434	97470	4	9484	97699	5
9285	96778	5	9335	97011	5	9385	97243	5	9435	97474	5	9485	97704	4
9286	96783	5	9336	97016	5	9386	97248	5	9436	97479	4	9486	97708	5
9287	96788	4	9337	97021	4	9387	97253	4	9437	97483	5	9487	97713	4
9288	96792	5	9338	97025	5	9388	97257	5	9438	97488	5	9488	97717	5
9289	96797	5	9339	97030	5	9389	97262	5	9439	97493	4	9489	97722	5
9290	96802	4	9340	97035	4	9390	97267	4	9440	97497	5	9490	97727	4
9291	96806	5	9341	97039	5	9391	97271	5	9441	97502	4	9491	97731	5
9292	96811	5	9342	97044	5	9392	97276	4	9442	97506	5	9492	97736	4
9293	96816	4	9343	97049	4	9393	97280	5	9443	97511	5	9493	97740	5
9294	96820	5	9344	97053	5	9394	97285	5	9444	97516	4	9494	97745	4
9295	96825	5	9345	97058	5	9395	97290	4	9445	97520	5	9495	97749	5
9296	96830	4	9346	97063	4	9396	97294	5	9446	97525	4	9496	97754	5
9297	96834	5	9347	97067	5	9397	97299	5	9447	97529	5	9497	97759	4
9298	96839	5	9348	97072	5	9398	97304	4	9448	97534	5	9498	97763	5
9299	96844	4	9349	97077	4	9399	97308	5	9449	97539	4	9499	97768	4
9300	96848	5	9350	97081	5	9400	97313	4	9450	97543	5	9500	97772	5

N.	Log.	D	N.	Log.	D	N.	Log.	D	N.	Log.	D	N.	Log.	D
9501	97777	5	9551	98005	4	9601	98232	4	9651	98457	5	9701	98682	4
9502	97782	4	9552	98009	5	9602	98236	5	9652	98462	4	9702	98686	5
9503	97786	5	9553	98014	5	9603	98241	4	9653	98466	5	9703	98691	4
9504	97791	4	9554	98019	4	9604	98245	5	9654	98471	4	9704	98695	5
9505	97795	5	9555	98023	5	9605	98250	4	9655	98475	5	9705	98700	4
9506	97800	4	9556	98028	4	9606	98254	5	9656	98480	4	9706	98704	5
9507	97804	5	9557	98032	5	9607	98259	4	9657	98484	5	9707	98709	4
9508	97809	4	9558	98037	4	9608	98263	5	9658	98489	4	9708	98713	4
9509	97813	5	9559	98041	5	9609	98268	4	9659	98493	5	9709	98717	5
9510	97818	5	9560	98046	4	9610	98272	5	9660	98498	4	9710	98722	4
9511	97823	4	9561	98050	5	9611	98277	4	9661	98502	5	9711	98726	5
9512	97827	5	9562	98055	4	9612	98281	5	9662	98507	4	9712	98731	4
9513	97832	4	9563	98059	5	9613	98286	4	9663	98511	5	9713	98735	5
9514	97836	5	9564	98064	4	9614	98290	5	9664	98516	4	9714	98740	4
9515	97841	4	9565	98068	5	9615	98295	4	9665	98520	5	9715	98744	5
9516	97845	5	9566	98073	5	9616	98299	5	9666	98525	4	9716	98749	4
9517	97850	5	9567	98078	4	9617	98304	4	9667	98529	5	9717	98753	5
9518	97855	4	9568	98082	5	9618	98308	5	9668	98534	4	9718	98758	4
9519	97859	5	9569	98087	4	9619	98313	5	9669	98538	5	9719	98762	5
9520	97864	4	9570	98091	5	9620	98318	4	9670	98543	4	9720	98767	4
9521	97868	5	9571	98096	4	9621	98322	5	9671	98547	5	9721	98771	5
9522	97873	4	9572	98100	5	9622	98327	4	9672	98552	4	9722	98776	4
9523	97877	5	9573	98105	4	9623	98331	5	9673	98556	5	9723	98780	4
9524	97882	4	9574	98109	5	9624	98336	4	9674	98561	4	9724	98784	5
9525	97886	5	9575	98114	4	9625	98340	5	9675	98565	5	9725	98789	4
9526	97891	5	9576	98118	5	9626	98345	4	9676	98570	4	9726	98793	5
9527	97896	4	9577	98123	4	9627	98349	5	9677	98574	5	9727	98798	4
9528	97900	5	9578	98127	5	9628	98354	4	9678	98579	4	9728	98802	5
9529	97905	4	9579	98132	5	9629	98358	5	9679	98583	5	9729	98807	4
9530	97909	5	9580	98137	4	9630	98363	4	9680	98588	4	9730	98811	5
9531	97914	4	9581	98141	5	9631	98367	5	9681	98592	5	9731	98816	4
9532	97918	5	9582	98146	4	9632	98372	4	9682	98597	4	9732	98820	5
9533	97923	5	9583	98150	5	9633	98376	5	9683	98601	4	9733	98825	4
9534	97928	4	9584	98155	4	9634	98381	4	9684	98605	5	9734	98829	5
9535	97932	5	9585	98159	5	9635	98385	5	9685	98610	4	9735	98834	4
9536	97937	4	9586	98164	4	9636	98390	4	9686	98614	5	9736	98838	5
9537	97941	5	9587	98168	5	9637	98394	5	9687	98619	4	9737	98843	4
9538	97946	4	9588	98173	4	9638	98399	4	9688	98623	5	9738	98847	4
9539	97950	5	9589	98177	5	9639	98403	5	9689	98628	4	9739	98851	5
9540	97955	4	9590	98182	4	9640	98408	4	9690	98632	5	9740	98856	4
9541	97959	5	9591	98186	5	9641	98412	5	9691	98637	4	9741	98860	5
9542	97964	4	9592	98191	4	9642	98417	4	9692	98641	5	9742	98865	4
9543	97968	5	9593	98195	5	9643	98421	5	9693	98646	4	9743	98869	5
9544	97973	5	9594	98200	4	9644	98426	4	9694	98650	5	9744	98874	4
9545	97978	4	9595	98204	5	9645	98430	5	9695	98655	4	9745	98878	5
9546	97982	5	9596	98209	5	9646	98435	4	9696	98659	5	9746	98883	4
9547	97987	4	9597	98214	4	9647	98439	5	9697	98664	4	9747	98887	5
9548	97991	5	9598	98218	5	9648	98444	4	9698	98668	5	9748	98892	4
9549	97996	4	9599	98223	4	9649	98448	5	9699	98673	4	9749	98896	4
9550	98000		9600	98227		9650	98453		9700	98677		9750	98900	

N.	Log.	D	N	Log.	D	N	Log.	D	N	Log.	D	N	Log.	D
9751	98905	5	9801	99127	4	9851	99348	4	9901	99568	4	9951	99787	5
9752	98909	5	9802	99131	5	9852	99352	5	9902	99572	5	9952	99791	4
9753	98914	4	9803	99136	4	9853	99357	4	9903	99577	4	9953	99795	5
9754	98918	5	9804	99140	5	9854	99361	5	9904	99581	4	9954	99800	4
9755	98923	4	9805	99145	4	9855	99366	4	9905	99585	5	9955	99804	4
9756	98927	5	9806	99149	5	9856	99370	4	9906	99590	4	9956	99808	5
9757	98932	4	9807	99154	4	9857	99374	5	9907	99594	5	9957	99813	4
9758	98936	5	9808	99158	4	9858	99379	4	9908	99599	4	9958	99817	5
9759	98941	4	9809	99162	5	9859	99383	5	9909	99603	4	9959	99822	4
9760	98945	4	9810	99167	4	9860	99388	4	9910	99607	5	9960	99826	4
9761	98949	5	9811	99171	5	9861	99392	4	9911	99612	4	9961	99830	5
9762	98954	4	9812	99176	4	9862	99396	5	9912	99616	5	9962	99835	4
9763	98958	5	9813	99180	5	9863	99401	4	9913	99621	4	9963	99839	4
9764	98963	4	9814	99185	4	9864	99405	5	9914	99625	4	9964	99843	5
9765	98967	5	9815	99189	4	9865	99410	4	9915	99629	5	9965	99848	4
9766	98972	4	9816	99193	5	9866	99414	5	9916	99634	4	9966	99852	4
9767	98976	5	9817	99198	4	9867	99419	4	9917	99638	4	9967	99856	5
9768	98981	4	9818	99202	5	9868	99423	4	9918	99642	5	9968	99861	4
9769	98985	4	9819	99207	4	9869	99427	5	9919	99647	4	9969	99865	5
9770	98989	5	9820	99211	5	9870	99432	4	9920	99651	5	9970	99870	4
9771	98994	4	9821	99216	4	9871	99436	5	9921	99656	4	9971	99874	4
9772	98998	5	9822	99220	4	9872	99441	4	9922	99660	4	9972	99878	5
9773	99003	4	9823	99224	5	9873	99445	4	9923	99664	5	9973	99883	4
9774	99007	5	9824	99229	4	9874	99449	5	9924	99669	4	9974	99887	4
9775	99012	4	9825	99233	5	9875	99454	4	9925	99673	4	9975	99891	5
9776	99016	5	9826	99238	4	9876	99458	5	9926	99677	5	9976	99896	4
9777	99021	4	9827	99242	5	9877	99463	4	9927	99682	4	9977	99900	4
9778	99025	4	9828	99247	4	9878	99467	4	9928	99686	5	9978	99904	5
9779	99029	5	9829	99251	4	9879	99471	5	9929	99691	4	9979	99909	4
9780	99034	4	9830	99255	5	9880	99476	4	9930	99695	4	9980	99913	4
9781	99038	5	9831	99260	4	9881	99480	4	9931	99699	5	9981	99917	5
9782	99043	4	9832	99264	5	9882	99484	5	9932	99704	4	9982	99922	4
9783	99047	5	9833	99269	4	9883	99489	4	9933	99708	4	9983	99926	4
9784	99052	4	9834	99273	4	9884	99493	5	9934	99712	5	9984	99930	5
9785	99056	4	9835	99277	5	9885	99498	4	9935	99717	4	9985	99935	4
9786	99061	4	9836	99282	4	9886	99502	4	9936	99721	5	9986	99939	5
9787	99065	4	9837	99286	5	9887	99506	5	9937	99726	4	9987	99944	4
9788	99069	5	9838	99291	4	9888	99511	4	9938	99730	4	9988	99948	4
9789	99074	4	9839	99295	5	9889	99515	5	9939	99734	5	9989	99952	5
9790	99078	5	9840	99300	4	9890	99520	4	9940	99739	4	9990	99957	4
9791	99083	4	9841	99304	4	9891	99524	4	9941	99743	4	9991	99961	4
9792	99087	5	9842	99308	5	9892	99528	5	9942	99747	5	9992	99965	5
9793	99092	4	9843	99313	4	9893	99533	4	9943	99752	4	9993	99970	4
9794	99096	4	9844	99317	5	9894	99537	5	9944	99756	4	9994	99974	4
9795	99100	5	9845	99322	4	9895	99542	4	9945	99760	5	9995	99978	5
9796	99105	4	9846	99326	4	9896	99546	4	9946	99765	4	9996	99983	4
9797	99109	5	9847	99330	5	9897	99550	5	9947	99769	5	9997	99987	4
9798	99114	4	9848	99335	4	9898	99555	4	9948	99774	4	9998	99991	5
9799	99118	4	9849	99339	5	9899	99559	5	9949	99778	4	9999	99996	4
9800	99123	5	9850	99344	4	9900	99564	4	9950	99781	4			

FIN.

Lightning Source UK Ltd.
Milton Keynes UK
UKOW06f0608190617
303652UK00006B/383/P